Stefan Beer

Methoden und Techniken zur Integration von 122 GHz Antennen in miniaturisierte Radarsensoren

Karlsruher Forschungsberichte
aus dem Institut für Hochfrequenztechnik und Elektronik

Herausgeber: Prof. Dr.-Ing. Thomas Zwick

Band 70

Methoden und Techniken zur Integration von 122 GHz Antennen in miniaturisierte Radarsensoren

von
Stefan Beer

Dissertation, Karlsruher Institut für Technologie (KIT)
Fakultät für Elektrotechnik und Informationstechnik, 2013

Impressum

Karlsruher Institut für Technologie (KIT)
KIT Scientific Publishing
Straße am Forum 2
D-76131 Karlsruhe
www.ksp.kit.edu

KIT – Universität des Landes Baden-Württemberg und
nationales Forschungszentrum in der Helmholtz-Gemeinschaft

Diese Veröffentlichung ist im Internet unter folgender Creative Commons-Lizenz
publiziert: http://creativecommons.org/licenses/by-nc-nd/3.0/de/

KIT Scientific Publishing 2013
Print on Demand

ISSN 1868-4696
ISBN 978-3-7315-0051-3

Vorwort des Herausgebers

Die enormen Fortschritte in der Halbleitertechnologie (SiGe, CMOS, GaAs usw.) der letzten Jahre (z.B. Grenzfrequenzen weit über 200 GHz für Silizium) erlauben in Zukunft eine hohe Integration von Schaltkreisen, selbst bei Frequenzen im Bereich der Millimeterwellen (mm-Wellen). Gleichzeitig können bei diesen Frequenzen auf Grund der kleinen Wellenlänge (z.B. 2,5 mm bei 120 GHz) Antennen direkt auf aktiven Schaltkreisen (Chips) oder in Chip-Gehäuse integriert werden. Der große Vorteil hierbei ist, dass außer über die Ein- und Abstrahlung der Antennen kein mm-Wellen-Signal zum oder vom Gehäuse weg geführt werden muss. Dadurch kann das mm-Wellen-Modul in einem Standardprozess auf einer kostengünstigen Leiterplatte verbaut werden, die nur für weit niederere Frequenzen ausgelegt sein muss. Daraus wird in naher Zukunft eine große Zahl von mm-Wellen-Massenprodukten resultieren. Beispiele sind Funkkommunikationssysteme mit extrem hohen Datenraten, Automobilradare sowie andere Anwendungen aus den Bereichen Verteidigung, Sicherheit oder Raumfahrt und insbesondere der Industrieautomatisierung.

Bei mm-Wellen-Frequenzen ist die Performanz eines solchen hoch integrierten Moduls allerdings sehr empfindlich bezüglich Material und Geometrie aller Einzelteile. D.h. dem enormen Potential von miniaturisierten, SMD-lötbaren mm-Wellen-Systemen steht das limitierte Wissen über die technologischen Grundlagen zur Entwicklung von kostengünstigen, fertigungstauglichen Packaging-Konzepten mit integrierter Antenne gegenüber. Genau an diesen Punkten setzte Herr Beer mit seiner Forschung an.

Den Kern der Arbeit bilden neuartige Konzepte und deren Realisierung zur Integration von mm-Wellen-Antennen in miniaturisierte Radarsensoren. Neben der eigentlichen Problematik, eine fertigungstaugliche Aufbautechnik für SMD-lötbare mm-Wellen-Module mit integrierter Antenne zu finden, stellt bei den hohen Frequenzen auch die Messtechnik eine große Herausforderung dar. Insbesondere zur Vermessung der hier benötigten Antennen existiert noch keine kommerzielle Technik. Aus diesem Grund hat Herr Beer dazu einen speziellen Messaufbau erstellt. Die Arbeit von Herrn Beer war eingebunden in ein großes EU-Forschungsprojekt.

Dabei gelang es Herrn Beer, die mm-Wellen-Radar-Frontends in SiGe-Technologie seiner Projektpartner mit seinen Antennen in ein SMD-Gehäuse zu integrieren und die Funktionalität des Gesamtsystems nachzuweisen. Damit ist ihm ein technologischer Meilenstein auf dem Weg zu neuen hochintegrierten mm-Wellen-Radarsensoren gelungen. Die Arbeit von Herrn Beer stellt somit nicht nur eine wesentliche Innovation zum Stand der Technik in der Wissenschaft dar sondern eröffnet auch ganz neue Anwendungsmöglichkeiten für die Radartechnik. Dies zeigt sich auch an dem enormen Interesse aus Wissenschaft und Industrie an den erzielten Ergebnissen. Ich bin mir sicher, dass miniaturisierte Radarsysteme in verschiedenen Bereichen in Zukunft eine wichtige Rolle spielen werden. Herrn Beer wünsche ich, dass seine Kreativität und Innovationskraft ihn auch weiterhin zu wissenschaftlichen aber auch wirtschaftlichen Erfolgen führen wird.

Prof. Dr.-Ing. Thomas Zwick
– Institutsleiter –

Forschungsberichte aus dem
Institut für Höchstfrequenztechnik und Elektronik (IHE)
der Universität Karlsruhe (TH) (ISSN 0942-2935)

Herausgeber: Prof. Dr.-Ing. Dr. h.c. Dr.-Ing. E.h. mult. Werner Wiesbeck

Band 1   Daniel Kähny
          Modellierung und meßtechnische Verifikation polarimetrischer,
          mono- und bistatischer Radarsignaturen und deren Klassifizierung
          (1992)

Band 2   Eberhardt Heidrich
          Theoretische und experimentelle Charakterisierung der
          polarimetrischen Strahlungs- und Streueigenschaften von Antennen
          (1992)

Band 3   Thomas Kürner
          Charakterisierung digitaler Funksysteme mit einem breitbandigen
          Wellenausbreitungsmodell (1993)

Band 4   Jürgen Kehrbeck
          Mikrowellen-Doppler-Sensor zur Geschwindigkeits- und
          Wegmessung - System-Modellierung und Verifikation (1993)

Band 5   Christian Bornkessel
          Analyse und Optimierung der elektrodynamischen Eigenschaften
          von EMV-Absorberkammern durch numerische Feldberechnung (1994)

Band 6   Rainer Speck
          Hochempfindliche Impedanzmessungen an
          Supraleiter / Festelektrolyt-Kontakten (1994)

Band 7   Edward Pillai
          Derivation of Equivalent Circuits for Multilayer PCB and
          Chip Package Discontinuities Using Full Wave Models (1995)

Band 8   Dieter J. Cichon
          Strahlenoptische Modellierung der Wellenausbreitung in
          urbanen Mikro- und Pikofunkzellen (1994)

Band 9   Gerd Gottwald
          Numerische Analyse konformer Streifenleitungsantennen in
          mehrlagigen Zylindern mittels der Spektralbereichsmethode (1995)

Band 10   Norbert Geng
          Modellierung der Ausbreitung elektromagnetischer Wellen in
          Funksystemen durch Lösung der parabolischen Approximation
          der Helmholtz-Gleichung (1996)

Band 11   Torsten C. Becker
          Verfahren und Kriterien zur Planung von Gleichwellennetzen für
          den Digitalen Hörrundfunk DAB (Digital Audio Broadcasting) (1996)

Forschungsberichte aus dem
Institut für Höchstfrequenztechnik und Elektronik (IHE)
der Universität Karlsruhe (TH) (ISSN 0942-2935)

Forschungsberichte aus dem
Institut für Höchstfrequenztechnik und Elektronik (IHE)
der Universität Karlsruhe (TH) (ISSN 0942-2935)

Forschungsberichte aus dem
Institut für Höchstfrequenztechnik und Elektronik (IHE)
der Universität Karlsruhe (TH) (ISSN 0942-2935)

Forschungsberichte aus dem
Institut für Höchstfrequenztechnik und Elektronik (IHE)
der Universität Karlsruhe (TH) (ISSN 0942-2935)

Fortführung als
"Karlsruher Forschungsberichte aus dem Institut für Hochfrequenztechnik
und Elektronik" bei KIT Scientific Publishing
(ISSN 1868-4696)

Karlsruher Forschungsberichte aus dem
Institut für Hochfrequenztechnik und Elektronik
(ISSN 1868-4696)

Herausgeber: Prof. Dr.-Ing. Thomas Zwick

Die Bände sind unter www.ksp.kit.edu als PDF frei verfügbar
oder als Druckausgabe bestellbar.

Karlsruher Forschungsberichte aus dem
Institut für Hochfrequenztechnik und Elektronik
(ISSN 1868-4696)

Band 63 Małgorzata Janson
Hybride Funkkanalmodellierung für ultrabreitbandige
MIMO-Systeme (2011)
ISBN 978-3-86644-639-7

Band 64 Mario Pauli
Dekontaminierung verseuchter Böden durch
Mikrowellenheizung (2011)
ISBN 978-3-86644-696-0

Band 65 Thorsten Kayser
Feldtheoretische Modellierung der Materialprozessierung
mit Mikrowellen im Durchlaufbetrieb (2011)
ISBN 978-3-86644-719-6

Band 66 Christian Andreas Sturm
Gemeinsame Realisierung von Radar-Sensorik und
Funkkommunikation mit OFDM-Signalen (2012)
ISBN 978-3-86644-879-7

Band 67 Huaming Wu
Motion Compensation for Near-Range Synthetic Aperture
Radar Applications (2012)
ISBN 978-3-86644-906-0

Band 68 Friederike Brendel
Millimeter-Wave Radio-over-Fiber Links based on
Mode-Locked Laser Diodes (2013)
ISBN 978-3-86644-986-2

Band 69 Lars Reichardt
Methodik für den Entwurf von kapazitätsoptimierten
Mehrantennensystemen am Fahrzeug (2013)
ISBN 978-3-7315-0047-6

Band 70 Stefan Beer
Methoden und Techniken zur Integration von 122 GHz
Antennen in miniaturisierte Radarsensoren (2013)
ISBN 978-3-7315-0051-3

Methoden und Techniken zur Integration von 122 GHz Antennen in miniaturisierte Radarsensoren

Zur Erlangung des akademischen Grades eines

DOKTOR-INGENIEURS

von der Fakultät für

Elektrotechnik und Informationstechnik
am Karlsruher Institut für Technologie (KIT)

genehmigte

DISSERTATION

von

Dipl.-Ing. Stefan Beer

aus Ulm

Tag der mündlichen Prüfung: 28.02.2013

Hauptreferent: Prof. Dr.-Ing. Thomas Zwick
Korreferent: Prof. Dr. sc. techn. Jan Hesselbarth

Zusammenfassung

Die vorliegende Arbeit beschreibt Methoden und Techniken zur Realisierung eines vollintegrierten Radarsensors im Frequenzbereich oberhalb von 100 GHz. Der hohe Frequenzbereich ermöglicht die Integration von Streifenleitungsantennen und einem hochintegrierten Radar-IC in ein gemeinsames Chip-Gehäuse, da die Antenne durch die Wellenlänge im Millimeterbereich ähnliche Abmessungen hat wie der IC selbst. Durch diese Integration resultiert ein abgeschlossenes Hochfrequenzsystem innerhalb des Gehäuses, dem nur noch Versorgungsspannungen und Steuersignale im niederfrequenten Bereich zugeführt werden müssen. Die Integration der Antenne in das Chip-Gehäuse stellt jedoch neuartige Anforderungen sowohl an die Aufbautechnik als auch an die Verbindungstechnik zwischen IC und Antenne sowie an das Antennendesign selbst.

Die Einleitung gibt eine Einführung in das Themengebiet und erläutert die Motivation für die Arbeit. Im zweiten Kapitel wird aufbauend auf den Grundlagen der Aufbautechnik sowie den traditionellen Methoden der Gehäusetechnik im Millimeterwellenbereich der Stand der Technik von integrierten Antennen dargelegt. Nach einer Analyse dieser Methoden in Bezug auf die Anforderungen der vorliegenden Arbeit werden die vielversprechendsten Ansätze ausgewählt, sowie neuartige Konzepte vorgestellt. Kapitel 3 beschreibt die notwendige Verbindung zwischen IC und Antenne. Nach einer Einführung der Drahtbond- und Flip Chip-Technologie werden beide Verbindungstechniken analysiert und modelliert, um ihre Eigenschaften im Millimeterwellenbereich zu untersuchen und kompensierte Verbindungen im Bereich um 122 GHz zu realisieren.

Im vierten Kapitel wird ein neuartiges Messsystem für hochintegrierte Antennen im Millimeterwellenbereich beschrieben, das im Rahmen dieser Arbeit konzipiert und realisiert wurde. Das System basiert auf einer Kontaktierung der Antennen mit koplanaren Messspitzen und ermöglicht die Charakterisierung der komplexen Impedanz, der Richtdiagramme, sowie des Gewinns von Streifenleitungsantennen im Frequenzbereich von 50 GHz bis 325 GHz. Im nächsten Kapitel werden die theoretischen Grundlagen zur Realisierung von integrierten Antennen oberhalb 100 GHz dargelegt. Diese beschreiben die für elektrisch dicke Substrate auftretenden Oberflächenwellen sowie den Einfluss des Gehäuses auf das Antennenverhalten. Eine Methode zur Unterdrückung von Oberflächenwellen durch eine Gruppenanordnung von Antennenelementen wird theoretisch betrachtet und durch Feldsimulationen verifiziert. Diese Methode bildet die Grundlage der in Kapitel 6 vorgestellten Antennendesigns.

Das Funktionsprinzip dieser Antennen sowie deren neuartige Speisenetzwerke werden ausführlich erläutert. Zudem werden die Antennen messtechnisch verifiziert, wobei auch der Einfluss des Gehäuses und der Verbindung zwischen IC und Antenne untersucht und analysiert wird.

Anschließend werden als Anwendungsbeispiel zwei vollintegrierte 122 GHz Radarsensoren vorgestellt, deren Aufbautechniken und Antennendesigns vollständig auf den in der vorliegenden Arbeit entwickelten Methoden und Techniken basieren. Abschließend werden die Schlussfolgerungen der Arbeit erläutert, um die wichtigsten Erkenntnisse sowie die neu entstandenen Methoden zusammenzufassen.

Vorwort

Diese Dissertation entstand während meiner Tätigkeit als Wissenschaftlicher Mitarbeiter am Institut für Hochfrequenztechnik und Elektronik (IHE) des Karlsruher Institut für Technologie. Die Zeit am IHE war für mich aus beruflicher und privater Sicht sehr prägend und wird mir sicherlich immer in positiver Erinnerung bleiben. Ich möchte mich deshalb beim kompletten Team des IHE - von Professoren über Wissenschaftliche Mitarbeiter und Studenten bis hin zu allen Angestellten aus Technik und Verwaltung - für die ausgezeichnete Arbeitsatmosphäre und die einzigartig positive Stimmung bedanken.

Insbesondere möchte ich mich beim Institutsleiter und meinem Hauptreferent Prof. Thomas Zwick bedanken, dass er mir die Möglichkeit gegeben hat, am IHE zu forschen. Während der gesamten vier Jahre konnte ich mir seiner Unterstützung und positiver Anregung stets gewiss sein, während er mir gleichzeitig genügend Freiheiten ließ, um eigenständig Ideen zu entwickeln. Des Weiteren geht mein Dank an Prof. Jan Hesselbarth für die Übernahme des Korreferats und die positiven Anregungen vor und nach meiner mündlichen Prüfung.

Ein großer Teil der in dieser Arbeit beschriebenen Forschungsergebnisse wurde innerhalb des EU-Projekts SUCCESS erzielt. Aus diesem Grund möchte ich mich bei allen Projektpartnern der beteiligten Unternehmen und Institutionen für die stets zielführende und angenehme Zusammenarbeit bedanken. Dies betrifft insbesondere Gerhard Kunkel und Marc Zwyssig von Hightec sowie Jaska Paaso von Selmic, die viele meiner Ideen erproben und realisieren mussten. Gleichzeitig bedanke ich mich beim Team von Bosch und bei allen im Projekt beteiligten Chip-Designern für die enge Zusammenarbeit und die ausgezeichneten Forschungsergebnisse, die die Integration, Realisierung und Erprobung der Radarsensoren ermöglichten. Zudem haben mehrere Studenten mit ihren hervorragenden Abschlussarbeiten einen wichtigen Teil zu meiner Arbeit beigetragen, wofür ich ihnen auf diesem Wege danken möchte.

Des Weiteren geht mein Dank an meine Kollegen und Freunde Christian Rusch, Philipp Pahl, Marcus Schmitt, Lars Reichardt und Lukasz Zwirello für die kritische Durchsicht meines Manuskripts und des Vortrags. Bei meinem Zimmerkollegen Christian Rusch und bei Lars Reichardt möchte ich mich zudem im Speziellen für die stets positive Arbeitsatmosphäre am IHE und das damit ausgewogene Verhältnis von Spaß und Ernsthaftigkeit bei der Arbeit bedanken. Auch bei allen Kollegen, mit denen ich unvergessliche Konferenzreisen erleben durfte, möchte ich mich hiermit nochmals ausdrücklich bedanken.

Nicht zuletzt möchte ich mich bei meinen Freunden und meiner Familie für die immerwährende Unterstützung und den stetigen Zusammenhalt bedanken. Insbesondere danke ich meinen Eltern und Brüdern, dass sie mir in meinem bisherigen Leben stets zur Seite standen, und dass ich mich immer und jederzeit auf sie verlassen kann. Sie haben damit einen großen Anteil an dieser Arbeit und an meinem gesamten Lebensweg. Der größte Dank geht an dieser Stelle an meine Frau Nicole und meine Kinder Emelie und Linus, dass sie mir wann immer notwendig Rückhalt, Zuneigung, oder auch Ablenkung geben, und somit den größten Anteil an meinem Wohlbefinden haben.

Im Juli 2013,

Stefan Beer

Inhaltsverzeichnis

Abkürzungen und Symbole

Abkürzungen

ACF	Anisotrop leitfähiger Klebefilm (engl. Anisotropic Conductive Film)
ACP	Gehäuse mit Luftkavität (engl. Air-Cavity Package)
Al_2O_3	Aluminiumoxid (Alumina)
AUT	Antenne, die gemessen wird (engl. Antenna Under Test)
BCB	Benzocyclobuten
BGA	Chip-Gehäuse mit Kontakten in Form von Lotkugeln (engl. Ball Grid Array)
bzgl.	bezüglich
bzw.	beziehungsweise
ca.	ungefähr (lat. circa)
COB	Montagetechnik eines ICs auf einer Leiterplatte (engl. Chip on Board)
CPS	Koplanare Zweidrahtleitung (engl. Coplanar Stripline)
CPW	Koplanare Dreidrahtleitung (engl. Coplanar Waveguide)
CST	Elektromagnetischer 3D-Feldsimulator (engl. Computer Simulation Technology)
CW	Monofrequentes Radarverfahren (engl. Continuous Wave)
D-Band	Frequenzband zwischen 110 GHz und 170 GHz
DC	Gleichstrom (engl. Direct Current)
EBG	Elektromagnetische Bandlücke (engl. Electromagnetic Bandgap)
EU	Europäische Union
ewlB	Chip-Gehäuse auf Wafer-Ebene (engl. Embedded Wafer Level Ball Grid Array)
FCOB	Montagetechnik eines ICs kopfüber auf einer Leiterplatte (engl. Flip Chip on Board)

FMCW	Frequenzmoduliertes Radarverfahren (engl. Frequency Modulated Continuous Wave)
FPGA	Programmierbarer digitaler Schaltkreis (engl. Field Programmable Gate Array)
GaAs	Gallium-Arsenid
GmbH	Gesellschaft mit beschränkter Haftung
GCPW	Koplanare Dreidrahtleitung mit Rückseitenmetallisierung (engl. Grounded Coplanar Waveguide)
GGB	US-amerikanischer Hersteller von Messspitzen (GGB Industries)
ggf.	gegebenenfalls
GSG	Masse-Signal-Masse (engl. Ground-Signal-Ground)
HBT	Bipolartransistor mit Heteroübergang (engl. Heterojunction Bipolar Transistor)
HF	Hochfrequenz
HTCC	Technologie für keramische Mehrlagenschaltungen (engl. High Temperature Co-fired Ceramic)
IBM	US-amerikanisches Unternehmen (engl. International Business Machines Corporation)
IC	Integrierter Schaltkreis (engl. Integrated Circuit)
IHE	Institut für Hochfrequenztechnik und Elektronik
IHP	Leibniz-Institut für innovative Mikroelektronik - deutscher Halbleiterhersteller (engl. Innovations for High Performance Microelectronics)
inkl.	inklusive
IQ	Inphase-Quadratur
ISM	Bezeichnung von Frequenzbändern, die für beliebige Anwendungen freigegeben sind (engl. Industrial, Scientific, Medical)
KIT	Karlsruher Institut für Technologie
LCP	Flüssigkristallpolymer (engl. Liquid Crystal Polymer)
LGA	Chip-Gehäuse mit Kontakten in Form von Metallflächen (engl. Land Grid Array)
LNA	rauscharmer Verstärker (engl. Low Noise Amplifier)
LO	Lokaloszillator
LTCC	Technologie für keramische Mehrlagenschaltungen (engl. Low Temperature Co-fired Ceramic)
MEMS	Bauelemente, die aus einer Kombination von elektrischen und mikromechanischen Strukturen bestehen (engl. Micro-Electro-Mechanical Systems)

MMIC	Monolithisch integrierter Mikrowellenschaltkreis (engl. Monolithic Microwave Integrated Circuit)
mmW	Millimeterwelle
MS	Mikrostreifen
NTU	Universität aus Singapur (engl. Nanyang Technological University)
OML	US-amerikanischer Hersteller von Millimeterwellenerweiterungsmodulen (OML, Inc.)
OSL-Kalibration	Kalibrationsmethode mit den drei Standards Leerlauf (engl. Open), Kurzschluss (engl. Short) und angepasster Abschluss (engl. Load)
PC	Einzelplatzrechner (engl. Personal Computer)
PEI	Polyetherimid
QFN	Chip-Gehäuse ohne Beinchen (engl. Quad Flat No Lead)
Radar	Technologie zur Funkortung, Abstands- und Geschwindigkeitsmessung mit elektromagnetischen Wellen (engl. Radio Detection and Ranging)
RF	Hochfrequenz (engl. Radio Frequency)
Si	Silizium
SiGe	Siliziumgermanium
SiO_2	Siliziumdioxid
SMD	Oberflächenmontiertes Bauelement (engl. Surface Mounted Device)
SoC	Integriertes System auf einem Chip (engl. System on Chip)
S-Parameter	Streuparameter
ST	Französisch-italienischer Halbleiterhersteller (STMicroelectronics)
SW	Oberflächenwelle (engl. Surface Wave)
TE	Transversal elektrisch
TEM	Transversal elektromagnetisch
TM	Transversal magnetisch
TRL-Kalibration	Kalibrationsmethode mit den drei Standards Durchgang (engl. Through), Reflexion (engl. Reflect) und Leitung (engl. Line)
TPT	Deutscher Hersteller von Drahtbondern
u.a.	unter anderem
usw.	und so weiter

VCO	Spannungsgesteuerter Oszillator (engl. Voltage Controlled Oscillator)
z. B.	zum Beispiel
ZF	Zwischenfrequenz
W-Band	Frequenzband zwischen 75 GHz und 110 GHz
3D	3-dimensional

Mathematische und physikalische Konstanten

$c_0 = 299\,792\,458$ m/s	Lichtgeschwindigkeit im Vakuum
$e = 2{,}71828\ldots$	Eulersche Zahl
$\epsilon_0 = 8{,}85418\ldots \cdot 10^{-12}$ As/Vm	Elektrische Feldkonstante
$j = \sqrt{-1}$	Imaginäre Einheit
$\mu_0 = 1{,}25663\ldots \cdot 10^{-6}$ N/A^2	Magnetische Feldkonstante
$\pi = 3{,}14159\ldots$	Kreiszahl

Griechische Buchstaben

β	Ausbreitungskonstante
Δp	Längenunterschied zweier Leitungen in einem Speisenetzwerk
Δt	Laufzeitunterschied zweier reflektierter Wellen
ϵ_r	Permittivität eines Mediums
λ	Wellenlänge
λ_0	Wellenlänge im Freiraum
λ_c	Cut-Off-Wellenlänge
λ_g	Geführte Wellenlänge auf einer Leitung
λ_ϵ	Wellenlänge im Medium
λ_{SW}	Wellenlänge einer Oberflächenwellenmode
μ_r	Permeabilität eines Mediums
φ_{0x}	Phasenunterschied von Element zu Element in x-Richtung
φ_{0y}	Phasenunterschied von Element zu Element in y-Richtung
ψ	Azimuthwinkel im Kugelkoordinatensystem
θ	Elevationswinkel im Kugelkoordinatensystem
ω	Kreisfrequenz ($= 2\pi f$)

Lateinische Buchstaben

A,B,C,D	beliebige reelle Konstanten
A_w	Antennenwirkfläche
a_i	Einlaufende Leistungswelle am Tor i
b_i	Auslaufende Leistungswelle am Tor i
b_p	Breite einer Patchantenne
B	Magnetische Flussdichte
C	Elektrische Kapazität
D	Elektrische Verschiebungsdichte
D_E	Aperturgröße einer Antenne
d	Substratdicke eines Substrats mit Rückseitenmetallisierung bzw. halbe Substratdicke eines Substrats ohne Rückseitenmetallisierung
d_m	Durchmesser des Bondrahts oder der Flip-Chip-Kugel
d_x	Antennenabstand in x-Richtung
d_y	Antennenabstand in y-Richtung
D_0	Direktivität einer isotropen Oberflächenwellenquelle
D_L	Leitungsdämpfung
$D_\mathrm{SW,einzel}$	Direktivität einer Oberflächenwellenquelle
$D_\mathrm{SW,gruppe}$	Direktivität einer Oberflächenwellenquellengruppe
e_ij	Fehlerterme bei der 1-Tor-Kalibration
E	Elektrische Feldstärke
E_x	Komponente der elektrischen Feldstärke in x-Richtung
E_y	Komponente der elektrischen Feldstärke in y-Richtung
E_z	Komponente der elektrischen Feldstärke in z-Richtung
f	Frequenz
f_c	Cut-Off-Frequenz
f_m	Zielfrequenz einer Anpassschaltung
f'_m	Tatsächliche Mittenfrequenz einer Anpassschaltung
F_Gr	Gruppenfaktor
$F_\mathrm{Gr,SW}$	Gruppenfaktor der Oberflächenwelle
G	Antennengewinn
G_AUT	Gewinn der AUT
$G_\mathrm{Hohlleiter}$	Verstärkung des Hohlleiters des Antennenmesssystems (< 1)
G_Horn	Gewinn der Hornantenne
G_kal	Gesamtgewinn von Hohlleiter und Hornantenne
G_Probe	Durchgangsverstärkung der Messspitze (< 1)
G_System	Systemverluste des Antennenmesssystems (u.a. Freiraumdämpfung) (< 1)

H	Magnetische Feldstärke
H_x	Komponente der magnetischen Feldstärke in x-Richtung
H_y	Komponente der magnetischen Feldstärke in y-Richtung
H_z	Komponente der magnetischen Feldstärke in z-Richtung
h	Cut-Off-Wellenzahl der Oberflächenwelle im Freiraum
h_D	Abstand der Bonddrähte zu dielektrischen Oberflächen
h_FC	Höhe einer Flip-Chip-Kugel
h_M	Abstand der Bonddrähte zu metallischen Oberflächen
J	Elektrische Stromdichte
k_0	Wellenzahl im Freiraum
k_c	Cut-Off-Wellenzahl der Oberflächenwelle im Medium
L	Induktivität
L_S	Serielle Induktivität
l	Länge
l_Bond	Länge der Bonddrähte
l_D	Länge, auf der eine Leitung bei einer Flip-Chip-Verbindung dem anderen Substrat gegenüber steht
l_open	Länge der offenen Leitung neben einer Flip-Chip-Kugel
l_p	Länge einer Patchantenne
m,n	Gerade Zahlen zur Nummerierung von Moden
n_x	Anzahl von Elementen einer Antennengruppe in x-Richtung
n_y	Anzahl von Elementen einer Antennengruppe in y-Richtung
p	Pitch - Abstand der Kontaktflächen
r	Radius eines Ringresonators
R	Abstand zwischen zwei Antennen
r_a	Reflexionsfaktor einer Welle beim Eintritt in ein Medium
r_b	Reflexionsfaktor einer Welle beim Austritt aus dem Medium
r_Ant	Reflexionsfaktor der Antenne (inkl. Speiseleitung)
$r_\mathrm{Ant,in}$	Reflexionsfaktor der Antenne direkt am Fußpunkt
r_AUT	Reflexionsfaktor der Antenne, die gemessen wird
r_m	Messwert der Reflexionsmessung der AUT
r_SE	Fernfeldabstand
S_ij	Streuparameter in Bezug auf die Tore i und j
$S_\mathrm{21,m}$	Messwert der Transmissionsmessung der AUT
$S_\mathrm{21,kal}$	Messwert der Transmissionsmessung der Gewinnkalibration
t	Dicke eines Gehäusedeckels
$\tan(\delta)$	Verlustfaktor
V_SW	Verhältnis, mit dem eine Oberflächenwelle durch eine Gruppenanordnung unterdrückt wird
Z_Ant	Eingangsimpedanz der Antenne

Z_B	Bezugsimpedanz
Z_Bond	Wellenwiderstand der Bonddrahtleitung
Z_fd	Eingangsimpedanz eines Faltdipols
Z_F	Feldwellenwiderstand
$Z_\mathrm{F,0}$	Feldwellenwiderstand im Freiraum
$Z_\mathrm{F,\epsilon}$	Feldwellenwiderstand im Medium
Z_L	Wellenwiderstand einer Leitung
$Z_\mathrm{L,D}$	Wellenwiderstand einer Leitung bei gegenüberliegendem Dielektrikum
Z_MMIC	Ausgangsimpedanz des MMIC
Z_X	Durch eine Chip-Verbindung entstehende transfomierte Impedanz
$Z_\mathrm{X,komp.}$	Durch eine Anpassschaltung kompensierte Impedanz

1. Einleitung

Bereits als Heinrich Hertz in den Jahren 1886 bis 1888 in Karlsruhe den experimentellen Nachweis der elektromagnetischen Wellen erbrachte, beobachtete er die Reflexion dieser Wellen an metallischen Gegenständen. Von dieser Beobachtung bis zum Durchbruch der heute als Radar (**Ra**dio **D**etection **a**nd **R**anging) bekannten Technologie zur Funkortung, Abstands- und Geschwindigkeitsmessung vergingen jedoch viele weitere Jahre. Nach einem Schiffsunglück auf der Weser erkannte Christian Hülsmeyer eine praktische Anwendung der von Hertz beschriebenen Reflexionen und arbeitete fortan konsequent an der Idee eines Warnsystems für Schiffe, basierend auf elektromagnetischen Wellen. Er meldete sein „Verfahren, um entfernte metallische Gegenstände mittels elektrischer Wellen einem Beobachter zu melden", im Jahr 1904 zum Patent an und demonstrierte anschließend sein „Telemobiloskop", das von einer Brücke aus zuverlässig vorbeifahrende Schiffe mit einer Klingel meldete. Trotz weiterer erfolgreicher Demonstrationen fand Hülsmeyer kein nachhaltiges Interesse von potentiellen Anwendern und beschäftigte sich anschließend mit anderen Themen. Auch Guglielmo Marconi, der vermutlich ohne Kenntnis der Arbeiten Hülsmeyers in einer Rede auf einem Wissenschaftskongress 1922 die Möglichkeit beschrieb, weit entfernte Schiffe mit Hilfe von elektromagnetischen Wellen zu detektieren, konnte in Wissenschaft und Industrie kein sofortiges Interesse erzeugen. In den folgenden Jahren beschäftigten sich lediglich einzelne amerikanische Physiker mit dem Prinzip. Es dauerte somit bis zu den dreißiger Jahren bis die Bedeutung vollständig erkannt wurde und vor allem in Hinblick auf militärische Anwendungen vorangetrieben wurde. Insbesondere durch das Wettrüsten vor und während des Zweiten Weltkriegs wurden in mehreren Ländern entscheidende Fortschritte gemacht, die zu kompletten Systemen für die Luftraumüberwachung, zur Anwendung im militärischen Schiffsverkehr, sowie auch zur Integration von Radarsystemen in Flugzeuge (Bordradar) führte.

In den folgenden Jahren bis in die Gegenwart ist die Militärtechnik ein wesentlicher Anwendungsbereich der Radartechnik, der auch mehrere entscheidende technische Fortschritte vorantrieb. In den Jahren nach dem Zweiten Weltkrieg wurden jedoch auch die ersten zivilen Radarsysteme entwickelt. Die erste Anwendung war dabei die Überwachung und Lenkung des zivilen Luftverkehrs.

Weitere Anwendungen fand die Radartechnik im Bereich der Schiffsverkehrssicherung sowie zur Erfassung von Wetterdaten wie der Niederschlagsintensität. Im Bereich der Wissenschaft sind vor allem die Fernerkundung sowie die Astronomie zu nennen. Zu wichtigen Entwicklungsschritten der Radartechnik führten Halbleiter und Mikroprozessoren, sowie das Prinzip zum abbildenden Verfahren des Synthetischen Apertur Radars. Durch den stetigen technischen Fortschritt ist die zivile Nutzung der Radartechnik mittlerweile zum Alltag geworden. So basieren beispielsweise Geräte zur Messung der Geschwindigkeit im Straßenverkehr auf Radar. Weitere Beispiele sind Füllstandsmesser oder Bewegungsmelder, die mit Türöffnern, Lichtschaltern oder Alarmanlagen gekoppelt sind. Eine mittlerweile sehr weit fortgeschrittene Technologie ist auch die Automobilradartechnik, die durch die hohen Stückzahlen ein treibender Faktor der Radartechnik im Millimeterwellenbereich ist.

Es ist zu erwarten, dass die Radartechnik in den nächsten Jahren in vielfältige, neue Anwendungsfelder vordringt. Das Prinzip einer berührungslosen Abstands- und Geschwindigkeitsmessung, die selbst bei Dunkelheit, Nebel und Feuchtigkeit sowie in staubigen Umgebungen genutzt werden kann, ist hierbei ein treibender Faktor. Gelingt es die Kosten und die Baugröße heutiger Radarsysteme weiter zu reduzieren, so erscheint es möglich, universell einsetzbare Abstands- und Geschwindigkeitssensoren basierend auf Radartechnologie zu realisieren. Für solche Sensoren sind Anwendungen im medizinischen, im industriellen und im Konsumgüterbereich vorstellbar. Beispiele sind die berührungslose Überwachung des Pulses und der Atmung von kranken Personen sowie die Vitalkontrolle von Personen in Bereichen, in denen Kameras aus Gründen der Privatsphäre nicht erlaubt sind. Auch Assistenzsysteme für Blinde, die akustische Warnsignale geben, sind vorstellbar. Bei geringer Baugröße könnten Radarsensoren auch in Werkzeugmaschinen integriert werden. Da Radar unempfindlich gegenüber Vibrationen und Geräuschen ist, kann ein in eine Bohrmaschine integrierter Sensor diese automatisch bei der gewünschten Bohrtiefe anhalten. Zudem könnte eine Positionsmessung eines Werkstücks gegenüber dem Werkzeug in modernen Metallverarbeitungsmaschinen zu einer höheren Fertigungspräzision führen. Bei sehr kostengünstiger Herstellung des Sensors ist sogar eine Integration in moderne Mobiltelefone denkbar, oder die Anwendung als Geschwindigkeitsmesser für Radfahrer, Skifahrer oder Modellautos.

Ein Schlüssel auf dem Weg zu miniaturisierten, universell einsetzbaren Radarsensoren liegt in der gleichzeitigen Reduktion der Kosten und der Größe der verwendeten Hochfrequenzbaugruppen. Die Nutzung einer Trägerfrequenz im hohen Millimeterwellenbereich kann dazu einen Lösungsansatz liefern. So kann die Baugröße typischer Antennen und anderer passiver Hochfrequenz-bauteile durch die mit steigender Frequenz kleiner werdende Wellenlänge in einen Bereich von wenigen Millimetern reduziert werden. Zur Kostenredukti-on trägt die hohe Frequenz durch den hohen erreichbaren Integrationsgrad bei, da ein wesentlicher Preisfaktor heutiger Hochfrequenzsysteme die Aufbau- und Verbindungstechnik ist. Die möglichst verlustarme Übertragung des Hoch-frequenzsignals von Komponente zu Komponente erfordert präzise gefertigte Gehäuse und Module. Durch die komplette Integration aller Hochfrequenz-komponenten des Radars in ein Bauteil bzw. Gehäuse werden die Anforde-rungen an dieses Gehäuse, sowie an die spätere Integration des Bauteils in ein übergeordnetes System, deutlich reduziert, da dem Bauteil in diesem Fall nur noch niederfrequente Signale und Versorgungsspannungen zugeführt wer-den müssen. Dabei kann der Fortschritt der modernen Halbleitertechnologie ausgenutzt werden. Die immer schneller werdenden Schaltgeschwindigkeiten von modernen Halbleitertransistoren ermöglichen mittlerweile aktive Hochfre-quenzbauteile bis zu über 100 GHz. Die geringen Abmessungen der Schaltun-gen erlauben dabei die Integration von kompletten Sende-Empfängern auf ei-nem einzelnen Chip. Da die Wellenlänge beispielsweise bei 122 GHz nur noch 2,45 mm beträgt, ist es zudem möglich auch die Antenne in das verwende-te Chip-Gehäuse zu integrieren. Dadurch entsteht ein kompletter Radarsensor innerhalb eines einzigen Chip-Gehäuses. Da dieses ein abgeschlossenes Sy-stem darstellt und somit keine Hochfrequenzsignale nach außen geführt wer-den müssen, kann der Sensor ähnliche wie andere Standardbauteile problemlos auf eine Leiterplatte aufgelötet werden. Als Trägerfrequenz für einen univer-sell einsetzbaren Radarsensor eignen sich vor allem die ISM-Bänder (Indu-strial, Scientific, Medical), die ohne spezielle Frequenzfreigabe für beliebige Anwendungen genutzt werden können. Das ISM-Band zwischen 122 GHz und 123 GHz bietet dabei einen guten Kompromiss zwischen der notwendigen Mi-niaturisierung der Antennenabmessungen und der Geschwindigkeit und Lei-tungsfähigkeit moderner Halbleiterprozesse.

Die vorliegende Arbeit beschreibt Methoden und Techniken zur Realisie-rung eines in Bild 1.1 skizzierten, vollständig integrierten, SMD-lötbaren (surface-mounted device) Radarsensors mit einer Trägerfrequenz oberhalb von 100 GHz. Dieser besteht aus einem MMIC (Monolithic Microwave Integrated Circuit), auf dem die komplette Radarschaltung integriert ist, sowie einer sepa-raten Antenne. Beide sind gemeinsam in ein SMD-lötbares Gehäuse integriert. Vom MMIC zum Gehäuse müssen lediglich die niederfrequenten Steuersigna-le, sowie Versorgungsspannungen geführt werden. Das Millimeterwellensignal selbst muss vom MMIC zur Antenne geführt werden, von wo es abgestrahlt wird. Die Integration der Antenne in das Chip-Gehäuse stellt dabei jedoch neuartige Anforderungen an die Aufbautechnik, an die Verbindungstechnik zwischen Chip und Antenne sowie an das Antennendesign selbst. Diese Anforderungen werden in der vorliegenden Arbeit analysiert, um darauf aufbauend neuartige Methoden und Konzepte zu entwickeln, die notwendig sind, um einen leistungsfähigen, vollintegrierten Radarsensor zu verwirklichen.

In Bild 1.1 ist die Zuordnung der einzelnen Kapitel dieser Arbeit zu den betreffenden Bereichen des integrierten Sensors dargestellt. Die Voraussetzung einer funktionalen Integration von Millimeterwellenantennen sind neuartige Gehäuse und Aufbautechnikvarianten. Kapitel 2 beschäftigt sich deshalb, aufbauend auf den Grundlagen der Aufbautechnik sowie den traditionellen Methoden der Gehäusetechnik im Millimeterwellenbereich, mit verschiedenen potentiellen Herstellungstechniken von Gehäusen und Antennen sowie mit unterschiedlichen Anordnungsmöglichkeiten von Gehäuse, Chip und Antenne. Kapitel 3 beschreibt anschließend die notwendige Verbindung zwischen Chip und Antenne. Diese muss das Millimeterwellensignal möglichst reflexions- und dämpfungsfrei vom Chip zur Antenne und zurück übertragen können. Aufbauend auf den Grundlagen zur Bonddraht- und Flip-Chip-Technologie werden beide Verbindungstechniken analysiert und modelliert, um ihre Eigenschaften im Millimeterwellenbereich zu untersuchen und kompensierte Verbindungen im Bereich um 122 GHz zu realisieren.

Die Kapitel 4 bis 6 beschäftigen sich mit Variationen der integrierten Antenne. Deren Layout hängt maßgeblich von der verwendeten Gehäusetechnik, der Anordnung von Gehäuse, Chip und Antenne sowie der ausgewählten Verbindungstechnik ab. Dieser Zusammenhang ist in Bild 1.2 dargestellt. Je nach verwendeter Verbindungstechnik muss eine passende Anordnung der einzelnen Elemente und anschließend eine passende Antennenstruktur ausgewählt werden. Die notwendige messtechnische Charakterisierung von integrierten Millimeterwellenantennen erfordert neuartige Messmethoden, die im vierten Kapitel beschrieben werden. Dabei wird ein Messsystem vorgestellt, das im Rahmen dieser Arbeit konzipiert und realisiert wurde. Es basiert auf einer Kontaktierung der Antennen mit koplanaren Messspitzen und ermöglicht so die Charakterisierung der komplexen Antennenimpedanz an der Stelle, an welcher diese mit dem Chip verbunden wird. Das System erlaubt zudem die Bestimmung der Richtdiagramme, sowie des Gewinns von Streifenleitungsantennen im Frequenzbereich von 50 GHz bis zu 325 GHz. Das anschließende Kapitel beschäftigt sich mit den Besonderheiten von hochintegrierten Millimeterwellenantennen. Eine Herausforderung stellen dabei die durch die nicht mehr gegenüber der Wellenlänge vernachlässigbare Substratdicke entstehenden para-

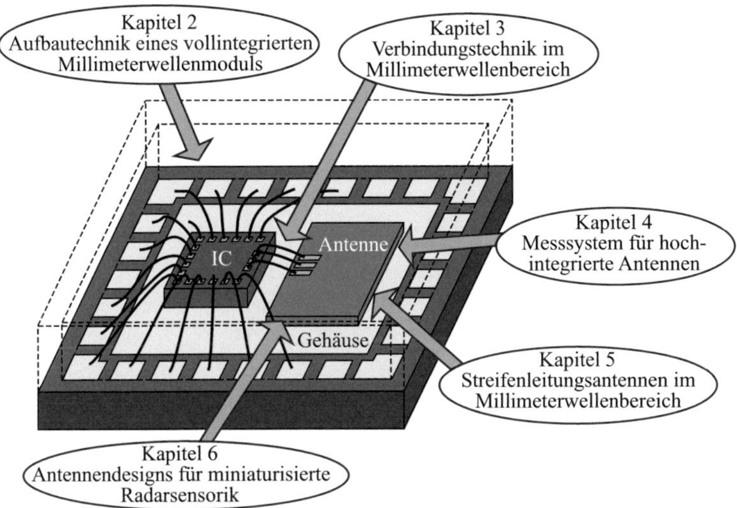

Bild 1.1.: Skizze eines vollintegrierten Radarsensors in einem SMD-lötbaren Gehäuse und Zuordnung der einzelnen Kapitel dieser Arbeit zu den betreffenden Bereichen dieses Sensors

sitären Oberflächenwellen dar. Diese beeinflussen das Antennenverhalten und müssen folglich geeignet unterdrückt werden. Die Integration einer Antenne erfordert zudem die Analyse des Einflusses des Gehäuses und dabei insbesonders des Gehäusedeckels. Aufbauend auf diesen Erkenntnissen sowie unter Verwendung des vorgestellten Messsystems beschreibt Kapitel 6 spezifische Antennendesigns, die sich zur Integration in ein Chip-Gehäuse eignen. Das Funktionsprinzip dieser Antennen sowie deren neuartige Speisenetzwerke werden ausführlich erläutert. Die Funktionalität der Antennen wird mittels Messungen verifiziert, wobei auch der Einfluss des Gehäuses und der Verbindung zwischen Chip und Antenne untersucht und analysiert wird.

Kapitel 7 zeigt zwei Realisierungsbeispiele von vollintegrierten Radarsensoren bei 122 GHz. Diese basieren vollständig auf den in der vorliegenden Arbeit entwickelten Methoden und Techniken zur Aufbau- und Verbindungstechnik sowie zum Design für integrierte Antennen. Abschließend werden die Schlussfolgerungen der Arbeit erläutert, um die wichtigsten Erkenntnisse sowie die neu entstandenen Methoden zusammenzufassen.

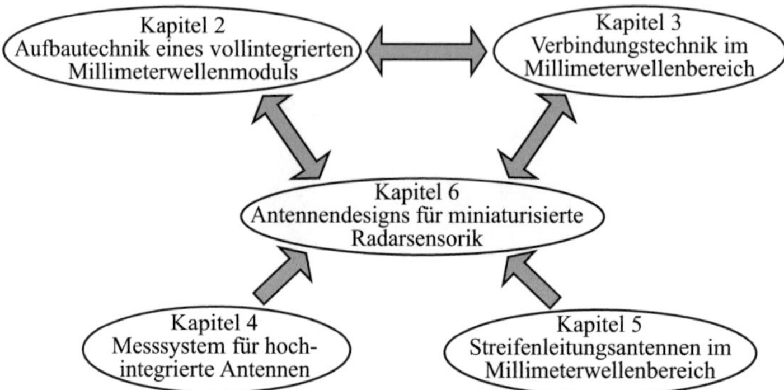

Bild 1.2.: Zusammenhänge der einzelnen Kapitel

2. Aufbautechnik eines vollintegrierten, SMD-lötbaren Millimeterwellenmoduls

2.1. Grundlagen der Aufbautechnik

Die Aufbautechnik der Mikroelektronik beschäftigt sich mit der Einbettung eines integrierten Schaltkreises in ein System [Tum01]. Ein IC (Integrated Circuit) ist ein funktioneller Schaltkreis, der aus mehreren miteinander verbundenen Bauelementen auf einem Halbleitermaterial besteht. Der Halbleiter ermöglicht durch seine besonderen Eigenschaften die Herstellung dieser speziellen Bauelemente. Da die Größenordnung dieser Bauelemente jedoch im nm- bis µm-Bereich liegt und folglich die Größe der ICs im µm- bis mm-Bereich, müssen diese kleinen Bauteile durch ein geeignetes Gehäuse für ein System nutzbar gemacht werden. Das mikroelektronische Gehäuse stellt somit die Schnittstelle zwischen dem IC und dem System, in das der IC eingebunden wird, dar, siehe Bild 2.1.

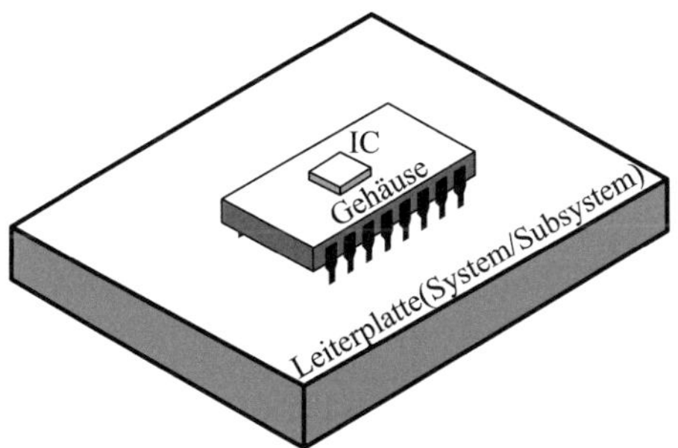

Bild 2.1.: Mikroelektronisches Gehäuse als Schnittstelle zwischen einem IC und einem elektronischen System

An das Gehäuse werden dabei verschiedene Anforderungen gestellt:

– Eine effiziente Zuführung von Versorgungsleistung vom System zum IC

– Eine effiziente Zu- und Abführung von Signalen zwischen System und IC

– Der IC im Chip-Gehäuse muss sinnvoll an eine Leiterplatte angebracht werden können, z.B. mittels SMD-Technologie

– Eine effektive Ableitung der vom IC erzeugten thermischen Energie

– Einen ausreichenden Schutz des ICs vor externen Kräften wie Feuchtigkeit, Korrosion, Berührung durch diverse Kleinstteile, Vibrationen usw.

– Eine Funktion als Abstandswandler zwischen den geringen Abständen zwischen zwei Kontaktflächen auf einem IC ($50\,\mu m$-$200\,\mu m$) und den größeren Abständen zwischen Kontaktflächen auf einer Leiterplatte ($400\,\mu m$-$1000\,\mu m$)

Seit Jack Kilby 1958 den IC erfand, hat sich diese Technologie mit rasender Geschwindigkeit entwickelt. Es gibt heutzutage eine Vielzahl an ICs, die sich in Aufbau, Größe und Funktion unterscheiden. Folglich haben sich auch verschiedenste Gehäuse etabliert, die an die jeweiligen ICs, sowie an die Anforderungen des jeweiligen Systems angepasst sind. Die unterschiedlichen Gehäuse variieren in Struktur, Material, Herstellungstechnik, Verbindungstechnik, Größe, Dicke, Anzahl der Kontaktflächen, Potential zur Hitzeabfuhr, elektrischer Leistungsfähigkeit, Zuverlässigkeit und Kosten. Grundsätzlich unterschieden wird dabei zwischen den Through-Hole Packages, bei denen die Anschlüsse des Gehäuses wie Nadeln von der Gehäuseunterseite abstehen, sowie den SMD-Gehäusen. Die Nadeln der Through-Hole Packages werden durch vorgebohrte Löcher in der Leiterplatte versenkt. Im Fall der SMD-Technologie wird das Gehäuse mit seinen flachen Anschlüssen direkt auf die Oberfläche der Leiterplatte gelegt und durch Löten fixiert. Die flachen Anschlüsse stehen dabei entweder als Beinchen nach außen, oder befinden sich in Form von metallischen Flächen direkt auf der Unterseite des Gehäuses. Die SMD-Technologie bietet den Vorteil einer deutlich geringeren Baugröße des Gehäuses sowie eine beidseitige Nutzbarkeit der Leiterplatte. In den späten 80er Jahren wurden Gehäuse mit Kontaktflächen in Form von Lotkugeln unterhalb des Gehäuses entwickelt (Ball Grid Array - BGA). Durch eine flächige Anordnung der Kontaktstellen kann somit die größte Anzahl an Ein- und Ausgängen bereitgestellt werden. Im Laufe der Jahre reduzierte sich so das Größenverhältnis von Gehäuse zu IC von einem Faktor 100 (Dual in-line Package) auf einen Faktor von 1,2 (Chip Scale Package).

Im Bereich der Hochfrequenztechnik werden an ein Gehäuse zwei zusätzliche Anforderungen gestellt [Bah09]:

- Die effiziente Zu- und Abführung von Signalen zwischen System und IC bedeutet in diesem Fall nicht nur die Minimierung der dielektrischen und ohmschen Verluste, sondern auch die Minimierung der Fehlanpassung; und somit die Minimierung der parasitären Effekte.

- Die effektive Ableitung der vom IC erzeugten thermischen Energie steht besonders im Vordergrund, da Hochfrequenzbauteile oftmals eine geringe Effizienz aufweisen, und somit ein Großteil der zugefügten Leistung im IC in thermische Energie umgewandelt wird.

Um die parasitären Effekte der Gehäuseanschlüsse zu minimieren, wurde deswegen insbesondere im Bereich der Hochfrequenztechnik schnell auf die SMD-Gehäuse zurückgegriffen, da diese im Vergleich zu den Through-Hole Gehäusen deutlich kürzere Anschlüsse haben. In diesem Bereich haben sich inzwischen zwei verschiedene Gehäusematerialien etabliert. Keramische Gehäuse werden entweder mittels LTCC (Low Temperature Co-fired Ceramic) oder HTCC (High Temperature Co-fired Ceramic) Technologien hergestellt. Diese beinhalten meist eine metallische Fläche, auf die der IC aufgebracht wird, sowie mehrere Anschlussflächen am Rand. Oft werden Kavitäten in die keramischen Gehäuse eingebracht, um die Länge der Bonddrähte zu minimieren. Der Vorteil dieser Herstellungstechnik ist eine große Flexibilität in Bezug auf das Gehäuselayout sowie die Möglichkeit ein hermetisch dichtes Gehäuse zu realisieren [Bah09], [Tum01]. Plastikgehäuse dagegen haben meist eine geringere Flexibilität und können nicht hermetisch verschlossen werden, da die verwendeten Materialien generell für Feuchtigkeit durchlässig sind. Die Herstellungskosten sind jedoch deutlich geringer und folglich werden diese Gehäusetypen in allen Anwendungen mit hohem Kostendruck verwendet.

Ein häufig verwendeter Gehäusetyp ist das QFN-Gehäuse (Quad Flat No Lead). Dieses bietet einen sehr guten Kompromiss zwischen geringer Baugröße und guter Hitzeableitung des ICs. Es wird auf Grund der geringen Größe quasi zur Gruppe der Chip Scale Packages gezählt. Da es keine zur Seite abstehenden Beinchen hat, ist die Grundfläche sehr kompakt und auch die parasitären Einflüsse der Kontaktflächen sind geringer. Bild 2.2(a) zeigt einen prinzipiellen Querschnitt eines QFN-Gehäuses mit einem gehäusten IC. Der IC wird mit wärmeleitfähigem Kleber auf die große Metallfläche (center die pad) geklebt. Dies bietet eine optimale Wärmeableitung vom IC zur Leiterplatte. Die Kontaktflächen des ICs werden durch Bonddrähte mit den Kontaktflächen des Gehäuses verbunden. Die mittlere Metallfläche wird meist mit Masse verbunden. Verschiedene QFN-Gehäuse in Form von sogenannten air-cavity packages (ACP) sind in Bild 2.2(b)-(e) dargestellt. Diese werden nach Einkleben und Bonden des ICs mit einem Deckel verschlossen, und somit bleibt Luft im Gehäuse. Bei der zweiten Variante des QFN-Gehäuses, die in der kostengünstigen Massenproduktion üblicher ist, wird die Luftkavität vollständig mit einem Plastikverguss aufgefüllt. Durch die hohen dielektrischen Verluste und die Beeinflussung der Hochfrequenzschaltungen auf dem IC werden vollständig vergossene Plastikgehäuse jedoch selten oberhalb von 3 GHz verwendet [Bah09].

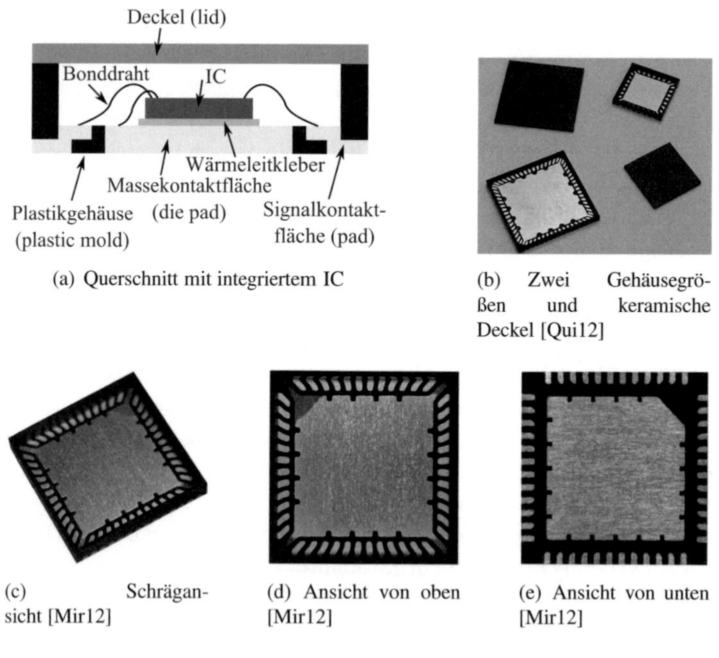

(a) Querschnitt mit integriertem IC

(b) Zwei Gehäusegrößen und keramische Deckel [Qui12]

(c) Schrägansicht [Mir12]

(d) Ansicht von oben [Mir12]

(e) Ansicht von unten [Mir12]

Bild 2.2.: QFN-Gehäuse

2.2. Aufbautechnik im Millimeterwellenbereich

Mit zunehmender Frequenz nehmen die parasitären Effekte von Bonddrähten und Gehäusekontaktflächen zu. Es wird dadurch schwieriger ein Signal effizient von einem IC durch das Gehäuse auf eine Leiterplatte zu führen. Das beschriebene QFN-Gehäuse wird aktuell bis maximal 40 GHz eingesetzt [LH04]. Schon ab 10 GHz müssen jedoch große Layoutanstrengungen vorgenommen werden, um ein effizientes Gehäuse zu erhalten. Beispiele sind ein Leistungsverstärker von 17 GHz bis 27 GHz [LBL+07] und ein rauscharmer Verstärker von 12 GHz bis 30 GHz [BQCT06], die in einem QFN-Gehäuse erhältlich sind. In beiden Fällen mussten jedoch die parasitären Effekte der Bonddrähte und der Gehäusekontaktflächen in das Chip-Design miteinbezogen werden. In neuesten Forschungsarbeiten werden teilweise noch höhere Grenzfrequenzen mit Plastikgehäusen erreicht, jedoch nur durch deutliche Änderungen des Gehäuselayouts und damit in der Regel auch mit neuartigen Herstellungstechniken. Ein Beispiel ist die Herstellung des Gehäuses aus mehrlagigen organischen Leiterplatten (analog zum keramischen LTCC) [CT09]. Dadurch kann der IC wiederum in eine Kavität eingebettet werden, um die Länge der verwendeten Bonddrähte zu minimieren. Außerdem können die Kontaktflächen des Gehäuses individuell geformt werden, um so eine optimierte HF-Leistungsübertragung (Hochfrequenz) zu erzielen. Mit einer noch weiter fortgeschrittenen Technologie wurden mittlerweile sogar ICs bis zu 50 GHz erfolgreich gehäust [SC09]. In diesem Fall wurden statt Bonddrähten Mikrokoaxialleitungen verwendet und auch die Kontaktflächen des Gehäuses wurden wie Koaxialleitungen dimensioniert. In einer ähnlichen Technologie wurde ein QFN-Gehäuse mit Hohlleiteranschluss realisiert [ATHC09]. In diesem Fall formen die Gehäusekontaktflächen die Umrisse eines Hohlleiters. Im Inneren des Gehäuses koppelt eine Antenne die Energie in diesen Hohlleiter. Es bleibt jedoch abzuwarten, ob solche Fertigungstechnologien kostengünstig genug realisiert werden können.

Die am stärksten von der Massenproduktion getriebene Anwendung im Millimeterwellenbereich sind aktuell die Automobilradarsensoren bei 77 GHz. Die verwendeten ICs werden dabei momentan meist ungehäust eingesetzt (chip on board - COB), um die parasitären Einflüsse der Gehäuse zu vermeiden. Die Chips werden meist in eine Kavität einer Leiterplatte eingesetzt, um die Länge der verwendeten Bonddrähte so gering wie möglich zu halten [HTS+12], siehe Bild 2.3(a). Sogenannte Flip-Chip-on-board (FCOB) Varianten, bei denen der Chip mit Flip-Chip direkt auf die Leiterplatte aufgebracht wird, würden noch geringere parasitäre Einflüsse bieten. Ein Problem stellt dabei jedoch eine ausreichend gute Wärmeabfuhr vom IC zur Leiterplatte dar, da diese nur über die Flip-Chip-Kugeln geführt werden kann. Eine neuartige Aufbautechnik, die dem FCOB ähnelt, ist das Embedded Wafer Level Packaging. Der Chip wird dabei in der Regel direkt von der Halbleiter-Foundry gehäust. Er wird mit seiner aktiven Seite auf eine Trägerfolie aufgebracht und anschließend komplett umgossen. Das entstehende Bauteil wird dann von der Trägerfolie gelöst. Die Anschlüsse des ICs werden mit einer speziellen in Dünnschichttechnik aufgebrachten Umverdrahtungslage nach außen geführt. Lotkugeln stellen die Verbindung zur Leiterplatte her. Ein Beispiel ist die ewlB-Technologie (Embedded Wafer Level Ball Grid Array) der Firma Infineon [MOB$^+$08], [WLB$^+$11], die aktuell bis zu 77 GHz verwendet wird [WED$^+$08], [KTS$^+$12]. Ein Querschnitt dieser Technologie, die auch in einem der Automobilradarsensoren der Robert Bosch GmbH verwendet wird [HTS$^+$12], ist in Bild 2.3(b) gezeigt.

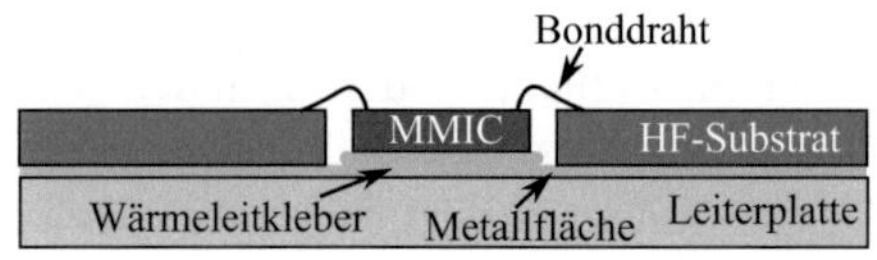

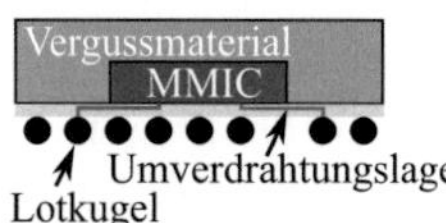

(a) Ungehäuster Chip direkt auf Leiterplatte (chip on board)

(b) Embedded Wafer Level BGA Package

Bild 2.3.: Gehäusearten für ICs der 77 GHz Automobilradartechnik

Für sonstige Anwendungen im Millimeterwellenbereich und vor allem oberhalb von 100 GHz basiert die aktuell meist verwendete Gehäusetechnik auf metallischen Gehäusen. Die Split-Block-Gehäuse werden dabei mit hochgenauen Fräsmaschinen gefertigt und bestehen wie der Name impliziert aus zwei Hälften. Der IC wird dabei in eine Kavität eingeklebt. Die hochfrequenten Signale werden über Hohlleiter zum IC und vom IC weggeführt. Als Übergang vom IC zum Hohlleiter werden in der Regel kleine Leiterplatten verwendet, z.B. Glassubstrate mit Antennen, die Energie in den Hohlleiter koppeln [WTZ$^+$11]. Meist werden sogar alle Schaltungsbestandteile einzeln gehäust, um so eine große Flexibilität zu erzielen. In einigen Anwendungen werden mittlerweile jedoch komplette Schaltungen wie z.B. Empfänger, in ein Gehäuse integriert [VSC$^+$11]. Beispiele von in Split-Block-Technik gehäusten MMICs sind in Bild 2.4 gezeigt. Zur beschriebenen Technologie besteht aktuell vor allem oberhalb von 110 GHz keine Alternative, da die einzig standardisierte Verbindungsmöglichkeit dort Hohlleiter sind. Durch die notwendige Genauigkeit der Gehäuse übersteigen deren Kosten jedoch die Kosten der ICs um ein Vielfaches. Die Gehäusetechnik ist somit der entscheidende Faktor, der momentan ein Durchdringen der Millimeterwellentechnik oberhalb von 77 GHz in den Massenmarkt blockiert, obwohl der anhaltende Fortschritt der Halbleitertechnologie in den letzten Jahren zu immer höheren Schaltgeschwindigkeiten der Transistoren in sowohl III-V-Halbleiter- als auch Silizium(Si)-Technologie führte.

(a) Rauscharmer Verstärker im W-Band [Rad12]

(b) Aktiver Frequenzvervielfacher [Mil12]

Bild 2.4.: Verschiedene MMICs in Split-Block-Technologie

2.3. Chip-Gehäuse mit integrierter Antenne

Um eine kostengünstigere Aufbautechnik für MMICs im Millimeterwellenbereich zu realisieren, ist es notwendig eine höhere Integrationsdichte anzustreben. Die Split-Block-Gehäuse werden verwendet, da die Millimeterwellensignale zwischen verschiedenen Komponenten übertragen werden müssen. Gelingt es, alle Hochfrequenzkomponenten einschließlich der Antenne auf einen Chip oder in ein Gehäuse zu integrieren, müssen dem Gehäuse lediglich Versorgungsspannungen und Basisbandsignale zugeführt werden. Dies reduziert die Anforderungen an das Gehäuse enorm und ermöglicht somit eine kostengünstigere Herstellung. Ein solches Radio bzw. Radar kann schlussendlich sogar von Anwendern ohne Erfahrung in der Hochfrequenztechnik verbaut werden. Hilfreich ist dabei, dass vor allem die Größe von typischen Streifenleitungsantennen im Bereich oberhalb von 50 GHz nur noch wenige Millimeter beträgt. Bild 2.5 zeigt die Blockschaltbilder von einem aus verschiedenen Komponenten aufgebauten Subsystem sowie einem vollintegrierten Gehäuse im direkten Vergleich. Es wird dabei deutlich, dass die höhere Integrationsdichte die Anforderungen an das Gehäuse stark verändert, da keine Millimeterwellensignale mehr zum Gehäuse bzw. vom Gehäuse weg geführt werden.

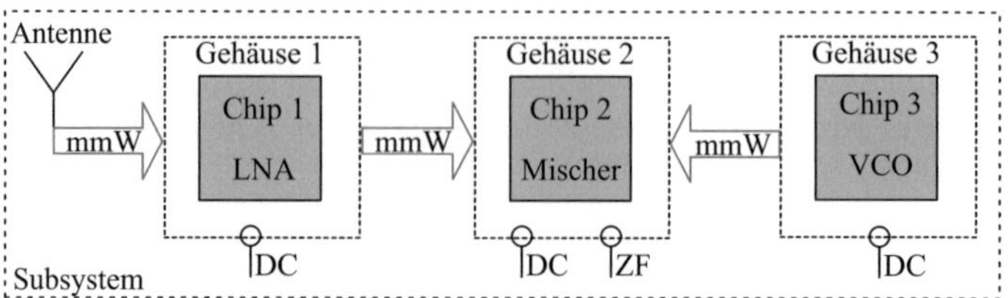

(a) Aus Komponenten aufgebautes Subsystem

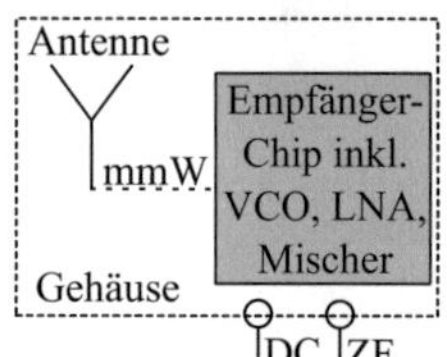

(b) Vollintegriertes Ge-
häuse

Bild 2.5.: Vergleich von Empfängern mit unterschiedlichem Integrationsgrad

Im Gegensatz zu den typischen Anforderungen an ein Gehäuse muss das Gehäuse in Bild 2.5(b) jedoch weiteren Anforderung gerecht werden:

- Das Gehäuse muss eine Umgebung schaffen, die eine effiziente Abstrahlung der Antenne mit den gewünschten Eigenschaften an Bandbreite,
  Richtcharakteristik und Gewinn ermöglicht.

- Zudem muss die Aufbautechnik einen effizienten Signaltransport zwischen Chip und Antenne ermöglichen.

Die unterschiedlichen Strategien, die bislang zur Integration kompletter Sender
bzw. Empfänger in ein Gehäuse verfolgt wurden, lassen sich in verschiedene
Gruppen einteilen. Diese werden im Folgenden, zusammen mit ihren Vor- und
Nachteilen, erläutert.

2.3.1. Monolithische Integration

Bei einer monolithischen Integration werden auf einem einzelnen Halbleiterchip alle Schaltkreise inklusive des gesamten HF-Front-Ends sowie die Antenne realisiert. Es entsteht somit ein System On Chip (SOC). Die Chip-Fläche
unterteilt sich in aktive Bereiche, passive Bereiche und den Bereich der Anten-

ne. In solch einem Aufbau dient folglich der Halbleiter, z.B. Silizium, direkt als Antennensubstrat. Die in herkömmlichen Halbleiterprozessen verwendeten Silizium-Wafer haben in der Regel einen sehr geringen elektrischen Widerstand. Durch verschiedene Verarbeitungsschritte in Siliziumprozessen steigt die Leitfähigkeit durch ungewollte oder gezielte Verunreinigungen an [LR94]. Der spezifische Widerstand sinkt dabei oft auf bis zu $10\,\Omega$cm, was ein stark verlustbehaftetes Substrat für die Antenne ergibt. Die relativ hohe elektrische Permittivität von Silizium (11,8) führt außerdem dazu, dass ein großer Teil der abgestrahlten Leistung vom Substrat aufgenommen wird. Die vom Substrat aufgenommene Leistung breitet sich dann in Oberflächenwellen aus und wird teilweise am Substratende in unerwünschte Richtungen abgestrahlt. Die Kombination aus hoher Permittivität und geringem Widerstand kann somit die Effizienz und dadurch den Gewinn von Antennen drastisch reduzieren [BGK$^+$06]. Typische Effizienzwerte für monolithisch integrierte Antennen auf Silizium liegen im Bereich von 5% bis 20% [TP03], [ZSG05].

Verschiedene Strategien wurden verfolgt, um die Antenneneffizienz zu erhöhen. Die Leitfähigkeit von Silizium kann beispielsweise durch zusätzliche Verarbeitungsschritte wieder verringert werden. Ein Beispiel hierfür ist eine Protonenimplantation in den Silizium-Wafer. Ein künstlich implantiertes Proton erzeugt eine erhöhte Defektdichte, welche die Zahl der freien Ladungsträger reduziert und so den Widerstand erhöht [RWK02]. Auf solch einem hochresistiven Siliziumsubstrat wird ein Monopol bei $40\,$GHz realisiert [CCL$^+$03], der einen Gewinn von $4\,$dBi hat. Es kommt jedoch auch in diesem Fall wegen des $525\,\mu$m dicken Wafers zu merklichen Oberflächenwellen, die an einer Kante des Chips abgestrahlt werden und das Richtdiagramm der Antenne beeinflussen. Eine andere Möglichkeit bieten Halbleiterprozesse, wie ein $0{,}8\,\mu$m SiGe (Silizium-Germanium) HBT (Hetero-Bipolar Transistor) Prozess [OSC$^+$05], die hochresistive Silizium-Wafer verarbeiten können. In diesem Prozess wird ein kompletter Empfänger, bestehend aus einer Antenne, einem LNA (Low Noise Amplifier), einem Mischer und einer Teilerstufe auf einem $4{,}5\,$mm^2 großen Chip realisiert. Der Dipol bei $24\,$GHz erreicht dabei -5 dBi Gewinn.

Eine weitere Möglichkeit, die durch das Silizium verursachten Verluste zu reduzieren, besteht darin die Dicke des Substrats unterhalb der Antenne durch Feinbearbeitung des Wafers zu reduzieren. Die Dicke muss dabei soweit reduziert werden, dass sich keine Oberflächenwellen mehr ausbreiten können. Die Feinbearbeitung kann durch anisotrope Ätzvorgänge wie Plasmaätzen, reaktives Ionenätzen oder Ionenstrahlätzen realisiert werden. Diese Ätzvorgänge können lokal unterhalb der Antenne eine Kavität mit geraden Wänden erzeugen [Hil08]. Wird vor dem Ätzvorgang auf den Wafer eine BCB-

Schicht (Benzocyclobuten) aufgebracht, so kann durch Entfernen des Siliziums unterhalb dieser Schicht eine dünne Membran erzeugt werden. Ein auf solch einer Membran realisierter Dipol bei 24 GHz weist einen Gewinn von 0 dBi auf [OBG+04]. Eine Yagi-Anordnung auf einer ähnlich erzeugten 1,4 µm dicken SiO_2-Schicht (Siliziumdioxid) hat einen Gewinn von 6 dBi bei 45 GHz [NMP+03]. Kürzlich wurde eine 130 GHz Dipolantenne mit 60% Effizienz und 8 dBi Gewinn vorgestellt [36]. Die Effizienz wird dabei durch das um die Membran herum verbleibende Silizium beschränkt, da dieses einen Teil des abgestrahlten Felds aufnimmt, was auch zu Nebenkeulen im Bereich von 0 dBi führt. Zudem benötigt die Antenne eine sehr große Chip-Fläche von ca. 2 mm × 3 mm und verstößt durch die große freigeätzte Kavität gegen Standardrichtlinien der IC-Herstellung. Anstatt Ätzvorgänge zu nutzen ist es auch möglich den kompletten Wafer abzuflachen. In Kombination zu einem auf 100 µm abgeflachten Wafer wurde in [BGK+06] unterhalb des Wafers mechanisch eine hochresisitive dielektrische Linse angebracht, die dazu dient die Oberflächenwellen in erwünschte Abstrahlung umzuwandeln und das Richtdiagramm der Antennen zu formen. Die vier als Antennengruppe implementierten Dipole erreichen durch die Fokussierung der Linse einen Gewinn von 8 dBi.

Die dritte Möglichkeit besteht darin, die Antenne durch eine geschlossene Metallisierung vom verlustbehafteten Halbleitersubstrat zu trennen. In diesem Fall wird das auf dem Silizium aufgebrachte Siliziumdioxid als Antennensubstrat genutzt. Auch in diesem Fall ist jedoch die Antenneneffizienz beschränkt, da die Dicke der typischen Siliziumdioxidschicht im Bereich von 10 µm liegt. Dies begrenzt zudem die Impedanzbandbreite der Antenne [Poz83], [Bal05]. Eine Erhöhung der Effizienz in einen Bereich um 60% wurde mit einem zusätzlichen Glassubstrat erreicht, das über einer 77 GHz Antenne auf den IC geklebt ist [HWGH10]. Auf diesem Glassubstrat befindet sich ein weiteres parasitäres Antennenelement. In einem ähnlichen Konzept koppelt eine Mikrostreifenleitung auf dem Chip direkt auf die auf dem Glassubstrat aufgebrachte 94 GHz Antenne [OR12]. In diesem Fall wurden ebenfalls 60% Effizienz erzielt. Der Antennengewinn wird anschließend durch eine zusätzliche metallische Struktur, die einer Hornantenne ähnelt und oberhalb der Antenne aufgebracht wird, von 2 dBi auf 8 dBi erhöht [OR11]. Kritisch ist dabei vor allem die akkurate Ausrichtung des Glassubstrats zum Chip sowie des Metallhorns zur Antenne.

Eine monolithische Integration der Antenne ermöglicht den höchsten Integrationsgrad. Der Übergang von der Schaltung zur Antenne kann quasi verlustlos und mit unbegrenzter Bandbreite realisiert werden. Die Aufbautechnik gestaltet sich ebenfalls als einfach, da z.B. ein Standardgehäuse nach Bild 2.2(a) verwendet werden kann (siehe Bild 2.6). Das Hauptaugenmerk muss in diesem

Fall auf dem Einfluss des Gehäuses auf die Performanz der monolithisch integrierten Antenne liegen. Nachteilig sind jedoch vor allem die begrenzte Antenneneffizienz durch die Eigenschaften des Halbleitersubstrats. Die beschriebenen Methoden zur Erhöhung der Antenneneffizienz führen wiederum zu einer komplexeren und aufwändigeren Aufbautechnik. Zudem verbrauchen Antennen im Vergleich zur restlichen Schaltung einen großen Teil der Halbleiterfläche, was zu höheren Kosten führt. Somit ist die Antennenwirkfläche und damit die Direktivität der Antenne begrenzt.

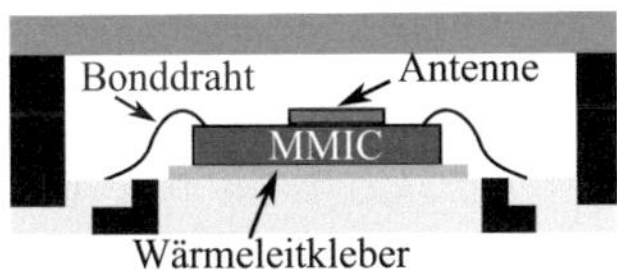

Bild 2.6.: Monolithisch integrierte Antenne mit zusätzlichem parasitären Element, integriert in ein QFN-Gehäuse

2.3.2. Gehäuse aus Mehrlagenleiterplatten

Wie bereits in den Abschnitten 2.1 und 2.2 beschrieben, werden verschiedene Gehäusetypen in Leiterplattentechnologie hergestellt. Dabei werden mehrere Leiterplatten aufeinander gestapelt, gepresst und mittels Durchkontaktierungen miteinander verbunden. Diese Technologie ermöglicht eine größtmögliche Flexibilität, da auch Vertiefungen realisiert werden können, in denen z.B. ein IC eingesetzt wird. Meistens werden auf einer der äußeren Lagen an allen Kontaktflächen Lotkugeln aufgebracht, die dann zum Auflöten auf die Systemleiterplatte dienen. Als Substratmaterialien lassen sich sowohl Keramiken als auch Kunststoffe verwenden. Die Keramiken werden, je nach Sintertemperatur, in HTCC und LTCC unterteilt. HTCC wird bei 1600°C - 1800°C gesintert. Da bei diesen Temperaturen sowohl Gold als auch Kupfer schmilzt, muss zur Metallisierung auf Metalle wie Wolfram oder Molybdän zurückgegriffen werden. LTCC hat dagegen eine Sintertemperatur von ca. 850°C und eignet sich damit auch für Goldbeschichtungen. Einen noch niedrigeren Schmelzpunkt besitzen Kunststoffe. Bei Flüssigkristallpolymer (Liquid Crystal Polymer - LCP) liegt er bei ca. 280°C. Durch diese deutlich geringere Temperatur können somit im Fall von LCP-basierten Gehäusen aktive Bauteile bereits vor dem Aufeinanderpressen und Verschmelzen der einzelnen Substratlagen integriert werden.

Mittels dieser Leiterplattentechniken ist es nun auch möglich, die Antenne selbst zu realisieren. Somit werden die Antenne und das Gehäuse in der sel-

ben Technologie hergestellt (siehe Bild 2.7). Durch die Mehrlagentechnik ergeben sich vielfältige Möglichkeiten im Antennendesign. So können Durchkontaktierungen, Luftkavitäten und parasitäre Strahler auf zusätzlichen Schichten
genutzt werden, um die Antenne zu optimieren. Ein Beispiel ist ein von der
IBM Forschungsgruppe entwickeltes 28 mm × 28 mm großes BGA-Gehäuse
mit 16 aperturgekoppelten Patchantennen und einem hochintegrierten IC, der
diese Antennen als phasengesteuerte Gruppenantenne ansteuert. Dieses Gehäuse wird einerseits auf Basis von LTCC [LACF11], [KLN$^+$11] als auch mit
organischen Materialien [KLN$^+$10] realisiert. Einen ähnlichen Aufbau, jedoch
mit anderen Antennenformen, sowie einer 60 GHz Verbindung vom Chip zur
Antenne über Bonddrähte wird von der NTU Singapur verfolgt. Es wird auch
jeweils ein BGA Gehäuse auf LTCC-Basis realisiert, wobei die Antenne als
Schlitzantenne [WCL$^+$07], Dipolantenne [ZSC$^+$09] oder Grid Array Antenne [SZG$^+$09] ausgeführt ist. Ein BGA Gehäuse auf Basis organischer Substrate
wird vom Tokyo Institute of Technology in Zusammenarbeit mit Ammsys realisiert [SNH$^+$10], [SNH$^+$12]. Der Chip sitzt in diesem Fall in einer Kavität
und wird durch Bonddrähte mit dem Gehäuse verbunden. Separate Sende- und
Empfangsantennen werden als im Substrat integrierte Hohlleiterantennen in
der organischen Basis hergestellt. In diesem Fall ist die Hauptstrahlrichtung
der Antenne parallel zum Gehäuse und damit auch parallel zur Leiterplatte,
auf die das Gehäuse aufgebracht wird. Das Gehäuse muss somit zwingend am
Rand der Leiterplatte platziert werden. Eine Abstrahlung parallel zur Leiterplatte wird auch durch das Konzept von Toshiba erzielt, bei der die Antenne
aus Bonddrähten aufgebaut ist. Die Drähte bilden zusammen mit einer Metallfläche auf dem BGA Gehäuse eine Schleifenantenne [TIO$^+$11].

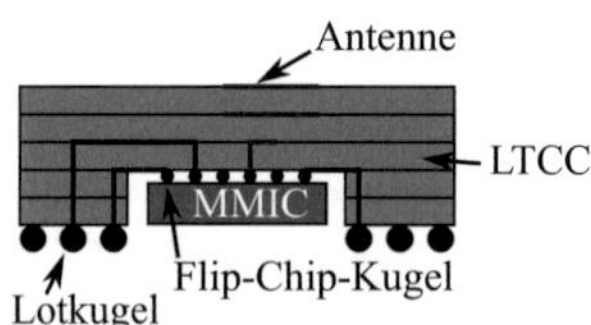

Bild 2.7.: Chip-Gehäuse in Mehrlagenleiterplattentechnik mit integrierter Antenne

Der Hauptvorteil der beschriebenen Integrationsart liegt in den vielfältigen
Möglichkeiten der Mehrlagenschaltungen. Diese ermöglichen sowohl für das
Gehäuse als auch für die Antenne verschiedenste Layouts. Die verwendeten
Materialien sind zudem in der Regel relativ verlustarm und eignen sich deshalb gut als Antennensubstrat. Der große Nachteil bei Mehrlagensubstraten ist
die durch die Dickschichttechnik bedingte, grobe Auflösung der Leiterbahnen
im Bereich von 100 µm. Die Toleranzen der verwendeten Siebdruck- oder Ätz-

techniken liegen im Bereich von 20 µm. Eine weitere Ungenauigkeit entsteht durch die Ausrichtung der einzelnen Substratlagen zueinander, die zu Abweichungen von bis zu 30 µm führt. Dies erschwert das Design von zuverlässigen Schaltungen und Antennen oberhalb von 60 GHz. Der Übergang vom IC zur Antenne wird in dieser Technologie mittels Bonddrähten oder Flip-Chip-Kugeln realisiert. Auch hier wirkt sich die grobe Auflösung der Leiterbahnen negativ aus. Im Fall der Flip-Chip-Verbindung müssen die Kontaktflächen auf dem IC einen größeren Abstand haben als üblich (mindestens 200 µm). Falls Bonddrähte verwendet werden, erschwert die grobe Linienauflösung die Realisierung von geeigneten Kompensationsschaltungen.

2.3.3. Embedded Wafer Level Packaging

Auch die in Abschnitt 2.2 beschriebene ewlB-Technologie wurde inzwischen genutzt, um Antennen in das Gehäuse zu integrieren. Die Antennen werden dabei jeweils auf der Umverdrahtungslage realisiert und strahlen entweder parallel zur Leiterplatte [WLB⁺11] oder unterstützt von einem metallischen Reflektor auf der Leiterplatte, nach oben durch das Vergussmaterial [FTH⁺11], [AHS11], [WLB⁺11], [WWL⁺12]. Eine Konzeptzeichnung für diesen Gehäusetyp ist in Bild 2.8 dargestellt.

Bild 2.8.: ewlB-Gehäuse mit integrierter Antenne

Die Vorteile dieser Technologie liegen in der optimalen Verbindung vom IC zur Antenne. Die Leitungen auf der Umverdrahtungslage sind sehr kurz und über Durchkontaktierungen direkt mit dem IC verbunden. Somit können extrem verlustarme Übergänge bis in den hohen Millimeterwellenbereich realisiert werden. Der verwendete Prozess ist zudem sehr präzise und erlaubt eine sehr geringe Auflösung der Leiterbahnen im Bereich von 10 µm. Somit wird eine hohe Zuverlässigkeit erreicht. Ein weiterer Vorteil ist, dass die Technologie erprobt ist und somit Problemstellungen wie die Wärmeabfuhr vom IC zur Leiterplatte ausreichend gut gelöst sind. Der Nachteil liegt darin begründet, dass die Technologie eine sehr geringe Flexibilität aufweist, da alle geometrischen Parameter (vor allem die Dicke des Vergussmaterials) durch den Prozess vorgegeben sind. Es gibt somit kaum Freiheitsgrade zur Optimierung der Antenne. Es zeigt sich auch, dass die bislang realisierten Antennen keine optimalen

Richtdiagramme aufweisen. Das relativ dicke Vergussmaterial führt meist zu einer Delle des Richtdiagramms in der gewünschten Hauptstrahlrichtung. Zudem entsteht eine Abhängigkeit der Antennenperformanz vom Abstand zwischen Gehäuse und Leiterplatte. Falls die Lotkugeln beim Anlöten also stärker zusammengepresst werden als gewünscht, beeinflusst dies die Antenneneigenschaften.

2.3.4. Standardgehäuse mit Antennen in Dünnschichttechnik

Im Gegensatz zu den bisher beschriebenen Integrationsmöglichkeiten, bei denen entweder IC und Antenne oder Gehäuse und Antenne aus dem selben Material hergestellt werden, gibt es die Möglichkeit alle drei Bausteine getrennt zu fertigen und anschließend zu verbinden. Dies bietet den Vorteil, dass das Antennenmaterial komplett unabhängig von IC und Gehäuse gewählt werden kann.

Ein Beispiel für eine Chip- und Antennenintegration wird in [ZLG06], [PGL$^+$06a], [PGL$^+$06b] von der IBM-Forschungsgruppe vorgeschlagen. Dieses ist in Bild 2.9 skizziert. Die Antenne (gefalteter Dipol) wird dabei separat auf einem Substrat aus Quartzglas realisiert. Der Chip und die Antenne werden gemeinsam in ein Land Grid Array (LGA) Gehäuse integriert. Die Antenne wird dabei oberhalb von dem IC angebracht und ist mit diesem durch eine Flip-Chip-Verbindung leitend verbunden. Die Massefläche des Gehäuses dient als Antennenreflektor. Zwischen Antenne und Reflektor wird durch die Aufbauweise ein 500 μm hoher Luftraum realisiert, der das Effizienz-Bandbreite-Produkt der Antenne erhöht. Durch die geringen Verluste im Antennensubstrat beträgt die Effizienz der Antenne 80% und es wird ein Gewinn von 7 dBi erreicht. Die DC (Direct Current) und Basisbandsignale werden vom Chip über gewöhnliche Bonddrähte zu den Gehäuseanschlüssen geführt. Eine höhere Direktivität des selben Systems wird durch eine andere Antennenstruktur erreicht [LS08]. Im selben Aufbau werden jetzt acht Patchantennen als Antennengruppe auf das Quartzglas aufgebracht. Durch die neuartige Speisung kann die Gruppe mit einer einzigen CPW-Leitung (Coplanar Waveguide) gespeist werden. Die Antennengruppe erreicht dabei einen Gewinn von 15 dBi. Der Aufbau ermöglichte erstmals die Demonstration eines vollintegrierten Gehäuses, ist jedoch in der Herstellung kostenintensiv und kompliziert. Aus diesen Gründen und um eine Aufbautechnik zu erhalten, die eine phasengesteuerte Antennengruppe ermöglicht, verwendet die IBM-Gruppe mittlerweile die bereits beschriebene Mehrlagenleiterplattentechnik. Weitere Beispiele für Integrationsmöglichkeiten mit separaten Antennensubstraten wurden von STMicroelectronics vorgestellt [LDP+10], [CPC+11].

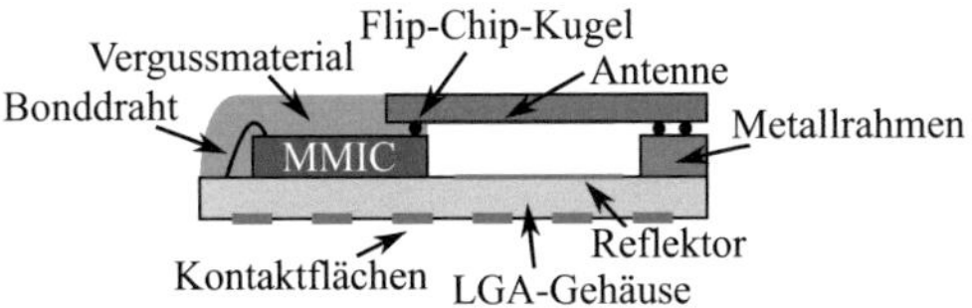

Bild 2.9.: LGA-Chip-Gehäuse mit MMIC und integrierter Antenne auf zusätzlichem Substrat

Der Hauptvorteil dieser beschriebenen Methode liegt darin, dass das Antennensubstrat komplett unabhängig ausgewählt werden kann, um eine möglichst optimale Performanz zu erzielen. Wird zur Verarbeitung des Antennensubstrats Dünnschichttechnik verwendet, erhält man eine sehr präzise Auflösung der Leiterbahnen im Bereich von 15 µm. Dies garantiert eine zuverlässige Herstellung der Antenne und ermöglicht die Verbindung von IC zu Antenne sowohl mittels eng beieinander liegenden Flip-Chip-Kugeln oder mit kompensierten Bonddrähten. Da das Gehäuse frei wählbar ist, kann auf kostengünstige Plastikgehäuse zurückgegriffen werden. Nachteile liegen im notwendigen Übergang zwischen IC und Antenne sowie in der Tatsache, dass drei Elemente miteinander verbunden und somit auch geschickt angeordnet werden müssen.

2.4. Varianten mit Standardgehäusen und Dünnschichtantennen

Der vorangegangene Vergleich zeigt, dass alle bisher verfolgten Integrationsvarianten Vor- und Nachteile haben. Je nach Frequenzbereich, Anwendung, erwünschter Bandbreite und Direktivität der Antenne sowie Größe des Chips und Anzahl seiner Ein- und Ausgänge muss deshalb im Einzelfall zwischen den verschiedenen Varianten abgewogen werden. Ziel der vorliegenden Arbeit ist die Einbindung von kompletten Radar-ICs in SiGe-Technologie mit einer Frequenz oberhalb von 100 GHz in ein Gehäuse mit integrierten Antennen. Die im Rahmen des „SUCCESS"-Projekts entwickelten ICs haben Abmessungen im Bereich von ca. 2 mm × 2 mm [SGH+12], [53]. Die Schaltungen sind sehr komplex aufgebaut, bieten beispielsweise verschiedene Selbsttests und Kalibrationsmechanismen und haben deshalb eine hohe Anzahl an Ein-

und Ausgängen (ca. 40-50). Die Anschlusskontaktflächen der ICs haben eine Größe von 60 µm × 80 µm und sind in einem Abstand (pitch) von 100 µm am Chip-Rand angeordnet.

Das Ziel ist die Integration dieser ICs mit passenden Antennen in ein SMD-lötbares Gehäuse mit möglichst geringen Abmessungen ($< 1\,\mathrm{cm}^2$). Die Antenne soll dabei senkrecht nach oben strahlen und eine möglichst große Richtwirkung mit einer Direktivität oberhalb von 10 dBi bei gleichzeitig hoher Antenneneffizienz haben. Aus diesen Gründen werden monolithisch integrierte Antennen im Rahmen dieser Arbeit nicht betrachtet. Die Integration in ein Gehäuse aus Mehrlagenleiterplatten wurde im Vorfeld dieser Arbeit als interessante Alternative untersucht. Dies führte zur Realisierung von 122 GHz Antennen in LTCC-Technologie [30], [29] sowie mittels organischen Leiterplatten [41]. Die entwickelten Antennen zeigen ein gutes Verhalten, leiden jedoch merklich unter den verschiedenen Toleranzen der Herstellungsprozesse. Im Fall der LTCC-Antennen ist der Fertigungsertrag sehr gering. Die geringen Leiterbahnbreiten und -abstände führen zu Kurzschlüssen auf den Antennenzuleitungen sowie teilweise zum kompletten Ablösen der Leitungen von den Substraten. Vor allem die Realisierung von zuverlässigen Verbindungen zwischen IC und Antenne ist deshalb in dieser Technologie nicht möglich. Die entwickelten LCP Antennen können mit einem höheren Ertrag gefertigt werden, zeigen jedoch eine merkliche Abweichung der Resonanzfrequenz. Dies ist vermutlich auf eine vom Simulationswert abweichende Permittivität des verwendeten Materials zurückzuführen. In dieser Technologie gelang es Verbindungen mittels Flip-Chip zu realisieren, jedoch mit zu geringer Reproduzierbarkeit, da die notwendige Linienbreiten und -abstände mit Werten von 60 µm bzw. 40 µm am absoluten Limit der verwendeten Ätztechnik liegen. Die gewonnenen Erkenntnisse zeigen, dass diese Technologien in Zukunft selbst oberhalb 100 GHz Anwendung finden können, jedoch müssen die Herstellungstechnologien präziser und zuverlässiger werden. Die beschriebene Wafer Level Packaging Technologie wird nicht verfolgt, da der Freiheitsgrad für das Antennendesign in diesem Fall als zu gering erachtet wird, um Antennen mit dem erwünschten Verhalten zu realisieren. Zudem bieten die im „SUCCESS"-Projekt beteiligten Halbleiterhersteller eine solche Technologie nicht an. Das Hauptaugenmerk dieser Arbeit liegt folglich auf der letztgenannten Integrationsvariante. Diese bietet durch die hochpräzise Dünnschichttechnologie eine hohe Genauigkeit und Reproduzierbarkeit der Antenne, selbst oberhalb von 100 GHz. Die unterschiedlichen Anordnungsmöglichkeiten von IC und Antenne innerhalb des Gehäuses sowie die freie Materialauswahl der Antenne bieten genügend Freiheitsgrade für das Antennendesign, um das gewünschte Verhalten zu erzielen. Die Hauptschwierigkeit liegt in einer optimalen Anordnung von Gehäuse, IC und Antenne zueinander, die alle in den Abschnitten 2.1 und 2.3 beschriebenen Anforderungen an ein IC Gehäuse mit integrierter Antenne erfüllen.

Aus den folgenden Gründen wurde das bereits in Abschnitt 2.1 beschriebene QFN als Gehäusetyp ausgewählt:

- Es ist SMD-lötbar.

- Es bietet trotz geringer Baugröße eine hohe Anzahl an Kontaktflächen. Diese sind notwendig um die große Anzahl an Ein- und Ausgängen der SiGe ICs zu bewältigen.

- Durch die ausgedehnte Massekontaktfläche in der Mitte bietet das QFN eine optimale Abführung der thermischen Energie vom IC.

- Diese große metallische Fläche bietet sich gleichzeitig als Reflektor für eine integrierte Antenne an, um die gewünschte Abstrahlrichtung nach oben aus dem Gehäuse zu erzielen.

- Das QFN-Gehäuse bietet eine optimale Lösung für den Prototypenbau, da lediglich ein Drahtbonder, ein Die-Bonder und ein Flip-Chip-Bonder benötigt werden.

- Ein air-cavity package bietet eine optimale Umgebung für die Antenne, da so auf die oftmals verlustbehafteten Vergussmaterialien verzichtet werden kann.

- Für diese Gehäuseart gibt es eine Vielzahl an Deckeln und Kappen aus unterschiedlichen Materialien. Somit kann eine optimale Lösung gefunden werden, die eine effiziente Abstrahlung der Antenne ermöglicht.

Da eine Millimeterwellenantenne in das Gehäuse integriert werden soll, wurde in dieser Arbeit nur das air-cavity package betrachtet. Die verwendeten Vergussmaterialien der komplett vergossenen Gehäuse zeigen in diesem Frequenzbereich sehr hohe Verluste [ZCB$^+$06] und würden somit die Antenneneffizienz stark einschränken. Im Folgenden werden verschiedene Anordnungsmöglichkeiten von IC und Antenne innerhalb eines QFN-Gehäuses beschrieben. Auf Grundlage der Vor- und Nachteile der jeweiligen Varianten werden anschließend die Vielversprechendsten ausgewählt, die in dieser Arbeit tiefergehend betrachtet werden.

Ausgehend von der typischen Anordnung eines ICs in einem QFN Gehäuse (Bild 2.2) ist die naheliegendste Lösung in Bild 2.10 dargestellt. IC und Antenne werden dabei beide nebeneinander in das Gehause eingeklebt, ähnlich den bereits beschriebenen chip-on-board Lösungen (Bild 2.3(a)). Alle Verbindungen vom IC zum Gehäuse werden standardgemäß mittels Bonddrähten gezogen. Auch die hochfrequente Verbindung zwischen IC und Antenne wird mittels Bonddrähten realisiert. Diese Verbindung stellt gleichzeitig die höchsten Anforderungen. IC und Antenne müssen sehr präzise zueinander ausgerichtet sein, um so die Länge der Bonddrähte zu kontrollieren. Die Drähte selbst müssen ebenfalls mit hoher Präzision gezogen werden. Es ist zu vermuten, dass diese Verbindung nur mit einer geringen relativen Bandbreite realisiert werden kann. Auch die Antenne, die in diesem Fall eine typische Mikrostreifenleitungsantenne ist, hat nur eine beschränkte Bandbreite. Gelingt es, den Übergang zwischen IC und Antenne zuverlässig und mit ausreichender Bandbreite zu realisieren, so bietet diese Variante das höchste Potential für eine möglichst kostengünstige Fertigung, da alle Produktionsschritte standardisiert sind. Obwohl diese Variante somit ein großes Potential für eine kostengünstige Massenproduktion bietet, wurde sie bislang nicht in dieser Form realisiert und folglich erstmals im Rahmen dieser Arbeit vorgeschlagen.

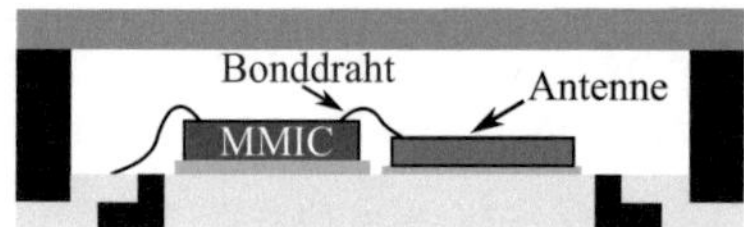

Bild 2.10.: Variante 1: Antenne und IC werden nebeneinander geklebt. Alle notwendigen Verbindungen werden mittels Bonddrähten realisiert.

Ausgehend von der ersten Variante kann mit einer zusätzlichen Luftkavität unterhalb der Antenne eine erhöhte Antennenbandbreite realisiert werden. Die Herstellung der QFN-Gehäuse erfolgt durch beidseitiges Ätzen einer Metallplatte [ZFLN05], [SW10]. Die freigeätzten Bereiche werden anschließend mit dem Plastikmaterial aufgefüllt. Dieses Verfahren kann somit leicht abgeändert werden, um eine Kavität frei zu ätzen, die anschließend nicht aufgefüllt wird. Nachteilig an der Luftkavität ist, dass ein steifes Antennenmaterial verwendet werden muss. Zudem muß beim Einkleben der Antenne darauf geachtet werden, dass kein Kleber in die Kavität fließt.

Neben der Drahtbondtechnologie bietet sich Flip-Chip als attraktive Lösung zur Verbindung von IC und Antenne an. Durch die deutlich geringere elektrische Länge der Verbindung sind die parasitären Effekte reduziert und somit kann ein Übergang mit größerer Bandbreite und geringeren Verlusten realisiert werden. Eine Hauptschwierigkeit entsteht jedoch durch die nun notwendige neue Anordnung von IC und Antenne, die sich kopfüber gegenüber stehen müssen. Eine mögliche Variante ist in Bild 2.12 dargestellt. Das Antennensubstrat

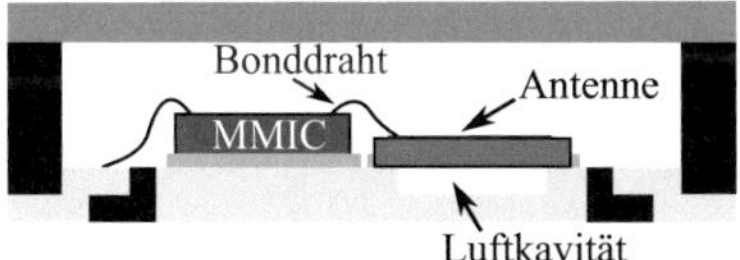

Bild 2.11.: Variante 2: Im Vergleich zu Variante 1 wird eine Luftkavität unterhalb der Antenne genutzt, um deren Bandbreite zu erhöhen.

wird dabei direkt in das Gehäuse eingeklebt. Der IC wird mittels Flip-Chip auf das Antennensubstrat aufgebracht. Die Verbindungen vom IC zum Gehäuse verlaufen somit von den Flip-Chip-Kontakten über metallische Leiter auf dem Antennensubstrat zum Rand. Dort werden wiederum Bonddrähte genutzt, um schlussendlich die Verbindung zu den Kontaktflächen des Gehäuses zu realisieren. Die Antenne selbst könnte in diesem Fall wiederum auch oberhalb einer Luftkavität platziert werden, um die Bandbreite zu erhöhen. Das Hauptproblem dieser Anordnung ist, dass kein direkter Kontakt zwischen IC und Gehäuse besteht und somit die thermische Energie nur unzureichend abgeführt werden kann. Sowohl der Flip-Chip-Übergang an sich als auch das Antennensubstrat verhindern eine effiziente Abführung der Wärme. Aus diesem Grund wurde diese Variante nicht weiter verfolgt.

Bild 2.12.: Variante 3: Der IC wird mittels Flip-Chip auf das Antennensubstrat aufgebracht. Auf diesem führen auch die Leitungen vom IC zum Rand.

Basierend auf den Arbeiten von IBM [ZLG06] (Bild 2.9) ist eine Anordnung nach Bild 2.13 denkbar. Der IC wird in diesem Fall direkt auf die Metallfläche des Gehäuses geklebt, um eine effiziente Wärmeabfuhr zu garantieren. Die Verbindungen zwischen IC und Gehäuse werden wiederum mittels Bonddrähten realisiert. Oberhalb des ICs befindet sich das Antennensubstrat. Zur mechanischen Stabilisierung der Antenne wird seitlich vom IC ein Metallrahmen platziert. Die Antenne nutzt in diesem Fall die Metallfläche des Gehäuses als Reflektor. Durch die entstehende Luftkavität kann eine hohe Bandbreite erzielt werden. Problematisch an dieser Variante sind die hohen mechanischen Anforderungen. Der benötigte Metallrahmen muss mit hoher Präzision gefertigt und positioniert werden. Zudem erschwert die Tatsache, dass die Antenne vom Flip-Chip-Bonder gleichzeitig auf IC und Metallrahmen aufgebracht werden muss, diesen Vorgang deutlich. Zusammenfassend lässt sich sagen, dass diese Anordnung im Prototypenbau möglich ist, jedoch für eine mögliche Massenfertigung nur schwer realisierbar scheint.

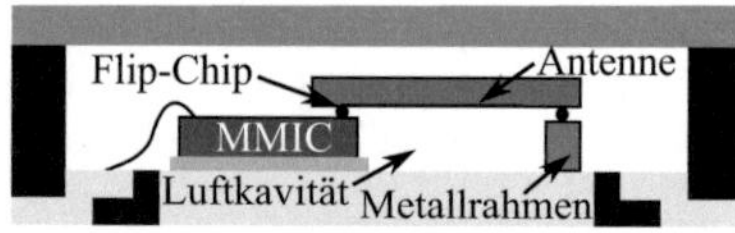

Bild 2.13.: Variante 4: Ein Metallrahmen wird seitlich des ICs platziert und dient als mechanische Stütze des oberhalb angebrachten Antennensubstrats. Die niederfrequenten Verbindungen werden mittels Bonddrähten realisiert und die hochfrequente Verbindung mittels Flip-Chip.

Eine erhebliche Verbesserung kann durch eine in dieser Arbeit entwickelte Anordnung erzielt werden. Diese ist in Bild 2.14 dargestellt. Erneut wird die Tatsache ausgenutzt, dass in der großen Metallfläche des Gehäuses durch Ätztechnik eine Vertiefung realisiert werden kann. Diese Vertiefung wird nun genutzt, um den IC quasi zu „versenken". Das Antennensubstrat wird nun auch dazu verwendet, alle Verbindungen vom IC zum Gehäuse zu realisieren. Somit werden im kompletten Gehäuse keine Bonddrähte mehr benötigt und die Herstellung wird deutlich vereinfacht. Zudem entfällt die Notwendigkeit eines zusätzlichen Metallrahmens, was auch die mechanische Stabilität und folglich die Zuverlässigkeit erhöht. Der thermisch leitfähige Kleber zwischen Chip und Gehäuse ermöglicht eine effiziente Wärmeabführung und kann gleichzeitig gewisse Toleranzen der Kavitätstiefe ausgleichen. Gleichzeitig bleiben alle Vorteile des Konzepts aus Bild 2.13 erhalten: Ein Flip-Chip-Übergang zwischen IC und Antenne sowie eine Antennenanordnung oberhalb einer Luftkavität, die eine hohe Bandbreite verspricht. Die Hauptschwierigkeit im Fertigungsprozess liegt in der korrekten Positionierung der einzelnen Elemente zueinander sowie in der Tatsache, dass der IC mit seiner Unterseite auf das Gehäuse geklebt und mit seiner Oberseite mit der Antenne verbunden werden muss.

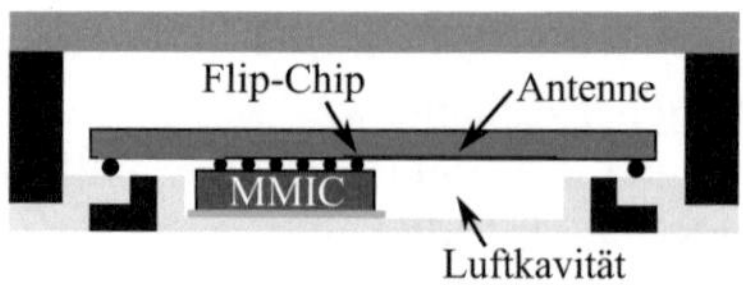

Bild 2.14.: Variante 5: Der IC wird in eine Kavität im Gehäuse eingesetzt. Oberhalb wird das Antennensubstrat angebracht und dient auch als Verbindung zwischen IC und Gehäuse.

Die neuartige Anordnung bietet außerdem den Vorteil, dass das Antennensubstrat selbst als Deckel dienen kann und somit ein zusätzlicher Deckel nicht mehr zwingend erforderlich ist. Diese Anordnung ist in Bild 2.15 dargestellt. Die ohnehin in der Regel bei Flip-Chip-Verbindungen verwendeten Füllmaterialien verschließen das Gehäuse vollständig. In diesem Fall muss hauptsächlich darauf geachtet werden, dass das Füllmaterial nicht in die Kavität fließt, um die Antenne nicht negativ zu beeinflussen. Zudem schränkt man sich in der Wahl des Antennenmaterials ein. Da dieses nun auch den Gehäusedeckel darstellt, muss es ein starres Material mit ausreichender Dicke sein.

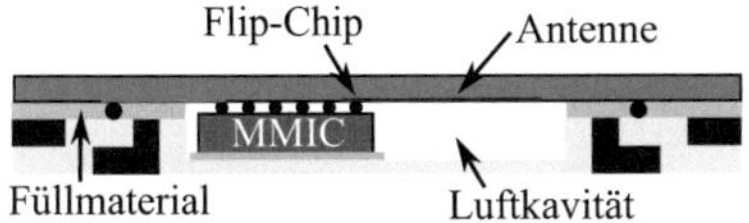

Bild 2.15.: Variante 6: Aufbauend auf Variante 5 wird das Antennensubstrat nun gleichzeitig als Gehäusedeckel genutzt.

Die Varianten 1 bzw. 2 sowie 5 bzw. 6 bieten die vielversprechendsten Ansätze und werden deshalb weiter verfolgt. Die auf Bonddrahttechnik basierenden Varianten bieten dabei das größte Potential mit dem Ziel einer kostengünstigen Massenfertigung. Die auf Flip-Chip basierenden Varianten erfordern eine komplexere Aufbautechnik, ermöglichen jedoch eine höhere Bandbreite sowohl für den Übergang als auch für die Antenne sowie womöglich eine höhere Zuverlässigkeit durch geringere Fertigungsabweichungen In den folgenden Kapiteln müssen verschiedene Aspekte untersucht werden, um die notwendigen Grundlagen für eine Realisierung der dargestellten Konzepte zu legen. Im ersten Schritt wird eine zuverlässige und reproduzierbare Verbindung zwischen IC und Antenne gesucht. Hierfür werden sowohl die Bonddrahttechnologie als auch die Flip-Chip-Technologie untersucht. Darauf aufbauend müssen verschiedene Antennendesigns erarbeitet werden, die den unterschiedlichen Anordnungen gerecht werden und die erwünschten Anforderungen erfüllen.

3. Verbindungstechnik im Millimeterwellenbereich

3.1. Verbindungstechnik in der Mikroelektronik

Die Verbindungstechnik ist der erste und zugleich wichtigste Schritt in der Prozesskette, die einen integrierten Schaltkreis für ein mikroelektronisches System nutzbar macht [Tum01]. Es handelt sich dabei um den ersten Schritt nach der Wafer-Herstellung und -Vereinzelung. Die Hauptaufgabe besteht darin, die elektrisch leitenden Kontaktflächen des integrierten Schaltkreises mit den jeweiligen Kontaktflächen des Gehäuses zu verbinden. Dies erfolgt mittels einer elektrisch leitenden Verbindung, von der es drei grundlegende Arten gibt: Die Bonddrahttechnologie (Bild 3.1 (a)), die Flip-Chip-Technologie (Bild 3.1 (b)) sowie das Tape-Automated-Bonding [TRK99]. Das Gehäuse kann entweder einen (single chip package) oder mehrere ICs (multichip package) beinhalten oder es kann sich auch direkt um eine Leiterplatte handeln. Durch die entstehenden elektrischen Verbindungen zwischen IC und Gehäuse wird ermöglicht, dass der IC angesteuert und getestet werden kann. Ein erfolgreich erprobter IC kann dann zusammen mit anderen Komponenten in ein mikroelektronisches System integriert werden. Die Verbindungstechnik verbindet somit den IC mit dem restlichen System.

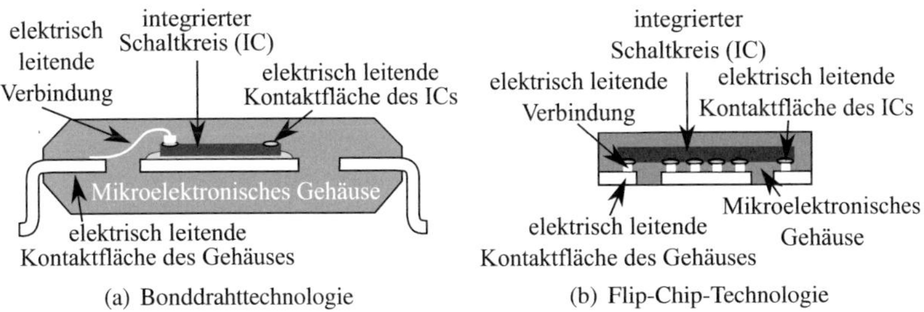

(a) Bonddrahttechnologie

(b) Flip-Chip-Technologie

Bild 3.1.: Prinzip der Verbindungstechnik in der Mikroelektronik

In den beschriebenen Aufbautechnikvarianten (Kapitel 2) wird die jeweils ausgewählte Art der Verbindungstechnik einerseits verwendet, um wie in der Mikroelektronik üblich IC und Gehäuse zu verbinden, andererseits soll auch das Millimeterwellensignal vom MMIC zur Antenne übertragen werden. An diesen Übergang werden somit sehr hohe Anforderungen gestellt. Durch die verhältnismäßig große elektrische Länge dieser Übergänge im Millimeterwellenbereich sind diese nicht vernachlässigbar und müssen folglich sehr exakt analysiert werden. Die nicht vermeidbare Impedanztransformation, die beispielsweise ein Bonddraht erzeugt, muss sehr genau bekannt sein, um eine Kompensation zu ermöglichen. Im Folgenden sollen die beiden Technologien Bonddraht und Flip-Chip, die sowohl als IC-Gehäuse- als auch als IC-Antennen-Verbindung in Betracht gezogen werden, näher erläutert werden. Auf Grundlage der mechanischen Eigenschaften wird das elektromagnetische Verhalten im Millimeterwellenbereich analysiert. Dies soll die Entwicklung von angepassten IC-Antennen-Verbindungen im Frequenzbereich über 100 GHz ermöglichen. Das Tape-Automated-Bonding wird in dieser Arbeit nicht weiter betrachtet, da es sich um eine Technologie handelt, die elektrisch gesehen der Bonddrahttechnologie ähnelt. Der Hauptunterschied besteht darin, dass mehrere Verbindungen gleichzeitig erstellt werden. Andererseits sind dafür spezielle Werkzeuge notwendig, die insbesondere im Prototypenbau aus Kostengründen sowie angesichts längerer Entwicklungszeiten nicht genutzt werden.

3.1.1. Bonddrahttechnologie

Die Bonddrahttechnik ist aufgrund ihrer Vielseitigkeit, Zuverlässigkeit und Leistungsfähigkeit die am weitesten verbreitete Chip-Verbindungstechnik (über 90% der IC-Gehäuse-Verbindungen). Ein wenige μm dicker Draht aus beispielsweise Gold oder Aluminium wird verwendet, um die jeweiligen Kontaktflächen des integrierten Schaltkreises nacheinander mit den passenden Kontakten des Gehäuses zu verbinden. Beispiele für Bonddrahtverbindungen sind in Bild 3.2 zu sehen. Der sequentielle Punkt-zu-Punkt-Prozess ist in diesem Fall der Grund für die hohe Flexibilität, da sich Änderungen leicht implementieren lassen, insbesondere im Vergleich zur Flip-Chip-Technologie sowie zum Tape-Automated-Bonding [Tum01].

Für die Herstellung der mechanischen Verbindung zwischen Kontaktfläche und Bonddraht stehen drei Mittel zur Verfügung: Hitze, Druck und Ultraschall. Der Draht wird dabei in ein spezielles Werkzeug eingespannt. Der an das Bondwerkzeug gekoppelte Ultraschallgeber sorgt durch seine Schwingungen parallel zur Kontaktfläche für eine Verreibung der Moleküle in der Grenzfläche zwischen Bonddraht und Kontaktfläche. Die Qualität der Verbindung ist sehr stark von der Höhe der Temperatur, des Drucks und der Ultraschalllleistung abhängig. Diese müssen zudem auf die Materialparameter des Drahts und der Kontakte abgestimmt werden. Beim Drahtbonden unterscheidet man die beiden Verfahrenstechniken Gold Ball-Stitch-Bonden (95% der Bonddraht-Verbindungen) und Aluminium oder Gold Wedge-Wedge-Bonden [Tum01].

(a) Ball-Stitch Verbindungen zwischen IC und Gehäuse [Her12]

(b) Wedge-Wedge Verbindungen zwischen IC und Leiterplatte [Hes12]

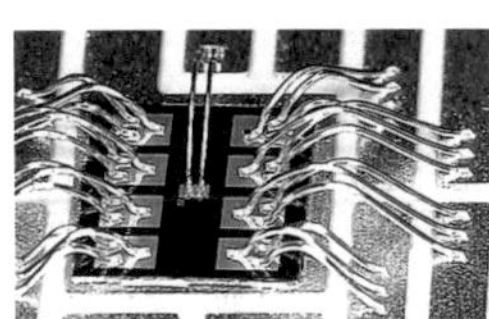

(c) Parallele Wedge-Wedge Verbindungen für hohe Leistungen [Fra12]

Bild 3.2.: Beispiele von Bonddrahtverbindungen

Ball-Stitch-Bonden

Beim Ball-Stitch-Bonden wird zunächst das unter dem Bondwerkzeug hängende Drahtstück mit einem Hochspannungsfunken abgeflammt (siehe Bild 3.3). Je nach cingesetztem Verfahren wird die entstandene Metallkugel unter Einfluss von Druck, Hitze und Ultraschall mit der ersten Kontaktfläche (in der Regel auf dem IC) verbunden. Das Bondwerkzeug berührt dabei nur die Metallkugel, nicht jedoch die Kontaktfläche selbst. Die Verbindung zwischen Draht und zweiter Kontaktfläche wird auch mit Druck, Hitze und Ultraschall hergestellt, wobei das Bondwerkzeug jedoch aufgrund der fehlenden Metallkugel den Bonddraht abschert und dieser so nach Schließen der Drahtklammer abreisen kann. Ball-Stitch-Bonden zeichnet sich aufgrund der Bauweise des Bondwerkzeugs vor allem durch einen sehr schnellen Bondprozess und seine Vielseitigkeit aus. Der Verlauf des Bonddrahts kann beliebig gewählt werden, da sich das Bondwerkzeug in jede Richtung bewegen lässt. Als Drahtmaterial kommt aufgrund des Abflammprozesses nur Gold in Frage, Aluminium würde durch seine höhere Reaktivität beim Abflammen der Kugel verbrennen, wodurch der Einsatz von Schutzgas unumgänglich wäre.

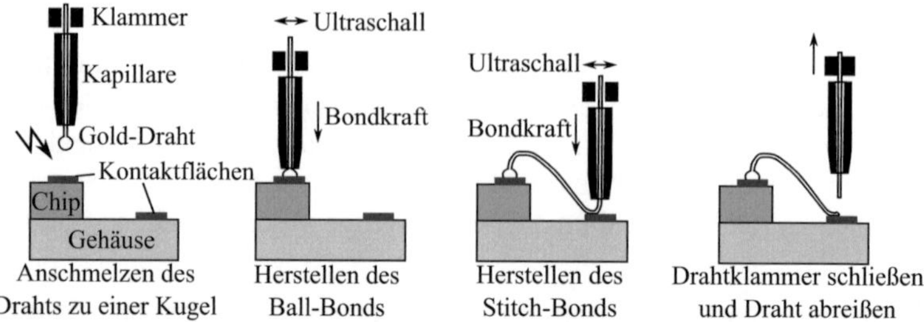

Bild 3.3.: Prozessablauf des Ball-Stitch-Bondens

Wedge-Wedge-Bonden

Beim Wedge-Wedge-Bonden entfällt der erste Schritt des Abflammens. Um
den Bonddraht trotzdem richtig zu positionieren, ist ein spezielles, sehr viel
komplexeres Bondwerkzeug erforderlich (siehe Bild 3.4). Dies hat zur Folge,
dass der Draht nicht beliebig gebogen werden kann, der Bondweg also eingeschränkt ist. Der Bondprozess muss zudem langsamer erfolgen, um ein seitli-
ches Abrutschen des Drahts vom Werkzeug zu verhindern. Der Bondprozess
erfolgt analog zum zweiten Schritt des Ball-Stitch-Bondens. Das unter dem
Bondwerkzeug hängende Drahtende wird auf die Kontaktfläche gedrückt und
mit Hilfe von Ultraschall verbunden. Bei Verwendung von Gold wird zudem
der Draht und die Kontaktfläche erhitzt, um die metallische Verbindung zu ermöglichen. Beim Einsatz von Aluminium wird darauf verzichtet, da die Oxid-
schicht des Aluminiumdrahts die Oberfläche der Kontaktfläche quasi anraut
und so die metallische Verbindung möglich wird.

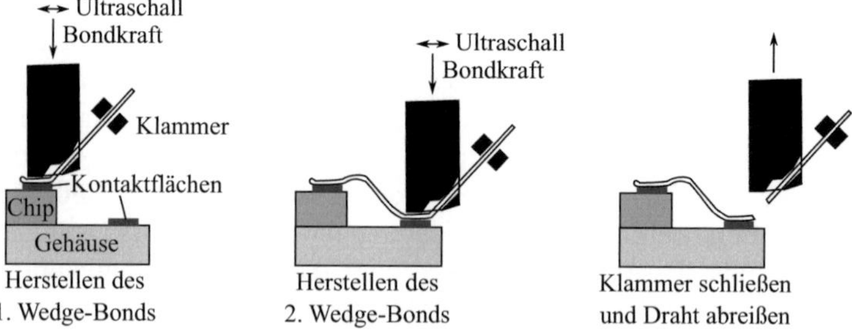

Bild 3.4.: Prozessablauf des Wedge-Wedge-Bondens

In der vorliegenden Arbeit wurden Ball-Stitch-Verbindungen als IC-Antennen-Verbindung betrachtet, da diese Verfahrenstechnik die schnellere und flexiblere ist. Die gewonnenen Erkenntnisse in Bezug auf das elektromagnetische Verhalten im Millimeterwellenbereich können jedoch problemlos auch auf das Wedge-Wedge-Bonden übertragen werden, wenn die unterschiedlich verlaufende Form des Drahts sowie die fehlende Kugel berücksichtigt wird.

3.1.2. Flip-Chip-Technologie

Die Flip-Chip-Technik ist eine Verbindungstechnik für Mikroelektronikkomponenten, die in den frühen 1960er Jahren entwickelt wurde [Tum01]. Die neue Verbindungstechnik sollte die damals teure und unzuverlässige manuelle Bonddrahttechnik ersetzen. Dabei werden elektrisch leitende Kugeln (auch Bumps genannt) auf die Kontaktflächen des ICs gebracht. Dieser wird danach mit den Kontaktflächen nach unten mit den entsprechend gegenüberliegenden Kontakten von Gehäusen, Substraten, Platinen oder anderen Trägern verbunden (siehe Bild 3.5). Meistens wird zudem der entstandende Freiraum zwischen Träger und Chip mit einem nichtleitenden Material (Underfill) unterfüllt, um so die Verbindung mechanisch zu festigen und den Unterschied der thermischen Ausdehnungskoeffizienten von Träger und Chip auszugleichen [TRK99]. Im Gegensatz zum Drahtbonden steht die gesamte Chipfläche für die Kontaktierung zum Substrat zur Verfügung, was wesentlich mehr Ein- und Ausgangssignalleitungen erlaubt. Die in der Flip-Chip-Verbindung als Bumps bezeichneten Metallkugeln (siehe Bild 3.5) erfüllen gleich mehrere Aufgaben: Sie verbinden die Kontakte von Substrat und Chip sowohl elektrisch als auch thermisch miteinander. Somit ist es möglich, Wärme vom Chip ins Substrat abzuleiten. Außerdem sorgen die Kugeln für einen Teil der mechanischen Stabilität und gewährleisten einen bestimmten Abstand zwischen Chip und Substrat.

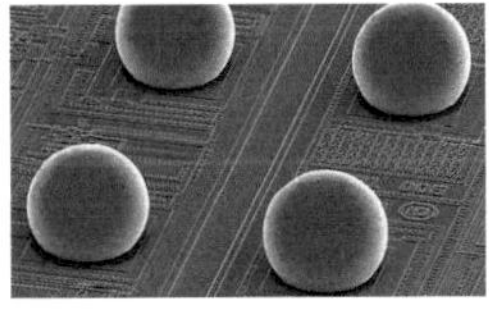  

(a) Lotkugeln auf einem IC [Fra12]   (b) Goldkugeln auf einem IC [Pal12]   (c) IC mit Lotkugeln auf Board gelötet [Cal12]

Bild 3.5.: Beispiele der Flip-Chip-Technologie

Unterschieden werden verschiedene Verfahrenstechnologien, die auf unterschiedliche Art und Weise die elektrisch leitenden Kugeln auf den IC bringen, und auch mit unterschiedlichen Methoden IC und Träger miteinander verbinden.

Flip-Chip-Bonden mit Lotkugeln (Solder Bumps)

Der Prozess, der Lotkugeln verwendet, kann in vier Prozessschritte unterteilt werden: Den Wafer vorbereiten, die Lotkugeln formen und aufbringen, den IC mit dem Träger verbinden und Underfill anbringen [Lau00]. Der Vorbereitungsschritt beinhaltet das Reinigen der Kontaktflächen sowie das Entfernen von Oxid. Außerdem werden bestimmte Materialien (Under Bump Metallization) auf die Kontaktflächen aufgebracht, die dafür sorgen, dass die Lotkugeln haften. Im nächsten Schritt werden die Lotkugeln selbst aufgebracht. Hierfür gibt es eine Reihe verschiedener Technologien: Aufdampfen (evaporation), Galvanisieren (electroplating), Drucken (printing) und Aufspritzen (jetting). Danach wird der IC kopfüber auf den Träger aufgebracht. Durch Druck und Hitze schmelzen die Lotkugeln und die leitende Verbindung entsteht. Das Underfill kann entweder vor oder nach dem Aufbringen des ICs auf den Träger gegossen werden.

Flip-Chip-Bonden mit Goldkugeln (Gold Stud Bumps)

Insbesondere im Prototypenbau werden sehr häufig Goldkugeln verwendet [Lau96]. Diese können mit einem modifizierten Programm an einem gewöhnlichen Drahtbonder hergestellt werden. Der Vorgang gleicht im ersten Schritt exakt dem des Ball-Stitch-Bondens: Ein Golddraht wird am Ende aufgeschmolzen, sodass eine Kugel entsteht (siehe Bild 3.3). Diese wird mit der Kontaktfläche des IC verbunden. Anstatt das andere Ende des Drahts aber zum Kontaktieren zu verwenden, wird der Draht jedoch direkt oberhalb der Kugel abgerissen. Somit entsteht eine Goldkugel (Stud Bump). Anschließend können die Goldkugeln mit einem speziellen Werkzeug an der Oberseite abgeflacht werden (coining). Die Verbindung zwischen IC und Träger kann in diesem Fall auf verschiedene Weise realisiert werden: mit leitendem Kleber, mit nichtleitendem Kleber oder mit einem Prozess aus Druck, Hitze und Ultraschall (thermosonic assembly). Im letztgenannten Fall wird kein Kleber verwendet. Der IC wird mit den Goldkugeln auf Goldkontakte des Trägers gepresst und erhitzt. Gleichzeitig wird ein Ultraschallimpuls genutzt, um die Goldkugeln anzuschmelzen und so die leitende Verbindung zu erzeugen. Zur mechanischen Festigung wird anschließend meist Underfill aufgebracht. Je nach verwendeten Substratmaterialien und Anwendungstemperatur wird diese Verbindungsart teilweise auch ohne Underfill genutzt, vor allem für Bauteile wie MEMS (Micro-Electro-Mechanical Systems), die keine zusätzlichen Materialien auf der Oberfläche erlauben. Auch im Prototypenbau, bei dem ICs verwendet werden, die nicht unter Berücksichtigung des Einflusses von Underfill entwickelt wurden, bietet sich diese Verbindungsmethode an.

Flip-Chip-Bonden mit isotrop leitendem Kleber

Bei dieser Technologie werden isotrop leitende, mit Silber gefüllte Polymere durch eine Metallschablone auf die Kontaktflächen gedruckt [Lau96]. Diese müssen dazu eine spezielle, so genannte Under-Bump-Metallisierung besitzen. Meistens wird auf Wafer-Ebene eine Nickel-Gold-Metallisierung auf die Kontaktflächen aufgebracht. Im Einzelfall werden auch Goldkugeln genutzt. Anschließend wird der IC auf den Träger gepresst und der Kleber wird durch Erhitzen ausgehärtet. Auch in diesem Fall entsteht ein Luftspalt zwischen IC und Träger, der aufgefüllt werden sollte. Ein Nachteil dieses Verfahrens ist, dass es sich nicht für beliebig kleine und eng beieinanderliegende Kontaktflächen eignet, da die Gefahr von Kurzschlüssen besteht.

Flip-Chip-Bonden mit anisotrop leitendem Kleber (Anisotropic Conductive Film - ACF)

Bei dieser Technologie wird nicht nur auf die Kontaktfläche, sondern auf die gesamte Chipfläche ein Kleber aufgebracht [Lau96]. Der Kleber enthält ca. 3-5 µm große Polymerkugeln, beschichtet mit einer Schicht aus Nickel, Gold und einer äußeren Isolationschicht aus Polymer. Beim Bondprozess wird diese Isolationsschicht in Richtung des Bonddrucks zerstört. Die Verbindung wird somit in z-Richtung leitfähig, wohingegen sie zu den benachbarten Kontaktflächen in x- und y-Richtung immer noch isoliert. Mit dieser Technologie können auch ICs mit sehr eng beieinanderliegenden Kontaktflächen gebondet werden. Dadurch, dass das ACF-Material flächig aufgebracht wird, entsteht in diesem Fall kein Luftspalt und somit werden keine weiteren Füllmaterialien benötigt.

Unterfüllungsmaterialien (Underfill)

Zum Schutz der Verbindung vor Feuchtigkeit und anderen Umwelteinflüssen wird der freie Raum zwischen Chip und Substrat um die Kugeln herum mit einem geeigneten Material aufgefüllt, zum Beispiel ein bestimmtes Epoxidharz. Dieses Underfill erhöht zudem die mechanische Stabilität der Verbindung. Auch werden Unterschiede in der Wärmeausdehnung der Substratmaterialien kompensiert. Andernfalls würden sich die Bumps bei Temperaturschwankungen von der Kontaktfläche lösen. Beim Einsatz von Underfill in der Hochfrequenztechnik beeinflussen die Dielektrizitätszahl und der Verlustfaktor die elektrischen Eigenschaften der Verbindung. Zum Unterfüllen der Substratzwischenräume wird mit einer Kanüle das Underfill-Material an die Chipzwischenräume gebracht, durch den Kapillareffekt dringt es bis zu den Bumps vor [Lau96]. Alternativ kann es auch vor dem Verbindungsprozess auf die Substratkontaktfläche aufgetragen werden. Im Anschluss muss das Underfill-Material ausgehärtet werden, wobei sich das Material zusammenzieht. Im Fall von Epoxidharz geschieht dies durch Erhitzen auf eine materialabhängige Temperatur [ZSF$^+$98].

In der vorliegenden Arbeit wurden Gold Stud Bumps ohne Underfill verwendet, da diese Technologie für den Prototypenbau am geeignetsten ist. Gold Stud Bumps können im Gegensatz zu Lotkugeln mit einem gewöhnlichen Drahtbonder auf aktive sowie auf passive Schaltungen aufgebracht werden. Für die restlichen Technologien müssen die ICs speziell vorbereitet werden. Im speziellen wurden in dieser Arbeit häufig zwei passive Schaltungen miteinander verbunden. Für diesen Fall eignet sich die ausgewählte Technologie am besten. Auf Underfill wurde verzichtet, um eine Verstimmung der verwendeten MMICs zu verhindern. Die gewonnenen Erkenntnisse können jedoch in Bezug auf das elektromagnetische Verhalten im Millimeterwellenbereich problemlos auf alle anderen üblichen Verfahrenstechnologien übertragen werden.

3.2. Millimeterwellenverbindungen mittels Bonddrahttechnologie

3.2.1. Stand der Technik

Das elektromagnetische Verhalten einer Bonddrahtverbindung zwischen zwei Schaltungsträgern hängt maßgeblich von drei Faktoren ab:

- Typ der Hochfrequenzleitung auf Schaltungsträger 1

- Typ der Hochfrequenzleitung auf Schaltungsträger 2

- Geometrische Anordnung der beiden Schaltungsträger zueinander

Die verwendete Hochfrequenzleitung auf beispielsweise einem MMIC wird in
der Regel durch die verwendete Halbleitertechnologie bestimmt. Im Fall von
GaAs (Gallium-Arsenid) stellt der Halbleiter selbst das Hochfrequenzsubstrat
dar. Die Unterseite des MMICs ist dabei in der Regel komplett metallisiert und
mit dem Massepotential der Schaltungen verbunden. Somit können auf dem
MMIC Mikrostreifenleitungen realisiert werden, und das Massepotential kann
bei einer Bonddrahtverbindung über die Unterseite des ICs geführt werden. Im
Fall von Si-Chips ist das verwendete Substrat zu verlustbehaftet, um die Hochfrequenzleitung zu führen. Diese wird stattdessen, wie in der Digitaltechnik
üblich, komplett in den Metallschichten oberhalb des Si-Substrats realisiert.
Als Dielektrikum dient in diesem Fall das im IC-Prozess verwendete Siliziumdioxid. Der Hauptunterschied bzgl. der Verbindungstechnik besteht in diesem Fall darin, dass die Masseverbindung nicht über die Unterseite des Si-ICs
geführt werden kann. Stattdessen werden auf der Oberseite des ICs drei Kontaktflächen in GSG-Konfiguration verwendet (Ground-Signal-Ground). Diese
Kontaktflächen stellen somit eine kurze CPW-Leitung dar. Ein Vergleich der
beiden Halbleitertechnologien und der darauf verwendeten Hochfrequenzleitungen ist in Bild 3.6 dargestellt.

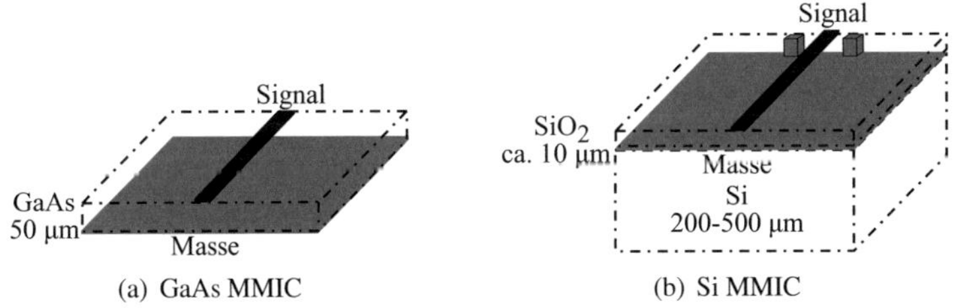

Bild 3.6.: Aufbau von typischerweise verwendeten Hochfrequenzleitungen auf ICs

Für passive Schaltungen sind die beiden am häufigsten verwendeten unsymmetrischen Hochfrequenzleitungen ebenfalls die Mikrostreifenleitung und die
CPW-Leitung. Im Folgenden wird somit zwischen drei Arten von Bonddrahtverbindungen unterschieden: Verbindungen die zwei Schaltungsträger mit Mikrostreifenleitungen verbinden, Verbindungen die zwei Schaltungsträger mit
CPW-Leitungen verbinden, sowie Verbindungen, die eine Mikrostreifenleitung
mit einer CPW-Leitung verbinden. Vor allem im erstgenannten Fall spielt die
Anordnung der beiden Schaltungsträger (übereinander oder nebeneinander) eine wichtige Rolle für das elektromagnetische Verhalten der Verbindung.

Verbindung zwischen zwei Schaltungsträgern in Mikrostreifenleitungstechnik

Ein häufig vorkommender Fall beschreibt die Verbindung zwischen zwei seitlich nebeneinander liegenden Chips in Mikrostreifenleitungstechnik (siehe Bild 3.7). Im allgemeinen Fall haben die beiden Chips dabei nicht die selbe Höhe. Es kann sich in diesem Fall auch um die Verbindung zwischen einem Chip und einer Mehrlagenschaltung handeln, bei der der Chip in eine Kavität der Mehrlagenschaltung eingesetzt ist. Ein großer Vorteil dieser Verbindungsart ist, dass die Masseverbindung nicht über einen Bonddraht geführt werden muss. Stattdessen werden die beiden Schaltungsträger in der Regel auf eine metallische Fläche geklebt, die so die beiden Chip-Unterseiten und damit die Masseanschlüsse miteinander verbindet. Es ist in diesem Fall lediglich ein Bonddraht nötig, der die beiden Signalleiter auf der Oberseite der Schaltungsträger miteinander verbindet.

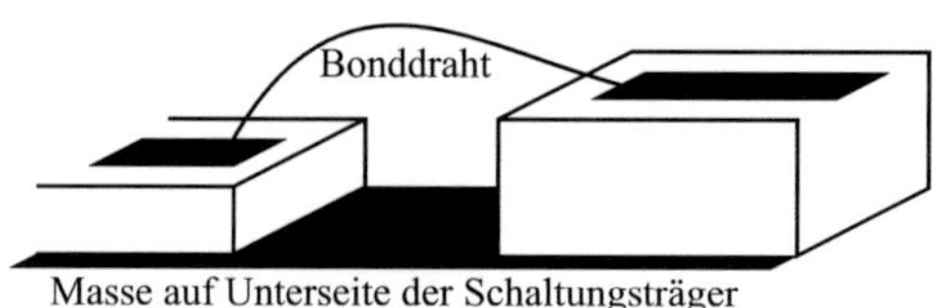

Bild 3.7.: Bonddrahtverbindung zwischen zwei Schaltungsträgern in Mikrostreifenleitungstechnik

Im Bereich dieses Bonddrahts kann die Verbindung somit ebenfalls als Mikrostreifenleitung angesehen werden. Der in diesem Fall jedoch inhomogene Wellenwiderstand der Bonddrahtmikrostreifenleitung wird bestimmt durch den Durchmesser des Drahts, den Abstand des Drahts zur Massefläche sowie der Art des Dielektrikums zwischen Bonddraht und Massefläche (Substrat und/oder Luft) [Goe94]. Meist ist der Wellenwiderstand hochohmiger als 50 Ω und führt somit zu einer Fehlanpassung. Mit einer möglichst exakt modellierten Form des Drahts kann ein 3D-Modell erstellt werden, mit dessen Hilfe der Übergang in 3D-Feldsimulationsprogrammen exakt simuliert werden kann. Alternativ ist es auch möglich, den Übergang in quasistatischen Hochfrequenzsimulationsprogrammen mit einer Kette von Leitungen zu simulieren, um so Rechenzeit zu sparen [AGS95]. Diese Modelle wurden erweitert, um zwei bis drei parallele Drähte zu simulieren, die die beiden Signalleiter miteinander verbinden [AMRS98], [AMRS99], [AMRS01]. Der Vorteil von mehreren Drähten liegt im geringeren Wellenwiderstand der Verbindung, der somit eine besser angepasste und breitbandigere Verbindung ermöglicht [AMRS98].

Im direkten Vergleich wurden zwei 244 µm entfernte Schaltungsträger jeweils mit einem Draht, zwei und drei Drähten verbunden. Die S-Parameter (Streuparameter) der Strukturen wurden im Frequenzbereich 5-50 GHz vermessen. Bei Verwendung von nur einem Draht gilt $S_{11} < $ -10 dB lediglich bis 18 GHz. Mit zwei bzw. drei Drähten konnte diese obere Bandbreitengrenze auf 35 GHz bzw. 40 GHz erhöht werden. Ein ähnliches Ergebnis wird für die Verbindung zweier 100 µm entfernter Schaltungsträger erzielt [KLLC00]. Auch in diesem Fall wird der Übergang reflexionsärmer, je mehr Drähte verwendet werden. Ein weiterer Vorteil der Variante mit zwei Drähten wird in [Goe94] erläutert. Das Einkleben der Schaltungsträger kann in der Regel nur mit einer gewissen Platzierungsgenauigkeit durchgeführt werden. Dies führt zu einem variierendem Abstand der beiden Chips. Wenn man nach Einkleben die genaue Position jedoch exakt misst, kann die Verbindung mit zwei Drähten so adaptiert werden, dass im jeweiligen Fall die beste Performance erzielt wird. Dies geschieht durch Variation des Abstands zwischen den beiden parallelen Bonddrähten, welcher den Wellenwiderstand der Bonddrahtverbindung beeinflusst. Kombiniert mit einer Kompensationsschaltung führt dies zu einer zuverlässigen Verbindungsart, die an den gewünschten Frequenzbereich adaptiert werden kann [Men97].

Die Verbindung zwischen einem MMIC, der in eine Kavität einer LTCC-Schaltung geklebt ist, und dieser LTCC-Schaltung wird in [SKW$^+$00] beschrieben. Dabei wird eine asymmetrische Kompensationsschaltung auf der LTCC-Schaltung verwendet, um den Einfluss des Bonddrahts auszugleichen. Diese Kompensation besteht aus einer Verbreiterung des Signalleiters und kann somit vereinfacht gesehen als parallele Kapazität angesehen werden. Das hochohmige Leitungsverhalten des Bonddrahts wird in diesem Fall vereinfacht durch eine serielle Induktivität beschrieben. Somit entsteht eine Tiefpasskompensation, die bis 40 GHz ein $S_{11} < $ -10 dB aufweist. Mit der Zuverlässigkeit und vor allem mit der Wiederholbarkeit von Bondrahtverbindungen beschäftigt sich [SCLT01]. Dabei werden die selben unkompensierten Strukturen mit den Bondtechnologien Ball-Stitch und Wedge-Wedge sowie mit verschiedenen Drahtformen verbunden. Die S-Parameter-Messungen zeigen in diesem Fall, dass die Ball-Stitch-Technologie eine höhere Reproduzierbarkeit aufweist, sowie dass ein möglichst eng gezogener Bonddraht Vorteile gegenüber einem Bonddraht mit hohem Bogen hat. Aus den Messergebnissen werden anschließend wiederum Modelle für Hochfrequenzsimulationsprogramme extrahiert. Modelle für Verbindungen mit einem Draht und mit zwei Drähten mit einer Gültigkeit bis 100 GHz wurden in [JRYF06] extrahiert. In diesem Fall dienen die Modelle als Grundlage zur Entwicklung von kompensierten Verbindungen.

Die Tiefpasseigenschaft der Bonddrahtverbindung wird in [Bud01] als Grundlage benutzt, den Draht sowie eine symmetrische Kompensationsschaltung als 5-stufiges Filter zu modellieren. Im Vergleich zu einer unkompensierten Verbindung, die S_{11} < -10 dB lediglich bis 25 GHz erfüllt, wird in diesem Fall für die kompensierte Verbindung eine Bandbreite von bis zu 85 GHz erzielt. Dies erfordert jedoch eine Kompensationsschaltung auf beiden Schaltungsträgern. Somit muss ein MMIC zwingend an die Schaltung, in der er eingesetzt wird, angepasst werden.

Verbindung zwischen zwei Schaltungsträgern in Koplanartechnik

Der zweite Fall beschreibt die Verbindung zwischen zwei nebeneinander liegenden Schaltungen mit CPW-Leitungen. Dies umfasst auch die Verbindung von einem Silizium MMIC zu einer passiven Struktur in CPW-Technik. In diesem Fall müssen drei Drähte zwischen den beiden Schaltungsträgern gezogen werden. Der mittlere Draht kann dabei als Signalleiter betrachtet werden, während die beiden äußeren die Masseanschlüsse der Schaltungen miteinander verbinden. Die drei Drähte können als Dreidrahtleitung beschrieben werden, deren Wellenwiderstand in der Regel ebenfalls inhomogen ist, und vom Durchmesser und Abstand der Drähte zueinander sowie vom Abstand der Drähte zum Dielektrikum abhängt [KHV$^+$95]. Auch in diesem Fall ergibt sich ein hochohmiger Wellenwiderstand im Bereich 100 Ω bis 300 Ω [KHV$^+$95]. Ein bedeutender Unterschied zur Verbindung in Mikrostreifenleitung besteht jedoch darin, dass sich der Wellenwiderstand ab einem gewissen Abstand der Drähte zum Dielektrikum (ca. 30 µm) kaum ändert, und somit als in diesem Bereich konstant angesehen werden kann (falls die 3 Drähte parallel sind) [KHMR96]. Dies liegt daran, dass die elektrischen und magnetischen Feldlinien sich in diesem Fall hauptsächlich zwischen den drei Drähten befinden und somit das Dielektrikum nicht durchdringen. Auf Grundlage dieser Modellierung wurden sowohl asymmetrische als auch symmetrische Kompensationsschaltungen entwickelt und mit einer unkompensierten Verbindung verglichen [Kre99]. Für die unkompensierte Verbindung mit 400 µm langen Drähten ergibt sich durch das hochohmige Leitungsverhalten ein Tiefpass, der S_{11} < -15 dB lediglich bis 15 GHz erfüllt. Für die symmetrische Kompensationsschaltung wurde eine Bandbreite mit S_{11} < -15 dB von 55 GHz bis 87 GHz erzielt. Die Bandbreite der asymmetrischen Kompensationsschaltung ist deutlich geringer. In diesem Fall kann für die Verbindung mit 300 µm langen Drähten S_{11} < -15 dB von 91 GHz bis 101 GHz erzielt werden. Die Fehlplatzierung der beiden Schaltungen zueinander von 50 µm führt dabei zu einer Abweichung der Mittenfrequenz des gewünschten kompensierten Frequenzbereichs um 5 GHz. Die Reflexion einer unkompensierten koplanaren Verbindung im Frequenzbereich um 60 GHz wurde in [HML08] dadurch verringert, dass anstatt dem mittleren Draht zwei Drähte verwendet wurden, die in einem Winkel von 40° zueinander gebondet sind. Dieses Verfahren beruht auf der Verwendung von mehreren Drähten, wie es zur Verbindung von Schaltungen in Mikrostreifenleitungstechnik üblich ist [AMRS01].

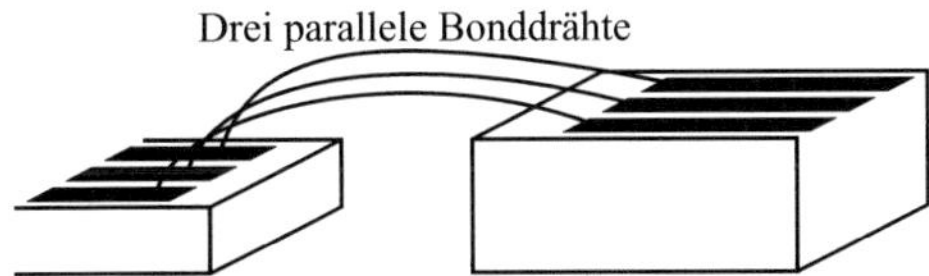

Bild 3.8.: Bonddrahtverbindung zwischen zwei Schaltungsträgern in Koplanartechnik

Die Modellierung von koplanaren Bonddrahtverbindungen als Dreidrahtleitung wird ebenfalls in [Goo99] beschrieben. Die Abhängigkeit des Wellenwiderstands vom Durchmesser und vom Abstand der Drähte zueinander sowie vom Abstand der Drähte zum Dielektrikum wird bestätigt. Um einen problematischen, hochohmigen Wellenwiderstand zu vermeiden, wird empfohlen, die drei Drähte in einem exakt definierten Abstand oberhalb eines Dielektrikums zu ziehen. Die praktische Umsetzbarkeit dieser ebenfalls patentierten Idee [Goo02] ist jedoch fraglich. Eine weitere Idee, die zum Ziel hat, einen Wellenwiderstand von 50 Ω bzw. 75 Ω zu erzielen, beschäftigt sich mit dem Auffüllen des kompletten Raums um die Bonddrähte mit einem dielektrischen Material einer Permittivität von ca. 4,3 [HML08]. Dies ist jedoch problematisch, da die meist verwendeten Füllmaterialien hohe dielektrische Verluste verursachen [ZCB$^+$06]. Selbst in diesem Fall entsteht schon bei 10 GHz eine Dämpfung von 1 dB.

Verbindung zwischen zwei Schaltungsträgern mit unterschiedlichen Leitungstypen

Die Verbindung eines Si-Chips mit einem passiven Schaltungsträger in Mikrostreifenleitungstechnik wird in [ZSC$^+$09] und [LTUS11] beschrieben. In diesen Fällen werden ebenfalls drei Drähte verwendet, diese sind jedoch nicht parallel, sondern weiten sich vom Si-Chip zur passiven Schaltung auf. Der Bonddrahtübergang wird dabei jeweils als serielle Induktivität beschrieben. Zur Kompensation wird eine serielle Kapazität verwendet (Resonanzkompensation) [ZSC$^+$09], um die Reflexion im Frequenzbereich um 60 GHz zu reduzieren. Im zweiten Fall wird eine kompliziertere Kompensationsschaltung, bestehend aus einer parallelen Kapazität, sowie einem weiteren Bonddraht auf dem passiven Schaltungsträger, verwendet [LTUS11]. Dies führt zu einer L-C-L-Struktur (L: Induktivität, C: Kapazität), einer symmetrischen Schaltung mit zwei seriellen Induktivitäten und einer parallelen Kapazität. Die Schaltung ist ebenfalls dimensioniert, um die Reflexion im Frequenzbereich um 60 GHz zu reduzieren.

3.2.2. Modellierung und Kompensation der koplanaren Bonddrahtverbindung

Ziel der vorliegenden Arbeit ist die reflexionsarme Verbindung eines Si-MMICs mit einer separaten Antenne auf einem zweiten Substrat. Die drei verwendeten parallelen Bonddrähte verbinden dabei die GSG-Kontaktflächen des MMICs mit der CPW-Speiseleitung der Antenne. Durch die bisher dargestellten Arbeiten wird deutlich, dass die Drahtlänge möglichst kurz gehalten werden sollte, um die Impedanztransformation durch die Bonddrähte zu minimieren. Dies ist jedoch nur bis zu einem gewissen Wert möglich. Der MMIC und die Antenne können auf Grund des Kapillareffekts nicht exakt bündig nebeneinander geklebt werden. Meist müssen die metallischen Leiter zudem einen Mindestabstand von der Schnittkante haben. Außerdem haben MMIC und Antenne in der Regel nicht die selbe Höhe. Folglich ergibt sich eine Mindestlänge der Bonddrähte im Bereich von $l_{\mathrm{Bond}} = 0{,}3\,\mathrm{mm}$. Bei einer Frequenz von $f = 122\,\mathrm{GHz}$ ergibt sich eine auf die Wellenlänge bezogene Drahtlänge von

$$\frac{l_{\mathrm{Bond}}}{\lambda_0} = \frac{l_{\mathrm{Bond}} \cdot f}{c_0} = 0{,}122$$

Unter der Annahme, dass die koplanare Bonddrahtleitung einen Wellenwiderstand von $Z_{\mathrm{Bond}} = 200\,\Omega$ hat und dämpfungsfrei ist, wird die Ausgangsimpedanz $Z_{\mathrm{MMIC}} = 50\,\Omega$ transformiert auf

$$Z(l_{\mathrm{Bond}} = 0{,}122\lambda) = Z_{\mathrm{MMIC}} \frac{1 + j\,\frac{Z_{\mathrm{Bond}}}{Z_{\mathrm{MMIC}}}\tan(\beta l_{\mathrm{Bond}})}{1 + j\,\frac{Z_{\mathrm{MMIC}}}{Z_{\mathrm{Bond}}}\tan(\beta l_{\mathrm{Bond}})} = (91{,}1 + j170{,}7)\,\Omega$$

Für eine Antenne mit der Eingangsimpedanz $Z_{Ant} = 50\,\Omega$ ergibt sich in diesem Fall der Betrag des Reflexionsfaktors von

$$\mid r_{Ant} \mid = \left| \frac{Z_{Ant} - Z(l_{Bond})}{Z_{Ant} + Z(l_{Bond})} \right| = 0{,}79$$

Dies entspricht einem Anteil an reflektierter Leistung zu eingespeister Leistung von ca. 63%. Diese Beispielrechnung zeigt, dass eine unkompensierte Verbindung zweier Schaltungsträger mittels Bonddrähten im gewünschten Frequenzbereich eindeutig ungenügende Performanz liefert. Um eine Kompensationsschaltung zu realisieren, muss die Verbindung an sich sowie die daraus entstehende Impedanztransformation zuerst möglich exakt analysiert werden.

Modellierung einer koplanaren Bonddrahtverbindung in Ball-Stitch-Technologie

Bild 3.9 zeigt einen Querschnitt von drei parallelen metallischen Drähten sowie einen skizzierten Verlauf der elektrischen Feldlinien bei Anregung der Gleichtaktmode (even mode). Das Feldbild ähnelt dem der CPW-Leitung. Da die verwendeten Bonddrähte in der Regel sehr dünn sind, ergibt sich für diese Bonddrahtleitung ein hochohmiger Wellenwiderstand. Da keine analytische Lösung zur Berechnung des Wellenwiderstands existiert, wurde dieser für verschiedene Drahtdurchmesser d_m und Drahtabstände p (pitch) mittels der zweidimensionalen Modenberechnung von Microwave Studio® berechnet. Die dabei verwendeten Drahtdurchmesser entsprechen den im Handel üblicherweise erhältlichen. Der Drahtabstand wird bestimmt durch die Abstände der Kontaktflächen auf dem IC (pitch). Dieser beträgt bei den verwendeten Schaltungen 0,1 mm. Die Auswahl des Drahtdurchmessers hängt maßgeblich mit der Größe der Kontaktflächen des ICs zusammen. Die sich beim Ball-Stitch-Verfahren bildende Kugel hat einen Durchmesser, der ca. dem Dreifachen des Drahtdurchmessers entspricht. Da die Kontaktflächen der verwendeten ICs Abmessungen von $60\,\mu m \times 80\,\mu m$ haben, wurde folglich ein Draht mit einer Stärke von 0,017 mm verwendet. Für diese Werte ergibt sich bei 122 GHz ein Wellenwiderstand von 202 Ω.

Bild 3.10 zeigt einen Längsschnitt der Bonddrahtverbindung in Ball-Stitch-Technologie, unterteilt in mehrere Abschnitte (ähnlich zur Beschreibung in [Kre99] für die Wedge-Wedge-Technologie). Da die drei Drähte parallel zueinander sind, ist nur ein Draht sichtbar. Aus dem Längsschnitt wird deutlich, dass

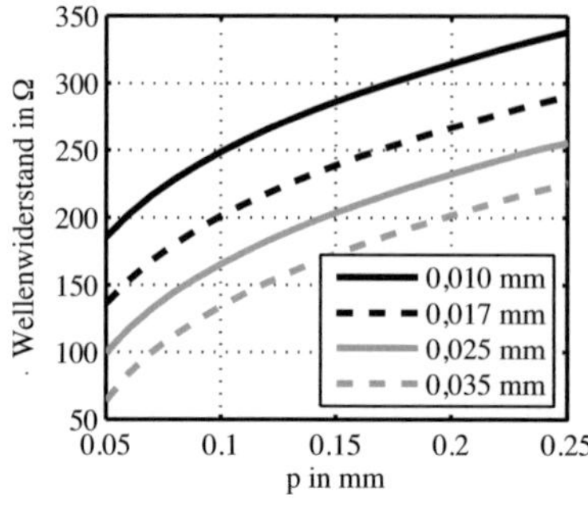

(a) Wellenwiderstand bei 122 GHz in Abhängigkeit von p für vier verschiedene Drahtdurchmesser d_m

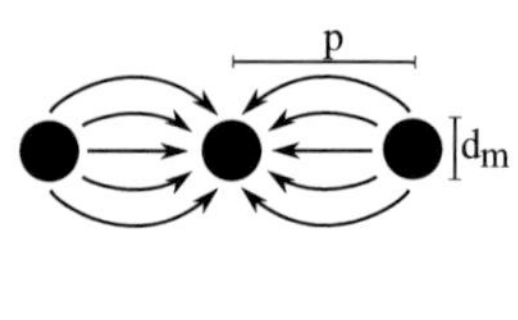

(b) Querschnitt und skizzierter Verlauf der elektrischen Feldlinien

Bild 3.9.: Koplanare Bonddrahtleitung in Luft bei Anregung der Gleichtaktmode

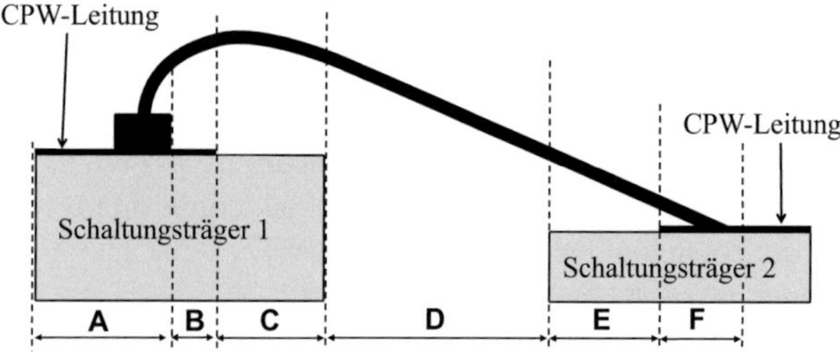

Bild 3.10.: Längsschnittsansicht einer Verbindung zwischen zwei koplanaren Schaltungsträgern

die drei Drähte in vielen Abschnitten nicht nur von Luft umgeben sind. Dies beeinflusst folglich den Wellenwiderstand und die Ausbreitungsgeschwindigkeit. Links ist der erste Schaltungsträger sowie der Ball des Ball-Stitch-Verfahrens zu sehen. Die Bonddrähte steigen zuerst steil nach oben, bevor sie über einen Bogen zum zweiten Schaltungträger führen. Zur Impedanztransformation der Verbindung tragen in den jeweiligen Abschnitten unterschiedliche Effekte bei:

Abschnitt A: Bei einem verwendeten Bonddrahtdurchmesser von 0,017 mm sind die Metallkugeln zu Beginn von Abschnitt A ca. 0,040 mm hoch und haben einen Durchmesser, der dem Dreifachen des Drahtdurchmessers entspricht (0,051 mm). Dies führt für diesen kurzen Abschnitt zu einem reduzierten Wellenwiderstand im Vergleich zur restlichen Drahtlänge. Der erste Teil des Drahts, der steil nach oben geht, wird zudem von den Metallkugeln und von den metallischen Kontaktflächen beeinflusst. Da der Draht in der Regel nicht exakt an das Ende der CPW-Leitung platziert werden kann, wird der Übergang zudem von einem kurzen Stück offener Leitung beeinflusst. Außerdem findet am Übergang eine Einschnürung der Feldlinien statt, die ein Tiefpassverhalten erzeugt (serielle Induktivität und Streukapazität) [Thu09].

Abschnitt B : Die drei Bonddrähte sind in diesem Abschnitt parallel und haben einen konstanten Abstand. Allerdings befinden sich die Drähte in diesem Abschnitt noch in Nähe der Metallisierung der CPW-Leitung, sodass mit einer Beeinflussung der Leitereigenschaften zu rechnen ist.

Abschnitt C: Die Drähte befinden sich in Abschnitt C über dem dielektrischen Material des ersten Schaltungsträgers. Je nach Abstand zu diesem wird der Wellenwiderstand und die effektive Permittivität der Bonddrahtleitung an dieser Stelle beeinflusst. Bild 3.11 und Bild 3.12 zeigen einen Querschnitt von drei parallelen metallischen Drähten oberhalb eines Dielektrikums sowie einen skizzierten Verlauf der elektrischen Feldlinien bei Anregung der Gleichtaktmode. Zudem ist der Wellenwiderstand in Abhängigkeit des Abstands zum Dielektrikum aufgetragen. Es wird deutlich, dass das Dielektrikum den Wellenwiderstand reduziert, sowie bei geringen Abständen die effektive Permittivität deutlich erhöht, wodurch die Leitung elektrisch länger wird. Sobald jedoch ein Abstand von 0,04 mm erreicht ist, kann der Einfluss des Dielektrikums vernachlässigt werden. Von diesem Fall kann aufgrund der Höhe der Metallkugeln des Ball-Stitch-Verfahrens ausgegangen werden.

Abschnitt D: Die beiden Schaltungsträger werden in der Regel auf metallische Flächen geklebt. Diese Metallisierung unterhalb der Bonddrähte kann somit ebenfalls den Wellenwiderstand beeinflussen. Bild 3.13 zeigt einen Querschnitt von drei parallelen metallischen Drähten oberhalb einer metallischen Fläche sowie einen skizzierten Verlauf der elektrischen Feldlinien bei Anregung der Gleichtaktmode. Zudem ist der berechnete Wellenwiderstand in Abhängigkeit des Abstands zur Metallfläche aufgetragen. Es ist erkennbar, dass die Beeinflussung im Vergleich zu der eines Dielektrikums stärker ist. Durch den höheren Abstand, den die Drähte in Abschnitt D zur Metallisierung haben, kann jedoch davon ausgegangen werden, dass der Wellenwiderstand konstant ist. Bild 3.13 verdeutlicht jedoch auch, dass eine Metallisierung auf den Schaltungsträgern im Bereich unterhalb der Bonddrähte vermieden werden sollte.

Abschnitt E: In diesem Bereich befinden sich die Bonddrähte über dem zweiten Schaltungsträger. Auf der Stitch-Seite der Verbindung ist es aber nicht möglich, einen ausreichend großen Abstand zu erreichen, wie dies in Abschnitt C der Fall war. Der Einfluss des Substrats ist somit nicht zu vernachlässigen und führt zu einem inhomogenen Leitungsabschnitt.

Abschnitt F: Auch dieser Abschnitt muss durch die Nähe der Bonddrahts zur Metallisierung als inhomogen angesehen werden. Die Einschnürung der Feldlinien am Übergang zwischen CPW-Leitung und Bonddraht führt wiederum zu einem Tiefpassverhalten. Zudem entsteht auch auf dieser Seite der Verbindung am Ende der CPW-Leitung eine am Ende offene Leitung, falls der Draht nicht exakt ans Leiterende gebondet wird.

Die beschriebenen Effekte zeigen, dass die Impedanztransformation, die von der Verbindung erzeugt wird, zu einem großen Teil aus der bereits erläuterten hochohmigen, homogenen Dreidrahtleitung besteht. Dies ermöglicht eine erste, simple Abschätzung der sich je nach Drahtlänge ergebenden Transformation. Bild 3.14 zeigt die Impedanztransformation einer Leitung mit Wellenwiderstand $Z_\mathrm{L} = 202\,\Omega$ in einem auf $Z_\mathrm{B} = 50\,\Omega$ normierten Smith-Diagramm. Dargestellt ist zudem die Transformation, die eine serielle Induktivität ausgehend vom Anpasspunkt, erzeugt. Es wird deutlich, dass die bei tieferen Frequenzen oft verwendete Darstellung einer Bondverbindung als serielle Induktivität durchaus Gültigkeit besitzt, da sich beide Transformationswege ähneln. Ab einem Verhältnis von Drahtlänge zu Wellenlänge von ca. einem Achtel verliert diese Darstellung jedoch ihre Gültigkeit. Um die Verbindung exakt zu modellieren (inklusive der weiteren beschriebenen Effekte), ist es notwendig,

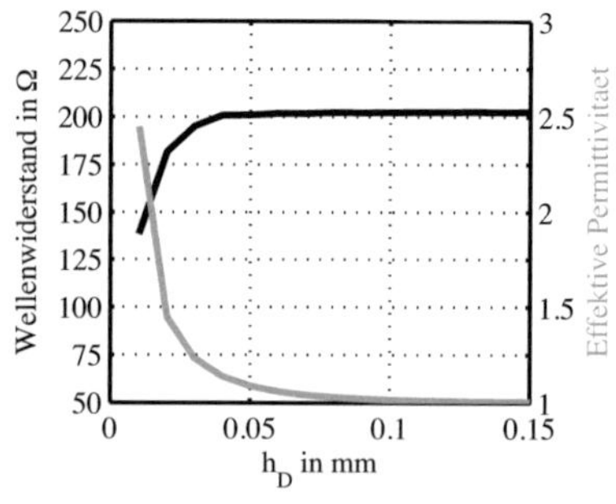

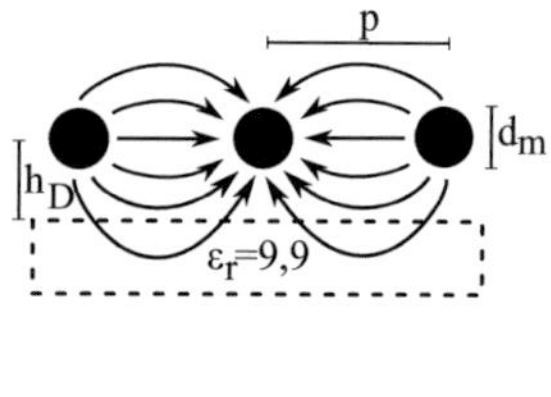

(a) Wellenwiderstand bei 122 GHz in Abhängigkeit von h_D für $d_\mathrm{m} = 0{,}017\,\mathrm{mm}$ und $p = 0{,}1\,\mathrm{mm}$

(b) Querschnitt und skizzierter Verlauf der elektrischen Feldlinien

Bild 3.11.: Koplanare Bonddrahtleitung oberhalb eines dielektrischen Substrats mit der Permittivität 9,9 bei Anregung der Gleichtaktmode

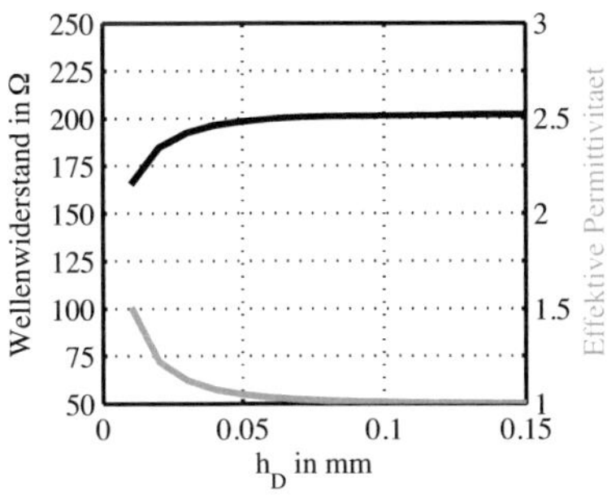
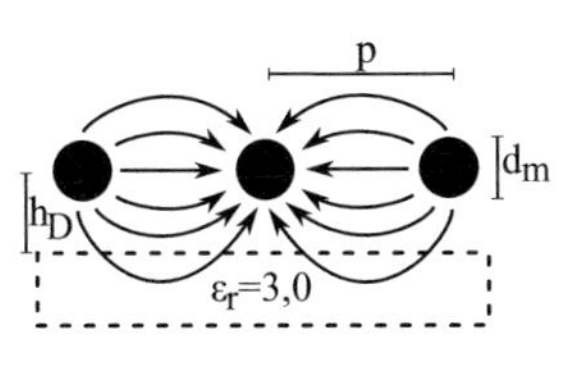

(a) Wellenwiderstand bei 122 GHz in Abhängigkeit von h_D für $d_m = 0{,}017$ mm und $p = 0{,}1$ mm

(b) Querschnitt und skizzierter Verlauf der elektrischen Feldlinien

Bild 3.12.: Koplanare Bonddrahtleitung oberhalb eines dielektrischen Substrats mit der Permittivität 3,0 bei Anregung der Gleichtaktmode

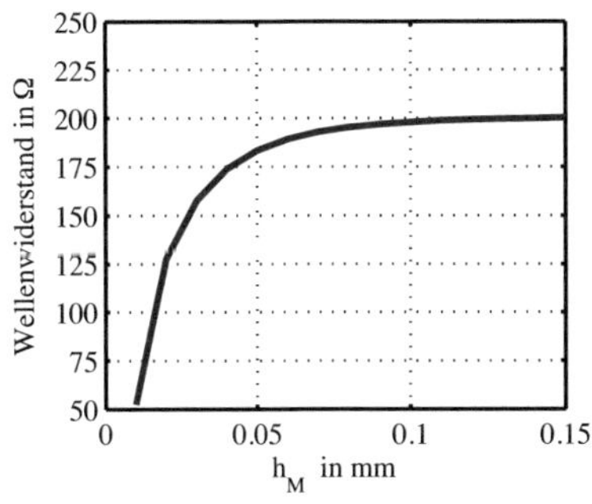
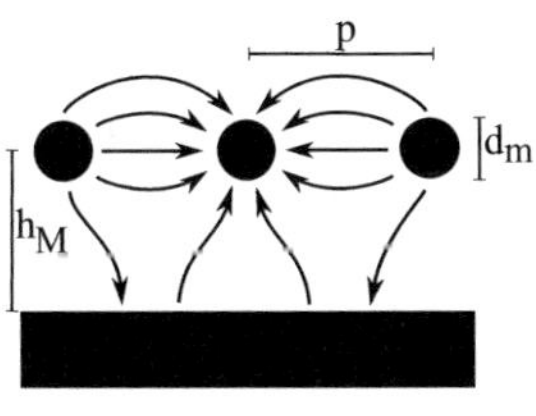

(a) Wellenwiderstand bei 122 GHz in Abhängigkeit von h_M für $d_m = 0{,}017$ mm und $p = 0{,}1$ mm

(b) Querschnitt und skizzierter Verlauf der elektrischen Feldlinien

Bild 3.13.: Koplanare Bonddrahtleitung oberhalb einer ausgedehnten metallischen Fläche bei Anregung der Gleichtaktmode

entweder ein allgemein gültiges Ersatzschaltbild basierend auf den angesprochenen verteilten und diskreten Elementen zu erstellen sowie die Werte dieser Elemente zu bestimmen oder die Struktur mit Hilfe von dreidimensionalen elektromagnetischen Feldsimulationsprogrammen zu modellieren. Um eine einheitliche Simulation von Antenne und Chip-Verbindung zu ermöglichen, wird in dieser Arbeit die zweitgenannte Möglichkeit verwendet. Die Bondverbindungen werden mit der Software CST Microwave Studio® modelliert, um die durch die Bonddrähte entstehende Transformation zu analysieren und darauf aufbauend Kompensationsschaltungen zu entwerfen.

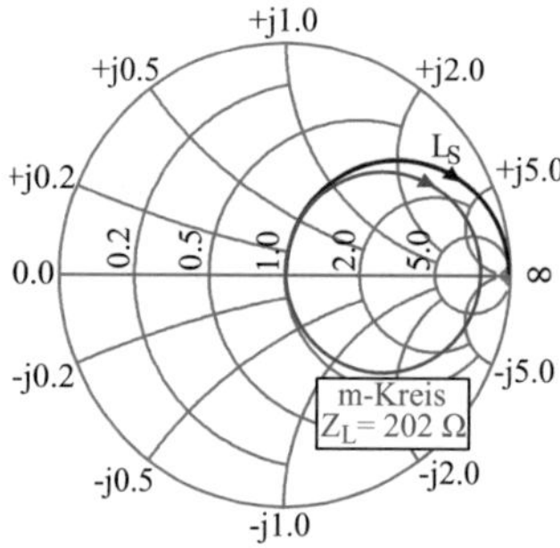

Bild 3.14.: Impedanztransformation durch eine hochohmige Leitung, dargestellt im Smith-Diagramm in Bezug auf 50 Ω

Kompensationsschaltungen für die koplanare Bonddrahtverbindung

Eine Besonderheit des Leitungsverhaltens der Bondverbindung lässt sich anschaulich an Bild 3.14 erkennen. Während eine serielle Induktivität für immer höhere Werte in Richtung des Leerlaufpunkts konvergiert, dreht sich ein m-Kreis ab einer Länge von $\lambda/4$ wieder zurück in Richtung des Anpasspunkts. Dieses Verhalten lässt sich für genügend hohe Betriebsfrequenzen ausnutzen. Bei 122,5 GHz beispielsweise beträgt eine halbe Freiraumwellenlänge lediglich 1,224 mm. Dies entspricht einer durchaus üblichen Bonddrahtlänge. Durch die Bonddrahtleitung, die eine halbe Wellenlänge lang ist, wird die Ausgangsimpedanz des MMIC Z_{MMIC} transformiert auf

$$Z(l_{\mathrm{Bond}} = 0{,}5\lambda) = Z_{\mathrm{MMIC}} \frac{1 + j\,\frac{Z_{\mathrm{Bond}}}{Z_{\mathrm{MMIC}}}\,\tan(\beta l_{\mathrm{Bond}})}{1 + j\,\frac{Z_{\mathrm{MMIC}}}{Z_{\mathrm{Bond}}}\,\tan(\beta l_{\mathrm{Bond}})}$$

$$= Z_{\mathrm{MMIC}} \frac{1 + j\,\frac{Z_{\mathrm{Bond}}}{Z_{\mathrm{MMIC}}}\,\tan(\pi)}{1 + j\,\frac{Z_{\mathrm{MMIC}}}{Z_{\mathrm{Bond}}}\,\tan(\pi)} = Z_{\mathrm{MMIC}}$$

Entspricht die Antennenimpedanz in diesem Fall der Ausgangsimpedanz des MMIC und vernachlässigt man die inhomogenen Leitungsabschnitte sowie die parasitären Effekte der Übergänge, so entsteht ein sich selbst kompensierender Übergang. Dieser Übergang wird im Folgenden als selbstkompensierende Halbwellenverbindung bezeichnet. Sie wurde in dieser Arbeit sowohl erstmals vorgeschlagen als auch experimentell demonstriert [21].

Die zweite Möglichkeit einen kompensierten Übergang zu realisieren, entspricht dem eher standardgemäßen Vorgehen. Die Drahtlänge wird so kurz wie möglich gehalten. Anschließend wird die entstehende Transformation analysiert und dann mittels einer Schaltung kompensiert. Die Kompensation von unerwünschten Effekten wie der Impedanztransformation einer Bondverbindung kann generell symmetrisch oder unsymmetrisch durchgeführt werden. Symmetrisch bedeutet, dass auf beiden Seiten der Bondverbindung eine Kompensationsschaltung eingefügt wird. Unsymmetrische Kompensationsschaltungen werden nur auf einer Seite der Verbindung platziert. Die symmetrischen Schaltungen zeigen generell ein breitbandigeres Verhalten. In der vorliegenden Arbeit wurden jedoch aus verschiedenen Gründen unsymmetrische Schaltungen entwickelt. Diese werden auf dem Antennensubstrat platziert. Dieses Vorgehen ermöglicht es, den selben MMIC für verschiedene Aufbautechnikvarianten sowie für Messungen zu verwenden. Zudem benötigen die Kompensationsschaltungen einen gewissen Platz, der die MMIC-Größe und somit die Herstellungskosten deutlich erhöhen würde. Auf dem Antennensubstrat können diese Kompensationsschaltungen „günstiger" realisiert werden, sowie in der Regel mit geringeren Verlusten.

Die verwendete Herstellungstechnik für die Antennen ist eine einlagige Dünnschichttechnik auf verschiedenen Substratmaterialien. Durchkontaktierungen zur Rückseite sind in diesem Fall nicht möglich. Als Speiseleitung für die Antenne eignet sich in diesem Fall in besonderer Weise die CPW-Leitung. Die Kompensationsschaltungen wurden deshalb in dieser Leitungsart entwickelt. Problematisch an dieser Leitungsart ist, dass zwei unterschiedliche Moden ausbreitungsfähig sind. Die unerwünschte ungerade Mode kann an Stoßstellen angeregt werden. Aus diesem Grund werden in der Koplanartechnik sehr häufig Luftbrücken eingesetzt, die die beiden Masseleiter miteinander verbinden und somit die ungeraden Mode unterdrücken [Sim01]. Vor allem bei Schaltungselementen wie parallelen Stichleitungen und parallelen Induktivitäten müssen diese Luftbrücken verwendet werden. Andere Schaltelemente wie serielle Kapazitäten werden von Grund auf mit mehreren Metalllagen realisiert [Sim01]. Um eine kostengünstige Herstellungstechnik zu ermöglichen, wurde in dieser Arbeit auf zusätzliche Metalllagen verzichtet. Als Anpassmittel wurden deshalb lediglich Leitungen mit verschiedenen Wellenwiderständen verwendet. Bild 3.15 zeigt die prinzipielle Kompensationsschaltung, die in dieser Arbeit entwickelt wurde.

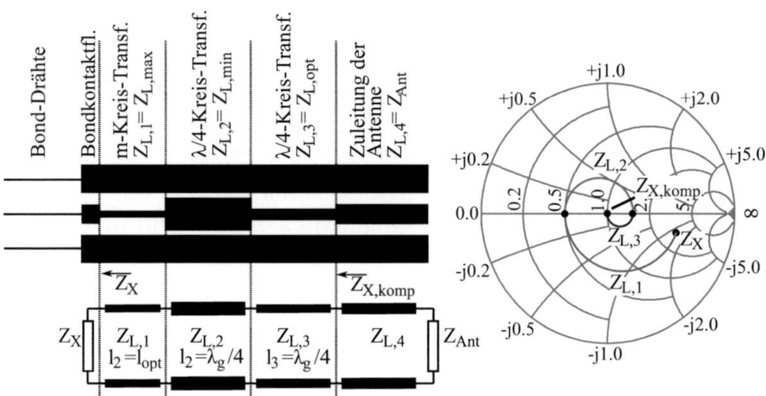

Bild 3.15.: Kompensationsschaltung für Bonddrahtverbindungen und dazugehörender Transformationsweg im Smith-Diagramm in Bezug auf Z_{Ant}

Angenommen wird dabei, dass die durch die Bonddrahtverbindung erzeugte Impedanz Z_X am Ende der Bondkontaktflächen entsteht. Diese Impedanz befindet sich je nach Drahtlänge im induktiven oder kapazitiven Bereich des Smith-Diagramms, in jedem Fall jedoch im Bereich, für den gilt: $Re\{Z_X\} \geq Z_{MMIC}$. Für Drahtlängen im Bereich von 300 µm bis 800 µm befindet sich Z_X sehr weit weg vom Anpasspunkt. In diesem Fall ist es nicht möglich mit einer einzigen Leitungstransformation zurück in den Anpasspunkt zu transformieren, da man auf dem Substrat ebenfalls eine 202 Ω-Leitung realisieren müsste. Die realisierbaren Wellenwiderstände auf einem Substrat liegen jedoch (abhängig vom Substratmaterial) im Bereich 30 Ω bis 150 Ω. Die Kompensation muss deshalb in mehreren Stufen erfolgen. Für die erste Leitung wird der hochohmigste realisierbare Wellenwiderstand verwendet. Dieser ist begrenzt durch die minimale Leiterbreite des Innenleiters. Der Zielpunkt der ersten Leitung ist die reelle Achse. Von dort werden zwei $\lambda/4$-Transformationen verwendet. Leitung 2 hat dabei den minimal erzielbaren Wellenwiderstand, um möglichst nah an den Anpasspunkt zu kommen. Der Wellenwiderstand von Leitung 3 wird schlussendlich bestimmt, um $Z_{\mathrm{X,komp}} = Z_{\mathrm{Ant}}^*$ zu erzielen. Je nach verwendetem Substratmaterial und nach Drahtlänge ist es auch möglich, dass weniger oder mehr Leitungsabschnitte benötigt werden. Das prinzipielle Vorgehen ist jedoch in jedem Fall das selbe.

3.2.3. Messtechnische Verifikation der koplanaren Bonddrahtverbindung bei 122 GHz

Sowohl die selbstkompensierende Halbwellenverbindung als auch die kompensierte Verbindung mit einer möglichst kurzen Drahtlänge wurden experimentell in zwei Stufen verifiziert und analysiert. Im ersten Schritt wurden Teststrukturen auf einer Leiterplatte realisiert. Die Bondverbindung überbrückt in diesem Fall Lücken in den Koplanarleitungen [21]. Im zweiten Schritt wurden zudem die Effekte der Chip- und Antennenplatzierung beim Einkleben in ein Gehäuse mitberücksichtigt und die Wiederholbarkeit der Verbindung überprüft [28], [40].

Im Folgenden werden die Simulations- und Messergebnisse dieser Verbindungen gezeigt. Die verschiedenen Teststrukturen wurden mit D-Band Erweiterungsmodulen der Firma OML [OML12] an einem Agilent [Agi12] PNA-X Netzwerkanalysator gemessen. Die Strukturen wurden dabei mit sogenannten air-coplanar-Messspitzen der Firma GGB (Picoprobe® 170BT-M) [GGB12] kontaktiert. Die Messungen wurden mit einer TRL-Kalibration (Through - Reflect - Line) mittels selbst hergestellten Standards kalibriert. Die dargestellten Messungen weisen eine Transmissionsdämpfung auf, die zu einem Teil aus Verlusten an den Übergängen selbst, zu einem großen Teil jedoch aus der Leitungsdämpfung der Zuleitungen besteht. Im ersten Schritt wird folglich diese Leitungsdämpfung bestimmt.

Messung und Verlustabschätzung einer CPW-Leitung

Zur Verlustabschätzung der Teststrukturen in den folgenden Abschnitten wurde die Dämpfung einer $l = 4{,}7\,\mathrm{mm}$ langen $50\,\Omega$ CPW-Leitung messtechnisch ermittelt. Verwendet wurde eine Leitung auf einem 127 µm dicken Aluminasubstrat (siehe Bild 3.16(a)). Bild 3.16(b) zeigt die gemessenen Reflexionsparameter sowie die aus dem gemessenen Transmissionsparameter abgeschätzte Leitungsdämpfung. Trotz eigener Kalibrationsstrukturen konnte für die kalibrierten Reflexionsparameter keine perfekte Anpassung erzielt werden. Im Bereich zwischen 110 GHz und 120 GHz steigt die Reflexion an Port 2 teilweise über -15 dB. Dies beeinflusst in diesem Bereich auch den gemessenen Transmissionsparameter, der ansonsten eine sehr glatte, über der Frequenz absteigende Form hat. Zur Berechnung der Leitungsdämpfung wurde der gemessene Transmissionsparameter durch die Länge der Leitung geteilt. Zusätzlich ist in Bild 3.16(b) eine Näherungsgerade eingezeichnet, die den vermutlichen Verlauf der Kurve unterhalb von 120 GHz darstellt. Bei 122,5 GHz ergibt sich eine Verlustabschätzung von 0,5 dB/mm.

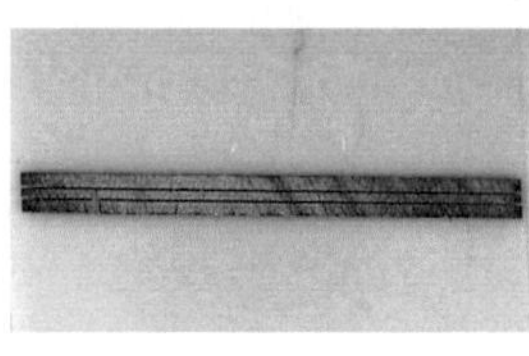

(a) 4,7 mm lange 50 Ω CPW-Leitung

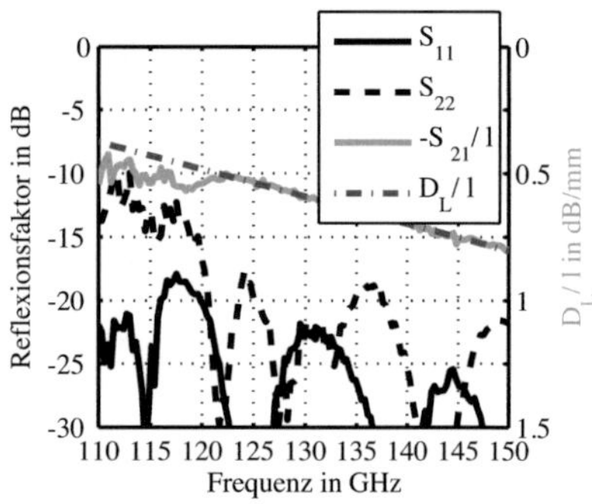

(b) Gemessene Reflexionsparameter und die aus dem gemessenen Transmissionsparameter berechnete Dämpfung/Länge D_L/l

Bild 3.16.: CPW-Leitung auf einem Aluminasubstrat und deren Messergebnisse

Da diese Leitungsdämpfung auch aus Effekten entsteht, die sich im 3D-Feldsimulationsprogramm nicht berücksichtigen lassen (z.B. Oberflächenrauhigkeit), ist es nicht möglich die Leitungsdämpfung in Simulationen exakt zu reproduzieren. Die verwendeten Substratmaterialien sowie die verwendeten Metallisierungen wurden deshalb in den Simulationen der Teststrukturen als verlustlos bzw. unendlich leitfähig angenommen. Diese Vorgehensweise hat den Vorteil, dass die Übergangsverluste selbst (z.B. durch Abstrahlung) in der Simulation direkt ablesbar sind. Die im Folgenden dargestellten Ergebnisse der Teststrukturen zeigen somit Simulationsergebnisse ohne Leitungsdämpfung und Messergebnisse inkl. Leitungsdämpfung. Ein Beispiel für einen

Transmissionsparameter, bei dem der gemessene Wert durch die zusätzlichen Leitungsdämpfungen unterhalb dem Simulationswert liegt, ist in Bild 3.17 gezeigt.

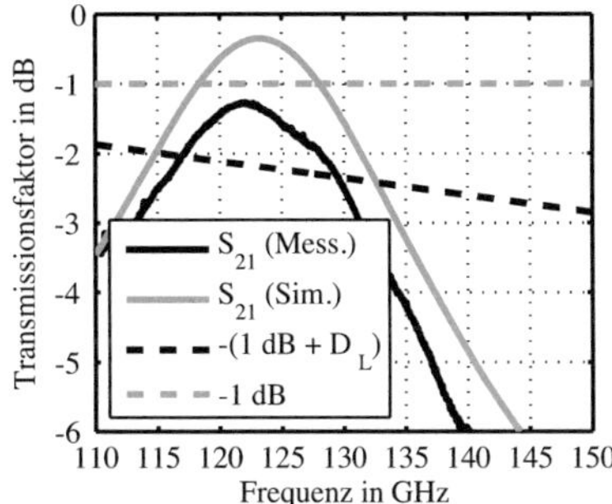

Bild 3.17.: Beispiel der Ergebnisbewertung von simulierten (verlustlos) und gemessenen (inkl. Verlusten) Transmissionsparametern der Teststrukturen

Zur Bewertung der Performanz der Teststrukturen werden zwei Kriterien genutzt. Die -10 dB-Bandbreite der Reflexionsparameter ist sowohl für Simulationen als auch für Messungen der Bereich, in dem der Reflexionsparameter unterhalb von -10 dB liegt. Die -1 dB-Bandbreite der Transmissionsparameter ist in Simulationen der Bereich, in dem der simulierte Transmissionsparameter oberhalb von -1 dB liegt. Um die Messergebnisse sinnvoll mit den Simulationsergebnissen zu vergleichen, werden die Dämpfungsverluste der Zuleitungen mit einbezogen und folglich ist die -1 dB-Bandbreite der Transmissionsparameter in Messungen der Bereich in dem der gemessene Transmissionsparameter oberhalb von $(-1\,\text{dB} - D_L)$ liegt, wobei D_L die aus Bild 3.16 berechnete Dämpfung der Zuleitungen ist. Diese Vorgehensweise erwies sich unter Berücksichtigung der typischen Ungenauigkeiten von Millimeterwellenmessungen mit Messspitzen als am sinnvollsten und ermöglicht eine zweckmäßige Bewertung der einzelnen Teststrukturen.

Kompensierte Verbindungen auf einem Schaltungsträger mittels halbautomatischem Bonder

Im ersten Schritt wurden Teststrukturen auf einem einzelnen keramischen Substrat (Alumina, 127 µm) realisiert. Drei Bonddrähte überbrücken dabei eine Lücke zwischen zwei 50 Ω CPW-Leitungen, siehe Bild 3.18(a). Die drei verwendeten Drähte haben einen Durchmesser von 17 µm und die CPW-Leitung wurde so dimensioniert, dass der Drahtabstand 100 µm beträgt. Die Bonddrähte wurden dabei mittels des halbautomatischen Drahtbonders TPT-HB16 [TPT12] am IHE realisiert. Dieses Gerät kann eine Bondform sowohl in der Höhe, als auch in einer Horizontalrichtung automatisch abfahren. Die Positionierung und Ausrichtung des Bondtisches erfolgt jedoch manuell. Es erweist sich mit diesem Gerät deswegen als äußerst schwierig, drei möglichst parallele und gleich lange Drähte zu ziehen. Selbst bei identischer Loop-Form rutscht im Einzelfall der Draht teilweise zurück in die Kapillare, wodurch die Drahtlänge variiert. Die Parallelität der Drähte ist bei Verwendung dieser Bondmaschine durch die manuelle Positionierung des Bondtisches limitiert. Die Teststruktur der Halbwellenverbindung, für die sich die besten Messergebnisse erzielen ließen, ist in Bild 3.18(a) dargestellt.

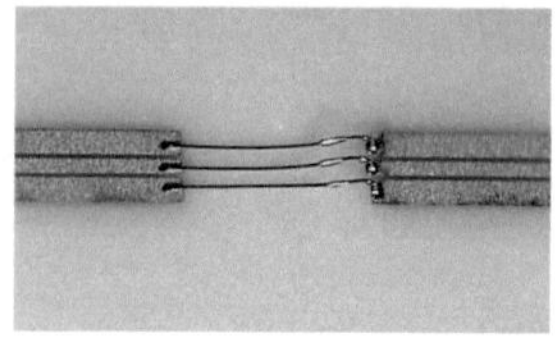

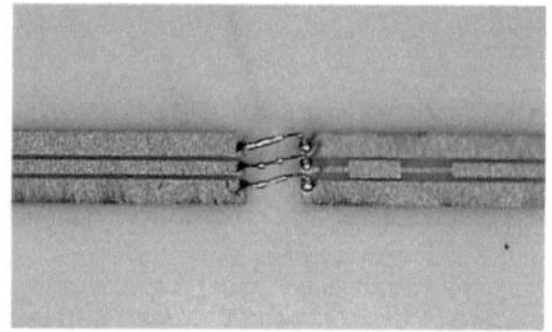

(a) Selbstkompensierende Halbwellenverbindung

(b) 400 µm lange Bondverbindung mit asymmetrischer Kompensationsschaltung

Bild 3.18.: Teststrukturen für Bonddrahtverbindungen

Reflexions- und Transmissionsparameter dieser Struktur sind in Bild 3.19 dargestellt. In der Simulation haben die drei Drähte exakt die selbe Form und Länge. Dies führt zu quasi identischen Reflexionsparametern an beiden Ports mit einer -10 dB-Bandbreite von 117 GHz bis 128,4 GHz. In der Simulation hat die Struktur bei der Anpassfrequenz praktisch keine Transmissionsverluste und somit wird eine -1 dB-Transmissionsbandbreite von 114 GHz bis 131 GHz erzielt. Die Messergebnisse weisen einerseits darauf hin, dass die Drahtlänge etwas kürzer als 1,22 mm ist, da der optimale Anpassbereich an Port 1 zu höheren Frequenzen hin verschoben ist. Zudem sind die Reflexionsparameter auch stark unsymmetrisch. An Port 2 ist der Reflexionsparameter konstant über -10 dB. Dies führt auch zu einem stark abweichenden Transmissionsparameter, der vor allem oberhalb von 122 GHz unerwartet abfällt. Unter Berücksichtigung der Verluste in den Zuleitungen mit einer Gesamtlänge von 2,06 mm ergibt sich eine gemessene -1 dB-Transmissionsbandbreite von 115,5 GHz bis 120,3 GHz.

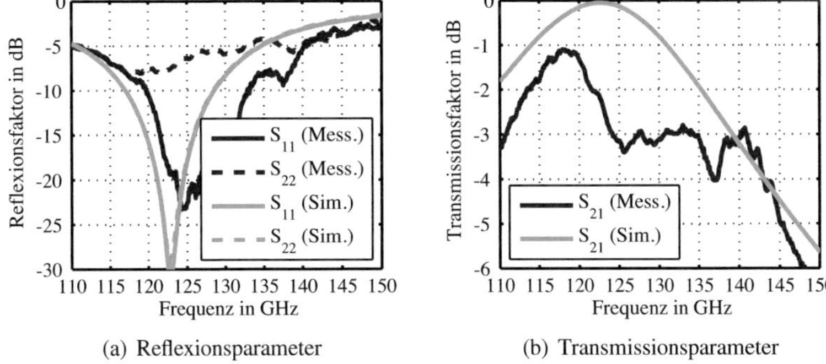

(a) Reflexionsparameter   (b) Transmissionsparameter

Bild 3.19.: Simulierte (verlustlos) und gemessene (inkl. Verlusten) S-Parameter der selbstkompensierenden Halbwellenverbindung in Bild 3.18(a); die abgeschätzte Dämpfung der Zuleitungen beträgt bei 122,5 GHz 1,03 dB

Eine Teststruktur für eine kürzere Drahtlänge mit unsymmetrischer Anpassschaltung ist in Bild 3.18(b) dargestellt. Die Anpassschaltung ist dabei für eine Drahtlänge von 400 µm und eine Kugelgröße von 50 µm (Durchmesser) und 30 µm (Höhe) optimiert. Im Vergleich zu den längeren Drähten der Halbwellenverbindung können für diese Struktur mit dem halbautomatischen Bonder bessere Ergebnisse erzielt werden. Es zeigt sich, dass die Drahtform stabiler ist, je kürzer der Draht ist. Reflexions- und Transmissionsparameter der besten Teststruktur sind in Bild 3.20 dargestellt. Es zeigt sich für diese Struktur jedoch schon in der Simulation ein unsymmetrisches Reflexionsverhalten an beiden Ports sowie eine Durchgangsdämpfung von 0,7 dB. Eine mögliche Erklärung sind Verluste durch Abstrahlung an den Übergängen zwischen Drähten und Leitung sowie an den Übergängen zwischen den einzelnen Leitungsabschnitten. Die simulierte -10 dB-Bandbreite an Port 1 beträgt 119 GHz bis 127,2 GHz. In den Messungen zeigt sich eine leicht zu höheren Frequenzen verschobene Anpasskurve mit einer Bandbreite von 121 GHz bis 127,7 GHz und somit fast mit dem erwünschten idealen Verhalten. Die -1 dB-Transmissionsbandbreite beträgt in der Simulation 118,8 GHz bis 126,2 GHz und in der Messung unter Berücksichtigung der 1,9 mm langen Zuleitungen 121,7 GHz bis 124,4 GHz. Die höhere Dämpfung ist in diesem Fall auf die Leitungsdämpfung innerhalb der Anpassschaltung zurückzuführen.

Die beschriebenen Teststrukturen sowie deren Messergebnisse zeigen mehrere Effekte. Zum einen ist deutlich ersichtlich, dass ein Übergang zwischen zwei Schaltungsträgern mit einer koplanaren Bonddrahtverbindung selbst oberhalb 100 GHz mit sehr guter Performanz realisierbar ist. Es zeigt sich jedoch auch,

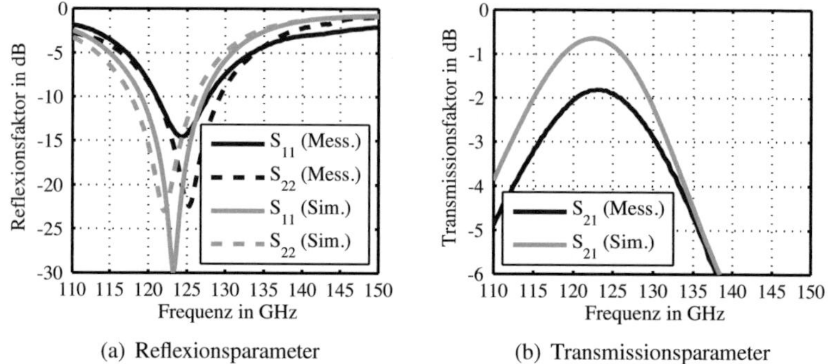

(a) Reflexionsparameter   (b) Transmissionsparameter

Bild 3.20.: Simulierte (verlustlos) und gemessene (inkl. Verlusten) S-Parameter der
kompensierten Bondverbindung in Bild 3.18(b); die abgeschätzte Dämpfung
der Zuleitungen beträgt bei 122,5 GHz 0,95 dB

dass die Funktion der Übergänge sehr stark von der verwendeten Bondmaschine abhängt. Es ist ein großer Aufwand erforderlich, um die Länge und Parallelität der drei Drähte exakt zu kontrollieren. Zudem waren die beschriebenen Strukturen vereinfachte Fälle, da sich beide Leitungen auf der selben Schaltung befinden und diese somit exakt aufeinander ausgerichtet sind. Um weitere Effekte wie die Platzierungsgenauigkeit der Schaltungsträger sowie einen Höhenunterschied zu berücksichtigen, wurden weitere Teststrukturen realisiert, die im Folgenden beschrieben werden. Um eine optimale Performanz zu erzielen, wurden diese mittels eines vollautomatischen Bonders realisiert.

Kompensierte Verbindungen zwischen zwei Schaltungsträgern mittels vollautomatischem Bonder

Die modifizierte Teststruktur für den selbstkompensierenden Halbwellenübergang ist in Bild 3.21(a) zu sehen. Der erste Schaltungsträger (links) ist ein sogenannter Chip-Dummy, der in diesem Aufbau den späteren Silizium-Chip imitieren soll. Der Chip-Dummy ist 2 mm × 2 mm groß und wurde aus 0,254 mm hohem Alumina gefertigt. Auf dem Chip-Dummy wurden mittels Dünnschichttechnik eine 1,8 mm lange 50 Ω CPW-Leitung sowie Kalibrationsstrukturen und quadratische Pads gefertigt. Anschließend wurde der Chip-Dummy auf ein Trägersubstrat geklebt. Rechts davon ist der zweite Schaltungsträger geklebt, eine 0,127 mm hohe Aluminakeramik, auf der sich die zweite Leitung befindet. In diesem Fall handelt es sich um eine CPW-Leitung mit Metallfläche auf der Unterseite (Grounded Coplanar Waveguide - GCPW). Nach Einkleben der Chips wurden die drei parallelen Drähte mittels eines vollautomatischen Bonders gezogen. Die vorgegebene Drahtlänge war dabei 1,22 mm.

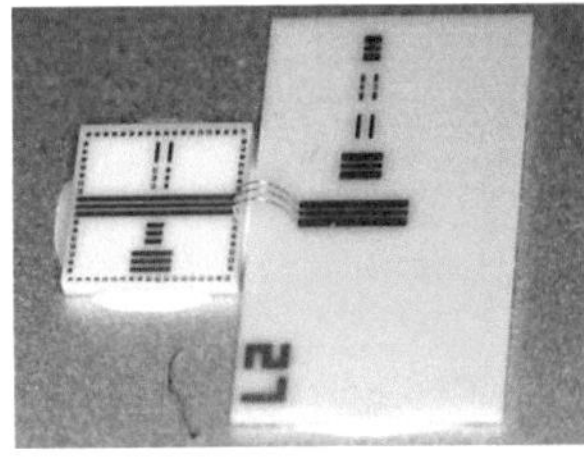

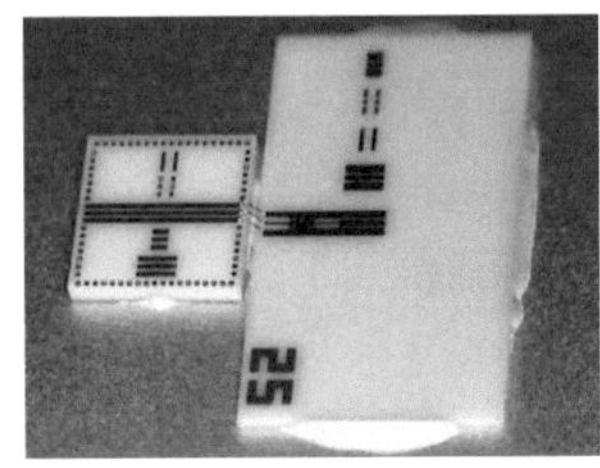

(a) Selbstkompensierende Halbwellenverbindung

(b) 370 µm lange Bondverbindung mit asymmetrischer Kompensationsschaltung

Bild 3.21.: Teststrukturen für Bonddrahtverbindungen zwischen zwei Schaltungsträgern

Die simulierten und gemessenen S-Parameter dieser Struktur sind in Bild 3.22 dargestellt. Es ist direkt erkennbar, dass die vorgegebene Drahtlänge verfehlt wurde. Die Mittenfrequenz ist verschoben auf 130 GHz. Die Drahtlänge wurde somit um ca. 70 µm unterschritten. Dies führt in diesem Fall zu einer gemessenen -10 dB-Bandbreite an Port 1 von 123,2 GHz bis 138,2 GHz. Abgesehen von der Resonanzverschiebung zeigt die Struktur hervorragende Eigenschaften. Es wurde ein fast symmetrisches Reflexionsverhalten an beiden Ports mit hoher Bandbreite erzielt. Auch die gemessene Transmissionskurve zeigt die erwartete Resonanzverschiebung hin zu 130 GHz. Unter Berücksichtigung der Dämpfung der insgesamt 3,0 mm langen Zuleitungen ergibt sich in der Messung eine hohe -1 dB-Bandbreite von 121,5 GHz bis 138,7 GHz. Die Teststruktur der selbstkompensierenden Halbwellenverbindung weist somit eine relative Bandbreite von 13,0 % auf. Die Kontrolle der Drahtlänge erweist sich jedoch trotz vollautomatischem Gerät in diesem Längenbereich als schwierig. Es ist jedoch durchaus denkbar, dass dies über Iterationen optimiert werden kann.

Die modifizierte Teststruktur für eine kürzere Drahtlänge mit unsymmetrischer Anpassschaltung ist in Bild 3.21(b) dargestellt. Die Kompensationsschaltung ist in diesem Fall auf der 0,127 mm hohen Aluminakeramik realisiert (rechts). Zwischen den beiden Schaltungsträgern wurden drei parallele Drähte mit einer Ziellänge von 370 µm gezogen. Die Kugeln des Ball-Stitch-Bondverfahrens wurden dabei auf dem Chip-Dummy platziert. Sie haben einen Durchmesser von 50 µm und sind 30 µm hoch. Im Optimierungsstadium der Anpasschal-

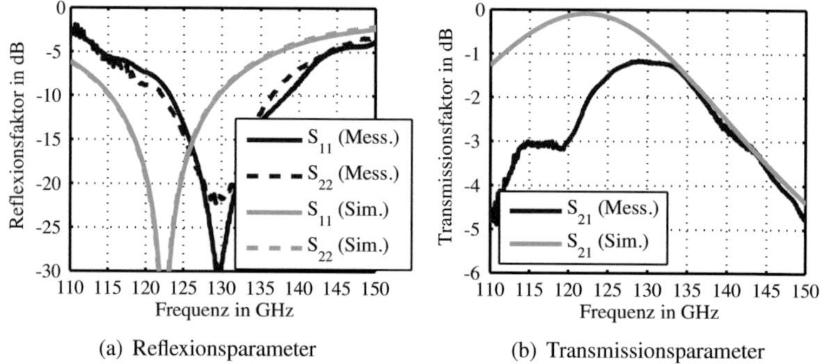

(a) Reflexionsparameter   (b) Transmissionsparameter

Bild 3.22.: Simulierte (verlustlos) und gemessene (inkl. Verlusten) S-Parameter der selbstkompensierenden Halbwellenverbindung in Bild 3.21(a); die abgeschätzte Dämpfung der Zuleitungen beträgt bei 122,5 GHz 1,5 dB

tung wurde in diesem Fall auch Wert darauf gelegt, das unsymmetrische Reflexionsverhalten zu reduzieren. Die Simulationsergebnisse der Struktur (Bild 3.23) im Vergleich zur Teststruktur auf einem Schaltungsträger (Bild 3.20) belegen dies. Auch die simulierte Dämpfung der Struktur beträgt in diesem Fall nur noch 0,3 dB. Zwischen Messung und Simulation zeigt sich eine hervorragende Übereinstimmung. Die gemessene -10 dB-Bandbreite an Port 1 beträgt 117,5 GHz bis 127,5 GHz und ist leicht breiter als in der Simulation. Dies ist auf die Dämpfung der Zuleitungen zurückzuführen. Unter Berücksichtigung der Dämpfung der insgesamt 2,3 mm langen Zuleitungen ergibt sich in der Messung eine -1 dB-Bandbreite von 116,6 GHz bis 128,7 GHz. Die Teststruktur der asymmetrisch kompensierten Bondverbindung weist somit eine relative Bandbreite von 8,2% auf. Die Kontrolle der Drahtlänge erweist sich durch die kürzere Ziellänge in diesem Fall als einfacher im Vergleich zur Halbwellenverbindung.

Reproduzierbarkeit und Zuverlässigkeit der Bondverbindungen bei 122 GHz

Zur abschließenden Bewertung der Bondverbindungen ist es notwendig, die Reproduzierbarkeit und Zuverlässigkeit zu untersuchen. Dies wurde einerseits simulativ als auch experimentell durchgeführt. Im ersten Schritt wurde der direkte Einfluss der Drahtlänge auf die Resonanzfrequenz der Verbindung simulativ untersucht. Von auf Aufbautechnik spezialisierten Dienstleistern erhält

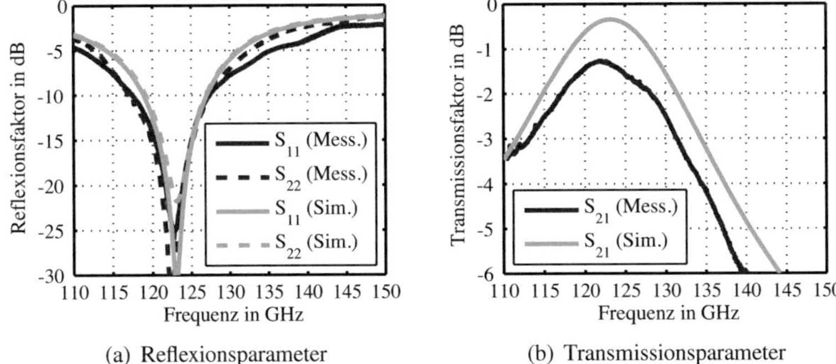

(a) Reflexionsparameter   (b) Transmissionsparameter

Bild 3.23.: Simulierte (verlustlos) und gemessene (inkl. Verlusten) S-Parameter der kompensierten Bondverbindung in Bild 3.21(b); die abgeschätzte Dämpfung der Zuleitungen beträgt bei 122,5 GHz 1,15 dB

man unterschiedliche Aussagen, wie exakt diese die Länge eines Bonddrahts kontrollieren können (z.B. ±5%, ±10%, ±50 µm). Um den Einfluss auf beide Kompensationsarten vergleichen zu können, wurden die Drahtlängen der Strukturen aus Bild 3.21 sowohl absolut (±50 µm) als auch relativ (±7,5%) variiert. Die sich ergebenden Änderungen sind in Tabelle 3.1 zusammengefasst. Dargestellt sind die sich für die veränderten Strukturen ergebenden Mittenfrequenzen f_m' des Reflexionsfaktors an Port 1 sowie der Reflexionsfaktor an der Zielfrequenz $f_\mathrm{m} = 122{,}5\,\mathrm{GHz}$. Es ist deutlich erkennbar, dass die Halbwellenverbindung empfindlicher auf sowohl absolute als auch relative Längenänderungen reagiert. Der Grund ist, dass sich die Mittenfrequenz in diesem Fall nur aus der Drahtlänge ergibt. Im Falle der kürzeren, kompensierten Verbindung stellt die Bonddrahtleitung dagegen nur einen Teil der frequenzbestimmenden Schaltung dar. Dies führt folglich zu einem geringeren Effekt auf das Verhalten der Gesamtschaltung. Selbst bei der absoluten Längenänderung von −50 µm, die für die 370 µm-Verbindung einer relativen Änderung von −13,5% entspricht, bleibt der Reflexionsfaktor bei 122,5 GHz noch unterhalb -10 dB.

In einem zweiten Schritt wurden die Einflüsse, die sich simulativ nur sehr aufwendig rekonstruieren lassen, experimentell untersucht. Hierzu wurde jeweils ein Satz der Strukturen aus Bild 3.21 gefertigt. Diese weichen voneinander durch die folgenden Ungenauigkeiten ab:

— Fehlplatzierung der beiden Schaltungsträger durch das Einkleben

— Fehlplatzierung des ersten oder zweiten Bonds

Abweichung Drahtlänge	Halbwellenverbindung		
	f'_m	$\frac{f'_\mathrm{m}-f_\mathrm{m}}{f_\mathrm{m}}$	$S_{11}(f_\mathrm{m})$
+7,5%	112,2 GHz	-8,4%	-7,4 dB
+50 µm	117,7 GHz	-3,9%	-13,4 dB
0%	122,5 GHz	0%	< -20,0 dB
-50 µm	128,2 GHz	+4,7%	-11,6 dB
-7,5%	132,7 GHz	+8,3%	-7,3 dB
Abweichung Drahtlänge	kompensierte 370 µm-Verbindung		
	f'_m	$\frac{f'_\mathrm{m}-f_\mathrm{m}}{f_\mathrm{m}}$	$S_{11}(f_\mathrm{m})$
+7,5%	121,3 GHz	-1,0%	-20,0 dB
+50 µm	120,0 GHz	-2,0%	-14,0 dB
0%	122,5 GHz	0%	< -20,0 dB
-50 µm	126,1 GHz	+2,9%	-10,7 dB
-7,5%	124,3 GHz	+1,5%	-16,3 dB

Tabelle 3.1.: Abweichung der Anpassfrequenz f'_m von der Zielfrequenz f_m = 122,5 GHz, sowie Reflexionsfaktor bei der Zielfrequenz, bei Veränderung der Drahtlänge

– Abweichung von der erwünschten Drahtform

– Abweichung von der erwünschten Drahtlänge

Bild 3.24 zeigt eine Draufsicht der acht gefertigten Testverbindungen und die Messergebnisse der jeweiligen Halbwellenverbindung. Es zeigt sich, dass sich teilweise stark variierende Drahtformen ergeben. In einigen Strukturen ist die Parallelität der drei Drähte nicht mehr gegeben. Dies führt im Endeffekt zu einer inhomogenen Leitung, da die Abstände der drei Drähte über deren Länge hinweg variieren. Betrachtet man die Reflexions- und Transmissionsparameter der Verbindungen, so erkennt man, dass Struktur 6 stark abweicht. Nimmt man diese Struktur aus der Bewertung aus, so ergibt sich für die restlichen Verbindungen jedoch eine durchaus gute Reproduzierbarkeit. Die maximale Abweichung der Anpassfrequenz beträgt 6 GHz und damit 4,5%. Für alle sieben Strukturen zusammen gesehen ergibt sich immer noch eine -10 dB-Bandbreite von 126,4 GHz bis 138,3 GHz und somit 9,3%.

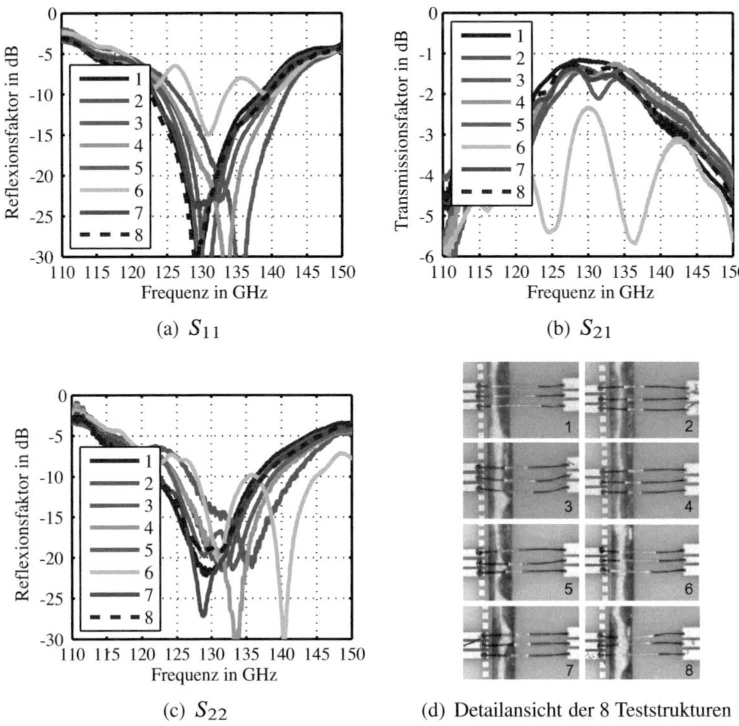

(a) S_{11}

(b) S_{21}

(c) S_{22}

(d) Detailansicht der 8 Teststrukturen

Bild 3.24.: Reproduzierbarkeitsstudie der selbstkompensierenden Halbwellenverbindung

Bild 3.25 zeigt neun gefertigte Teststrukturen der asymmetrisch kompensierten, 370 µm langen Verbindung sowie deren Messergebnisse. Durch die kürzere Drahtlänge lässt sich in den Bildern die Fehlplatzierung der beiden Schaltungsträger noch deutlicher erkennen. Die Form der Drähte ist jedoch im Vergleich konstanter. Somit ist die geforderte Parallelität stärker gegeben. Dies zeigt sich auch in einer höheren Ähnlichkeit der Messergebnisse. Die Anpassfrequenz variiert über die neun Strukturen um lediglich 3,5 GHz (2,8%). Für alle neun Strukturen zusammen gesehen ergibt sich eine -10 dB-Bandbreite von 121,2 GHz bis 127,4 GHz und somit 5%. Auch der gemessene Transmissionsparameter ist abgesehen von der leichten Frequenzverschiebung äußerst konstant und belegt die hohe Reproduzierbarkeit und Zuverlässigkeit der Verbindung.

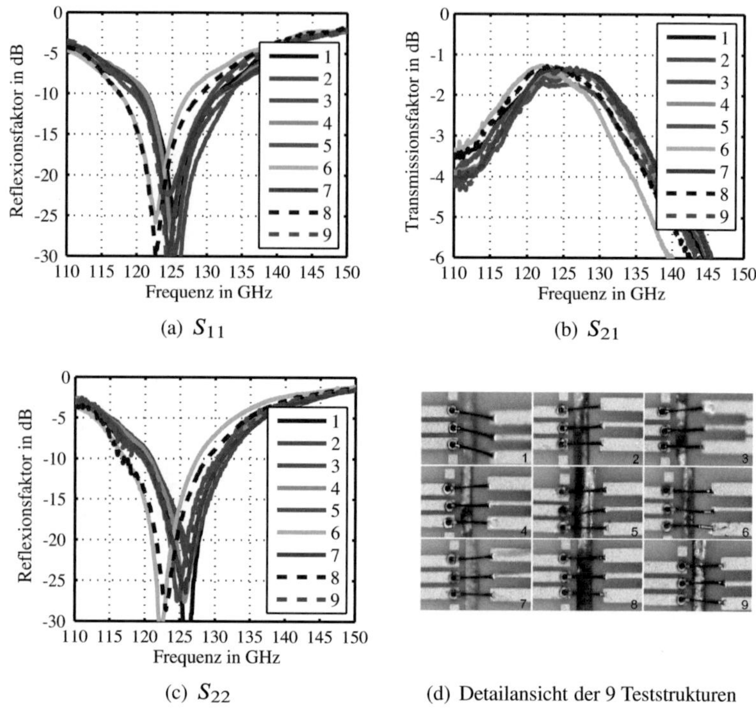

(a) S_{11}

(b) S_{21}

(c) S_{22}

(d) Detailansicht der 9 Teststrukturen

Bild 3.25.: Reproduzierbarkeitsstudie der asymmetrisch kompensierten 370 µm langen
Verbindung

Zusammenfassend lassen sich aus den Untersuchungen folgende Schlussfolgerungen ziehen:

- Die Drähte sollten mit einem vollautomatischen Bonder gezogen werden, um die Parallelität zu garantieren.

- Die Drahtform lässt sich einfacher kontrollieren, je kürzer der Draht ist.

- Die Kontrolle der Drahtlänge hängt stark vom verwendeten Bonder ab.

- Die Platzierungsgenauigkeit der beiden Schaltungsträger muss sehr genau kontrolliert werden.

- Die selbstkompensierende Halbwellenverbindung hat eine höhere Bandbreite und eine geringere Durchgangsdämpfung.

– Bei 122 GHz ist jedoch die Reproduzierbarkeit der asymmetrisch kompensierten Verbindung mit kurzen Drähten höher.

– Die Verbindung mit Kompensationsschaltung hat zusätzlich den Vorteil, dass ein beliebiges Z_{Ant} angepasst werden kann, während die selbstkompensierende Verbindung stets auf Z_{MMIC} anpasst.

– Die selbstkompensierende Halbwellenverbindung eignet sich vor allem im Frequenzbereich oberhalb von 200 GHz, wo die erforderte Drahtlänge unterhalb 750 µm ist.

3.3. Millimeterwellenverbindungen mittels Flip-Chip-Technologie

3.3.1. Stand der Technik

Eine Alternative zur Bonddrahtverbindung für koplanare Schaltungsträger ist die Flip-Chip-Technologie. Eine der Schaltungen wird dabei kopfüber auf die zweite Schaltung gebracht. Die drei Kontaktflächen der Koplanarleitungen werden jeweils über drei Flip-Chip-Kugeln miteinander verbunden. Auch in diesem Fall kann der Bereich im Übergang als eine Dreidrahtleitung beschrieben werden. Diese hat jedoch im Vergleich zur Bonddrahttechnologie einen geringeren Wellenwiderstand, da die Flip-Chip-Kugeln deutlich breiter sind als gewöhnliche Bonddrähte [KHMR96]. Zudem ist der Übergang deutlich kürzer und somit reflexionsärmer. Im direkten Vergleich wurde ein koplanarer GaAs-Chip sowohl mittels Bonddraht- als auch Flip-Chip-Technik mit einem passiven Träger verbunden [BRB$^+$95]. Die Einfügedämpfung konnte dabei bei 70 GHz um 1 dB reduziert werden. Selbst unkompensierte Verbindungen können in dieser Technologie reflexionsarm bis zu 100 GHz verwendet werden [KHMR96]. In [ASY$^+$97] wird ein doppelter, unkompensierter Übergang von einem Alumina Substrat über einen GaAs Chip zurück zum Alumina Substrat gemessen. Selbst für diesen doppelten Übergang ergibt sich $S_{11} < $ -15 dB von 0 GHz bis 77 GHz.

Im Falle der Flip-Chip-Technologie ist es jedoch nicht ausreichend, den Übergang nur durch die Dreidrahtleitung der drei Kugeln zu modellieren. Die beiden dielektrischen Substrate werden in geringem Abstand übereinander montiert und beeinflussen so jeweils die gegenüberliegende Hochfrequenzleitung [IIK96], [KHMR96]. Des Weiteren ist es zudem essentiell zu wissen, ob ein

Underfill-Material verwendet wurde sowie welche dielektrischen Eigenschaften dieses besitzt [FZS$^+$98], [ZSF$^+$98]. Zudem kann es zu kapazitiven Effekten kommen, wenn die Kontaktflächen nicht vollständig von den Flip-Chip-Kugeln bedeckt sind, da diese sich in diesem Fall in geringem Abstand gegenüber stehen [HJB98], [JH99]. Im ungünstigsten Fall kann es zudem zur Ausbreitung von Parallelplattenmoden zwischen den beiden gegebenenfalls metallisierten Substraten kommen [HJB98].

Die beschriebenen Effekte erfordern somit eine exakte Modellierung der Flip-Chip-Verbindung. Vereinzelt werden diskrete Ersatzschaltbilder basierend auf Messdaten modelliert [SLT00]. Da jedoch Flip-Chip-Übergänge in der Regel nur als doppelte Übergänge gemessen werden können, wurden speziell programmierbare Chips entwickelt, auf denen sich direkt nach dem Flip-Chip-Übergang eine programmierbare Last befindet [PC05]. Somit kann rechnerisch ein einzelner Übergang aus den Messungen extrahiert werden. Eine Alternative zur Messung eines einzelnen Übergangs ist die Kontaktierung der Flip-Chip-Kugeln direkt mit Messspitzen [PW05]. Auch in diesen Fällen gelten die Ersatzschaltbilder jedoch nur für die jeweilig verwendeten Materialien. Am exaktesten kann eine Modellierung mittels 3D-Feldsimulationsprogrammen durchgeführt werden [JH01]. Dabei werden alle beschriebenen Effekte, die den Übergang beeinflussen, modelliert und somit erfasst. Auf Grundlage solcher Simulationsprogramme werden auch in der Flip-Chip-Verbindungstechnik vermehrt Kompensationsschaltungen verwendet [JH01], [SJO$^+$02], [SJG$^+$03], um auch in Frequenzbereichen über 50 GHz optimierte Übergänge zu realisieren. Diese bestehen meist aus modifizierten Leitungs- und Spaltbreiten der Koplanarleitung in direkter Nähe des Flip-Chip-Übergangs.

3.3.2. Modellierung und Kompensation der Flip-Chip-Verbindung

Die beschriebenen Arbeiten auf dem Gebiet der Flip-Chip-Verbindungstechnik zeigen deutlich, dass sich mit dieser Technologie reflexionsärmere und breitbandigere Übergänge sogar bis in den hohen Millimeterwellenbereich realisieren lassen. Um eine optimale Performanz oberhalb von 100 GHz zu erreichen, müssen die Übergänge jedoch auch dort kompensiert werden. Im Folgenden wird zuerst die Modellierung des Übergangs im 3D-Feldsimulationsprogramm CST Microwave Studio® [CST12] erläutert. Aufbauend darauf folgt eine Abschätzung, welche Leistungsfähigkeit sich mit einer unkompensierten Verbindung bei 122 GHz erzielen lässt. Eine mögliche asymmetrische Kompensationsschaltung wird vorgeschlagen und mit der unkompensierten Verbindung verglichen. Abschließend wurden zur messtechnischen Verifikation doppelte Flip-Chip-Verbindungen hergestellt und gemessen. Die im folgenden dargestellten Simulationsergebnisse wurden wiederum mit verlustlosen Dielektrika und unendlich leitfähigen Metallen simuliert. Zum Vergleich von Mess- und Simulationsergebnissen müssen wiederum die Dämpfungsverluste der Zuleitungen berücksichtigt werden (siehe Abschnitt 3.2.3).

Modellierung einer Flip-Chip-Verbindung zwischen koplanaren Schaltungsträgern

Bild 3.26 zeigt die geometrische Anordnung, die im Simulationsprogramm zur Modellierung des Flip-Chip-Übergangs verwendet wurde. Zwei Schaltungsträger mit CPW-Leitungen stehen sich kopfüber gegenüber. Die drei Leitungen der CPW-Leitungen werden jeweils über eine Flip-Chip-Kugel mit denen des zweiten Schaltungsträgers elektrisch leitend verbunden. Die Flip-Chip-Kugel wird in diesem Fall als Zylinder mit dem Durchmesser d_m und der Höhe h_FC modelliert. Die dadurch entstehende Dreidrahtleitung hat bei einem Kugeldurchmesser von $d_\mathrm{m} = 50\,\mu\mathrm{m}$ und einem Abstand zwischen den Kugeln von $p = 100\,\mu\mathrm{m}$ einen Leitungswellenwiderstand von $100\,\Omega$. Die Länge dieser Leitung entspricht der Zylinderhöhe und wurde in den Modellen als $h = 30\,\mu\mathrm{m}$ berücksichtigt. Die beiden CPW-Leitungen, die zum Übergang führen, werden jeweils auf der Strecke $l_\mathrm{D,1}$ bzw. $l_\mathrm{D,2}$ vom Dielektrikum des gegenüberliegenden Substrats beeinflusst. Da die Kugeln meist nicht exakt am Rand der Leitungen platziert werden können, entstehen zwei weitere Effekte. Einerseits entsteht jeweils ein kurzes Stück offener Leitung der Länge $l_\mathrm{o,1}$ bzw. $l_\mathrm{o,2}$. Andererseits stehen sich in diesen Bereichen die beiden CPW-Leitungen direkt gegenüber, was zu einem kapazitiven Effekt führt. Dieser kapazitive Effekt wird zusätzlich dadurch verstärkt, dass die drei Metallstreifen der CPW-Leitung in der Regel breiter sind als der Kugeldurchmesser. Dadurch stehen sich die CPW-Leitungen auch seitlich von den Kugeln direkt gegenüber.

Zur Analyse der Performanz einer unkompensierten Flip-Chip-Verbindung sollen die S-Parameter eines Simulationsmodells wie in Bild 3.26 betrachtet werden. In dieser Simulation wurde für beide Schaltungsträger Alumina mit einer Dicke von $127\,\mu\mathrm{m}$ verwendet. Die CPW-Leitungen wurden so dimensioniert, dass der Wellenwiderstand $Z_\mathrm{L} = 50\,\Omega$ beträgt und dass drei Kugeln mit einem Durchmesser von $50\,\mu\mathrm{m}$ im Abstand von $100\,\mu\mathrm{m}$ verwendet werden können, um die Leitungen zu verbinden. In diesem Simulationsmodell betragen die Größen $l_\mathrm{o,1} = l_\mathrm{o,2} = 10\,\mu\mathrm{m}$ und $l_\mathrm{D,1} = l_\mathrm{D,2} = 150\,\mu\mathrm{m}$. Bild 3.27 zeigt

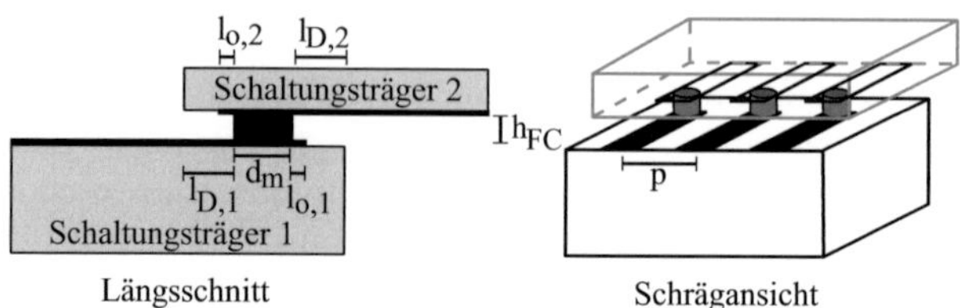

Bild 3.26.: Flip-Chip-Verbindung zwischen zwei Schaltungsträgern in Koplanartechnik

nochmals einen Querschnitt der Struktur sowie die Position der verwendeten Tore und eine Unterteilung der Struktur in fünf Bereiche. Von Tor 1 beginnend wurde zuerst ein Stück CPW-Leitung mit $Z_L = 50\,\Omega$ modelliert. Die Bezugsimpedanz von Tor 1 beträgt somit ebenso $50\,\Omega$. Im zweiten Bereich wird der Wellenwiderstand durch das Dielektrikum des zweiten Schaltungsträgers leicht verringert auf $Z_{L,D} = 49{,}3\,\Omega$. Nach dem Flip-Chip-Übergang entsteht durch die parasitären Effekte die Impedanz Z_X. Die weiteren Bereiche sind auf Grund der Symmetrie der Struktur analog zum ersten und zweiten Bereich. Bild 3.27 zeigt außerdem die Impedanz Z_X im Frequenzbereich von 50 GHz bis 170 GHz, dargestellt in einem Smith Diagramm mit Bezug auf $Z_{L,D}$. Es wird deutlich, dass der kapazitive Einfluss des Übergangs neben dem Leitungsverhalten der drei Flip-Chip-Kugeln der dominierende Effekt ist.

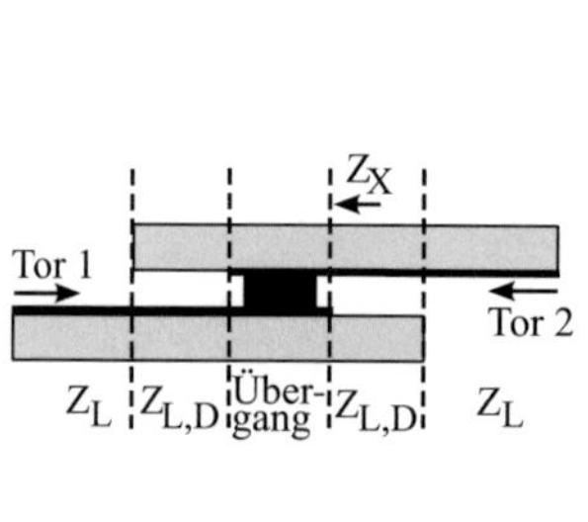

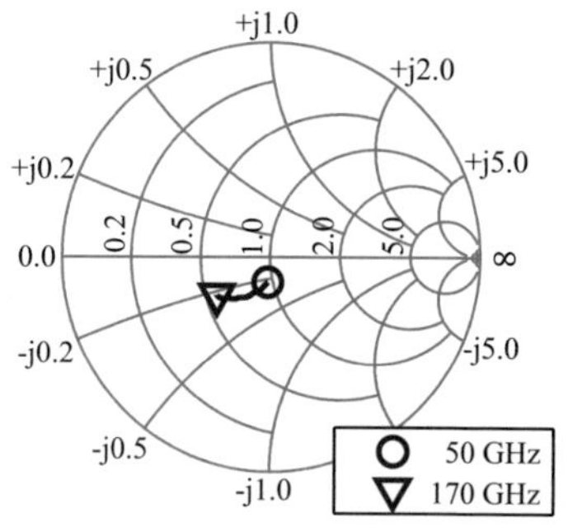

(a) Querschnitt und Einteilung des Übergangs in fünf Bereiche

(b) Verlauf von Z_X über der Frequenz im Smith-Diagramm, normiert auf $Z_{L,D}$

Bild 3.27.: Unkompensierter Flip-Chip-Übergang zwischen zwei $50\,\Omega$ CPW-Leitungen auf Alumina

Bild 3.28 zeigt die Reflexions- und Transmissionsparameter des unkompensierten Flip-Chip-Übergangs aus Bild 3.27. Es ist deutlich erkennbar, dass der

Übergang im Vergleich zur Bonddrahttechnologie erwartungsgemäß reflexionsärmer ist. Die Reflexion ist sogar bis 170 GHz unterhalb von -10 dB. Auch die Transmissionsverluste halten sich in Grenzen und überschreiten erst ab 150 GHz die 1 dB-Grenze. Eine leichte Welligkeit der S-Parameter kann beobachtet werden, die darauf hindeutet, dass der Übergang aus mehreren Reflexionsstellen besteht.

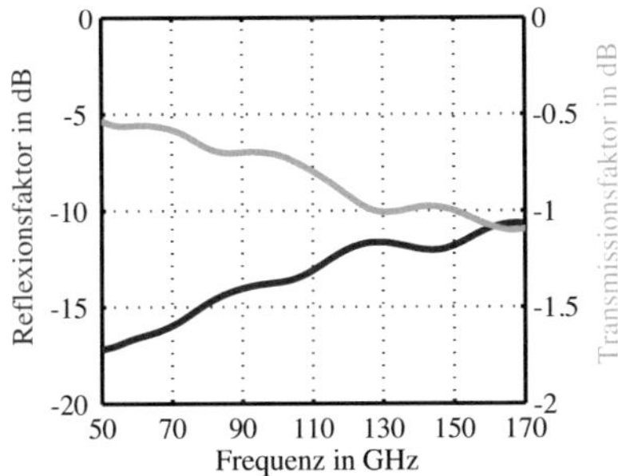

Bild 3.28.: Simulierte (verlustlos) S-Parameter der unkompensierten Flip-Chip-Verbindung aus Bild 3.27

Kompensationsschaltung für die Flip-Chip-Verbindung

Obwohl die Flip-Chip Verbindung selbst ohne Kompensation bis in sehr hohe Frequenzbereiche ein reflexionsarmes Verhalten zeigt, ist es in vielen Anwendungen notwendig, eine Kompensation zu verwenden, um den Reflexionsparameter noch weiter zu reduzieren. Vor allem im Fall von monostatischen Radaranwendungen ist dies empfehlenswert, da der Reflexionsfaktor von Übergang und Antenne direkten Einfluss auf die Genauigkeit der Messergebnisse hat. In diesem Fall ist oftmals ein Reflexionsfaktor unterhalb von -20 dB gefordert. Eine mögliche Kompensationsschaltung in CPW-Technologie ist in Bild 3.29(a) dargestellt. Es handelt sich wiederum um eine asymmetrische Schaltung, die auf dem Antennensubstrat (Schaltungsträger 2) realisiert wird. Ausgehend von Z_X wird zuerst ein sehr kurzes Stück hochohmiger Leitung verwendet, um auf die reelle Achse des Smith Diagramms zu drehen. Anschließend werden zwei $\lambda/4$-Leitungen verwendet, um auf die gewünschte Antennenimpedanz zu transformieren (in diesem Fall 50 Ω). Dies könnte auch mit lediglich einer $\lambda/4$-Leitung erfolgen, was jedoch eine leicht geringere Bandbreite zur Folge hätte. Bild 3.29(b) zeigt den direkten Vergleich der S-Parameter der unkompensierten sowie der kompensierten Flip-Chip-Verbindung. Es ist erkennbar, dass vor allem der Reflexionsfaktor deutlich reduziert werden konnte. Positiv ist, dass die Kompensation breitbandig genug ist, um den Reflexionsfaktor im Bereich 70 GHz bis 170 GHz zu verbessern. Für den Transmissionsfaktor kann eine leichte Verbesserung im Bereich 70 GHz bis 150 GHz erzielt werden.

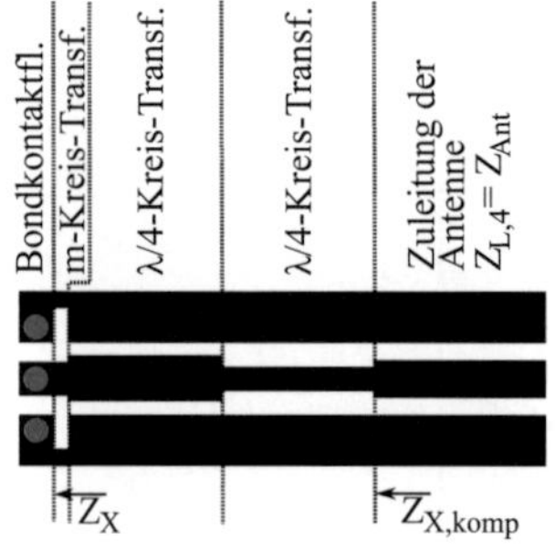

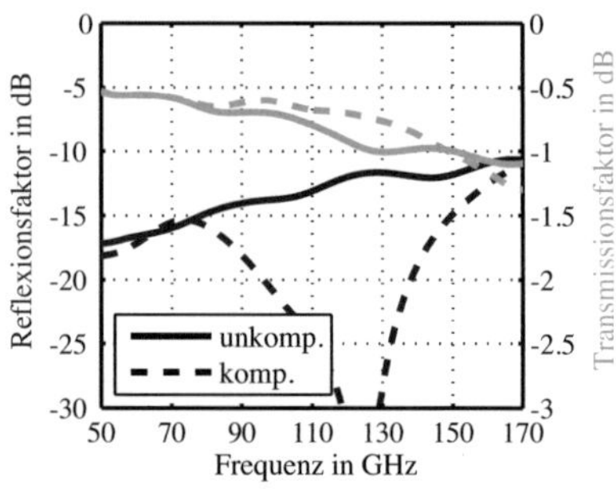

(a) Draufsicht der Flip-Chip-Kompensationsschaltung in CPW-Technologie

(b) Vergleich der simulierten (verlustlos) S-Parameter der kompensierten und unkompensierten Verbindung

Bild 3.29.: Flip-Chip-Kompensationsschaltung in CPW-Technologie, sowie simulierte S-Parameter der unkompensierten und kompensierten Verbindung

3.3.3. Messtechnische Verifikation der unkompensierten und kompensierten Flip-Chip-Verbindung bei 122 GHz

Zur Verifikation des Simulationsmodells wurden Teststrukturen angefertigt, die mit den Picoprobe® 170BT-M Messspitzen am Agilent PNA-X mit D-Band Erweiterungsmodulen der Firma OML gemessen wurden [21]. Die Messungen wurden dabei mit den selben TRL-Strukturen kalibriert wie die Teststrukturen der Bondverbindungen. Um Flip-Chip-Verbindungen mit Messspitzen zu messen, müssen wie bereits in Abschnitt 3.3.1 beschrieben doppelte Verbindungen hergestellt werden. Diese führen von einem Trägersubstrat über eine erste Flip-Chip-Verbindung auf ein zweites darüber montiertes Substrat und danach über eine zweite Flip-Chip-Verbindung wieder auf das Trägersubstrat. Bild 3.30(b) zeigt eine solche Teststruktur. Als Trägersubstrat sowie als darüber montiertes Substrat wurde wiederum Alumina in einer Dicke von 127 μm verwendet. Das oben montierte Substrat hat Abmessungen von 5 mm × 5 mm. Auf diesem verbindet eine CPW-Leitung die beiden Flip-Chip-Verbindungen. Die CPW-

Leitung reicht dabei bis zu einem Abstand von $l_{d,1} = l_{d,2} = 150\,\mu\text{m}$ an den Rand des Substrats, wodurch sich eine Länge dieser Leitung von 4,7 mm ergibt. Auf dem Trägersubstrat sind zwei CPW-Leitungen realisiert, die jeweils von den Flip-Chip-Verbindungen nach außen führen. Diese haben eine Länge von 1,2 mm. Insgesamt ergibt sich somit eine Leitungslänge von 6,9 mm, wobei der in Bild 3.27(a) definierte Übergangsbereich 100 µm pro Flip-Chip-Verbindung beträgt.

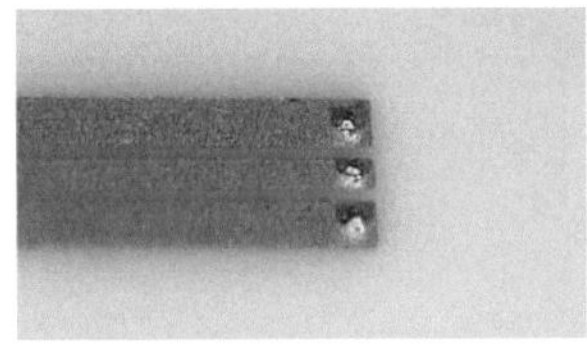

(a) Goldkugeln auf dem Ende der CPW-Leitung

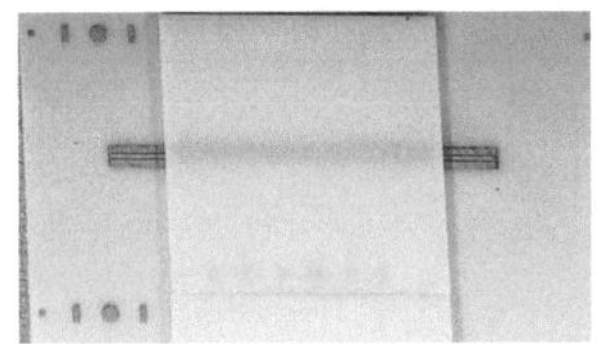

(b) Schrägansicht der doppelten Flip-Chip-Verbindung

Bild 3.30.: Teststruktur der Flip-Chip-Verbindung auf einem Aluminasubstrat

Die beiden CPW-Leitungen auf dem Trägersubstrat haben einen Wellenwiderstand von 50 Ω und sind so dimensioniert, dass 3 Kugeln im Abstand von $p = 100\,\mu\text{m}$ für die Flip-Chip-Verbindung verwendet werden können. Diese Kugeln sind in Bild 3.30(a) dargestellt. Sie wurden mittels des halbautomatischen Drahtbonders TPT-HB16 am IHE auf den Enden der CPW-Leitungen platziert. Der verwendete Drahtdurchmesser des Golddrahts beträgt 17 µm, wodurch sich in der Regel ein Kugeldurchmesser im Bereich von 50 µm ergibt. Die Platzierungsgenauigkeit der Kugeln am halbautomatischen Drahtbonder beträgt ca. 20 µm. Die verwendete Methode, die den Draht direkt oberhalb der Kugeln abreist, führt außerdem dazu, dass die Form der Kugeln variieren kann. Auf dem oben montierten Substrat befindet sich im Fall der kompensierten Verbindung auf beiden Seiten die asymmetrische Kompensationsschaltung aus Bild 3.29(a). Dieses Substrat wurde mit dem manuellen Flip-Chip-Bonder Fineplacer® pico ma der Firma Finetech [Fin12] am IHE platziert. Dabei wurde ein Ultraschall-Prozess in Verbindung mit Druck und Erwärmung verwendet. Die Platzierungsgenauigkeit des oben montierten Substrats durch dieses Gerät liegt im Bereich von 10 µm.

Die simulierten und gemessenen Reflexions- und Transmissionsparameter der doppelten unkompensierten Verbindung sind in Bild 3.31 dargestellt. Die Reflexionsparameter weisen ein deutliches Interferenzmuster der beiden Stoßstellen auf. Dies führt je nach Frequenz zu einem stark variierenden Reflexionsfaktor, der auch die -10 dB-Marke übersteigt. Die abweichenden Minima und Maxima von Simulations- und Messergebnissen deuten auf eine abweichende Ausbreitungsgeschwindigkeit auf der CPW-Leitung des oberen Substrats hin. Die Überlagerung der reflektierten Wellen führt auch beim Transmissionsparameter zu einer deutlichen Welligkeit von knapp über 1 dB. Die gemessene Transmission zeigt einen ähnlichen welligen Verlauf, jedoch wie erwartet mit einer deutlich höheren durchschnittlichen Dämpfung.

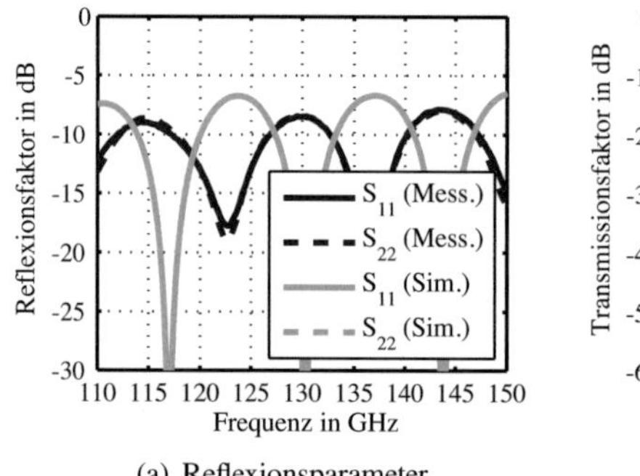

(a) Reflexionsparameter

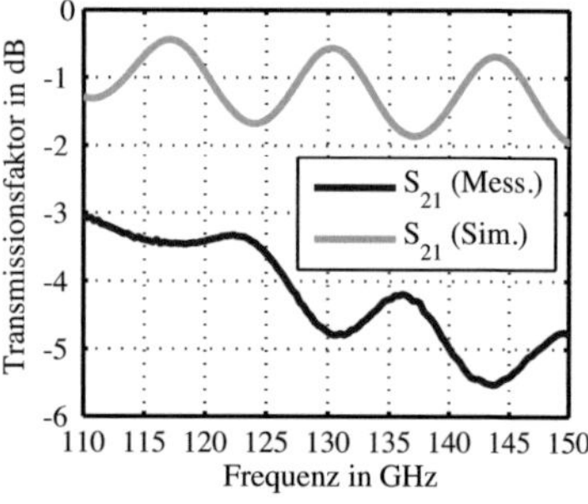

(b) Transmissionsparameter

Bild 3.31.: Simulierte (verlustlos) und gemessene (inkl. Verlusten) S-Parameter der unkompensierten, doppelten Flip-Chip-Verbindung; die abgeschätzte Dämpfung der Zuleitungen beträgt bei 122,5 GHz 3,45 dB

Im direkten Vergleich sind die Reflexionsparameter der doppelten, kompensierten Verbindung (Bild 3.32) im gesamten Messbereich reduziert, wobei die gemessenen Reflexionsparameter nicht ganz so optimal sind wie die der Simulation. Vergleicht man dies jedoch mit den gemessenen Reflexionsparametern einer einfachen CPW-Leitung (Abschnitt 3.2.3), wird sichtbar, dass für die Teststruktur bereits ein sehr guter Wert erzielt wurde. Beim Betrachten des Transmissionsparameters zeigt sich, dass die Welligkeit deutlich reduziert wurde. Das Simulationsergebnis zeigt bis 140 GHz eine Dämpfung unterhalb von 0,5 dB pro Flip-Chip-Übergang. Die Messungen weisen ebenfalls auf eine minimale Dämpfung pro Übergang hin, da die Gesamtdämpfung der kompensierten Struktur bei 122 GHz 3,5 dB beträgt. Dies entspricht fast exakt der berechneten Dämpfung der Zuleitungen von 3,45 dB. Dabei muss jedoch berücksichtigt werden, dass die CPW-Leitungen in den Bereichen, in denen das zweite Substrat gegenübersteht, eine abweichende Dämpfung von der in Abschnitt 3.2.3 gemessenen haben können. Eine exakte Aussage über die Dämpfung pro Übergang lässt sich aufgrund der Messungenauigkeiten nicht treffen.

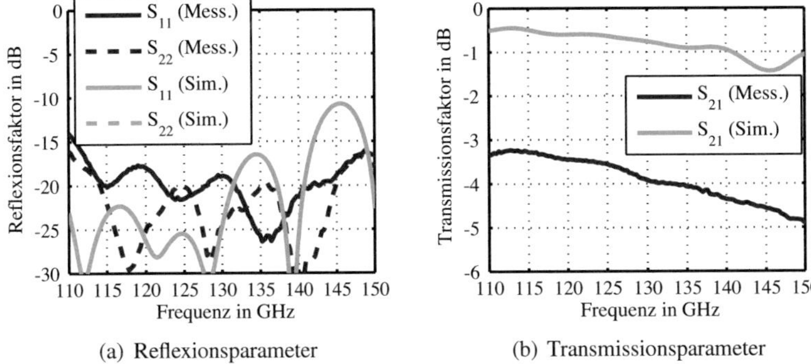

(a) Reflexionsparameter   (b) Transmissionsparameter

Bild 3.32.: Simulierte (verlustlos) und gemessene (inkl. Verlusten) S-Parameter der kompensierten, doppelten Flip-Chip-Verbindung; die abgeschätzte Dämpfung der Zuleitungen beträgt bei 122,5 GHz 3,45 dB

Die Messungen der doppelten Flip-Chip-Verbindungen zeigen bis auf geringe Abweichungen eine deutliche Übereinstimmung mit den Simulationsergebnissen. Folglich konnte die verwendete Modellierung der Übergänge mittels des 3D-Feldsimulationsprogramms CST Microwave Studio® verifiziert werden. Dies ermöglicht die Co-Simulation von Übergang und Antenne und damit eine gemeinsame Optimierung des Reflexionsparameters vom MMIC aus gesehen. Die Flip-Chip-Übergänge zeigen eine sehr geringe Reflexion, die sich mittels einer asymmetrischen Kompensationsschaltung in einem Frequenzbereich von 70 GHz bis 170 GHz weiter reduzieren lässt. Die Verluste eines einzelnen Übergangs sind sehr gering und somit aufgrund der Messungenauigkeiten nicht spezifizierbar. In Simulationen beträgt die -1 dB-Bandbreite eines Übergangs selbst bei der unkompensierten Verbindung 0 GHz bis 150 GHz. Somit zeigen die Übergänge ein extrem breitbandiges und nahezu ideales Verhalten. Auch die typischen Toleranzen eines Flip-Chip-Prozesses (Platzierungsungenauigkeit der Kugeln und Platzierungsgenauigkeit der beiden Schaltungsträger zueinander) führen zu keiner merklichen Abweichung der S-Parameter. Die Verbindung weist somit aus hochfrequenztechnischer Sicht ein extrem wünschenswertes Verhalten auf und bietet sich folglich als Verbindungstechnik mit hoher Bandbreite bis mindestens in den hohen Millimeterwellenbereich (500 GHz) an.

4. Messsystem für hochintegrierte Millimeterwellenantennen

Gewöhnlich werden Antennen, insbesondere im Mikrowellenbereich, auf einem rotierenden Messturm in einer Antennenmesskammer charakterisiert [Bal05]. Die Antenne wird dabei per Kabel an ein Messsystem angeschlossen. Durch den um seine Achse rotierenden Turm kann mit einer feststehenden Messantenne die Richtcharakteristik der AUT (Antenna Under Test) in der jeweiligen Ebene gemessen werden. Ein solcher Aufbau eignet sich jedoch nicht für hochintegrierte Antennen im Millimeterwellenbereich. Durch die geringen Abmessungen dieser Antennen ist es mechanisch oftmals nicht möglich, Übergänge auf Koaxialleiter oder Hohlleiter zu dimensionieren. Außerdem verfälschen diese Übergänge eine Impedanzmessung der Antennen sowie die gemessenen Richtdiagramme, da die Koaxialleiter oder Hohlleiter metallisch sind und größere Abmessungen als die Antenne selbst haben. Des Weiteren liegt die obere Grenzfrequenz des Koaxialkabels mit dem aktuell geringsten Durchmesser (1 mm) bei 110 GHz. Ab dem D-Band muss man daher auf Hohlleiter ausweichen. Dies schränkt die Genauigkeit einer Messung, die auf einem Hohlleiter-Antennen-Übergang basiert, zusätzlich ein, da diese Übergänge meist schmalbandig sind [HS08b] und eine große Ausdehnung des Antennensubstrats erfordern, um den notwendigen Abstand zwischen dem metallischen Hohlleiter und der Millimeterwellen-Antenne zu erzielen [HS08a].

Kontaktiert man die Antenne direkt mit Hochfrequenzmessspitzen umgeht man obige Problematik geschickt. Eine solche Methode bietet den Vorteil, das Anbringen eines Steckers oder Übergangs zu umgehen, der in der eigentlichen Aufbautechniklösung nicht notwendig ist. Auf diese Weise wird die Antenne direkt an der Stelle charakterisiert, an der sie später mit dem IC verbunden wird, um so eine möglichst exakte Messung der komplexen Fußpunktimpedanz der Antenne zu erzielen. Außerdem wird auf diese Weise ein im Vergleich zur Antenne großer, metallischer Hohlleiter in direkter Umgebung der Antenne vermieden. Eine solche Messmethode macht es jedoch unmöglich, die Antenne in einer gewöhnlichen Antennenmesskammer auf einem rotierenden

Turm zu messen. Die Bewegung des Turms und die daraus resultierenden Vibrationen könnten die Ausrichtung der Messspitzen auf dem Antennensubstrat beeinflussen und im ungünstigsten Fall die Messspitzen oder die Antenne beschädigen. Aus diesem Grund muss ein Aufbau realisiert werden, bei dem sich die Messspitzen und die AUT nicht bewegen.

4.1. Stand der Technik

Im Folgenden sollen die bisher veröffentlichten Messmethoden für hochintegrierte Antennen vorgestellt werden, bei denen die Antenne mit Messspitzen kontaktiert wird. In [SL99] werden erstmals Antennen im Frequenzbereich bis 40 GHz direkt mit einer Messspitze gespeist. Das System wird dabei auf die Enden der Messspitzen kalibriert, um so eine korrekte Messung der Antennenimpedanz zu ermöglichen. Zur Messung des Gewinns der Antenne werden zwei baugleiche Antennen in einem Abstand R entfernt aufeinander ausgerichtet. Auf diese Weise kann bei bekanntem Abstand R der Gewinn in Hauptstrahlrichtung berechnet werden. Die Antennen werden dabei auf einem schaumähnlichen Stoff und nicht auf einer metallischen Probe-Station positioniert, um Reflexionen zu vermeiden.

In [Sim02] wird erstmals die Richtcharakteristik von hochintegrierten Antennen im Frequenzbereich 18 GHz-26,5 GHz in einer Halbebene vermessen. Dabei liegt die AUT auf einer gewöhnlichen Probe-Station, die mit einem Mikrowellenabsorber bedeckt ist. Eine Messantenne bestehend aus einem offenen WR42-Hohlleiter wird an einem Plexiglasarm befestigt. Dieser rotiert durch einen Schrittmotor um die AUT und misst so deren Richtcharakteristik in der Halbebene über der Probe-Station. Beeinträchtigt wird die Messung durch die metallischen Teile der Probe-Station und des Positioniertisches, die nur teilweise mit Absorbermaterial bedeckt werden können. In einem darauf aufbauenden System [AvDH07] für Antennen bis 67 GHz wurden die Reflexionen reduziert, indem metallische Flächen möglichst komplett mit absorbierenden Materialien bedeckt wurden. In diesem System können beliebige Schnittebenen einer Halbenene gemessen werden, indem die Befestigung des Dreharms auf einer kreisrunden Schiene manuell bewegt wird. Ein ähnlicher Aufbau für Antennen im Frequenzbereich 2 GHz-40 GHz wird in [VCBH$^+$08] vorgestellt. Dabei befindet sich unterhalb der AUT eine Kavität, die mit Absorbermaterial ausgelegt ist. So sollen Reflexionen, die sonst an der Probe-Station entstehen würden, unterbunden werden. Auch hier können zwei Schnittebenen in einem Halbraum gemessen werden. Der Arm, an dem die Messantenne befestigt wird, kann dabei in seiner Länge verstellt werden, so dass ein Antennenabstand von bis zu 1,5 m erreicht wird.

In [SRFT08] wird ein Aufbau vorgestellt, der auf einer Nahfeld-Fernfeld-Transformation beruht. Eine Nahfeld-Messprobe wird dabei in einem sehr geringen Abstand über der AUT positioniert, um so deren Nahfeld zu vermessen. Aus diesem wird dann das Fernfeld berechnet. Der Aufbau ist dabei für Antennen im Frequenzbereich um 24 GHz dimensioniert. Der erlaubte maximale Abstand von AUT zu Nahfeld-Messprobe ($\approx \lambda_0/5$) erschwert jedoch eine Messung für höhere Frequenzen. Auch in diesem Aufbau kann nur eine Halbebene vermessen werden. Außerdem beeinträchtigen die metallischen Teile der Probe-Station das Messergebnis.

In [ZBP$^+$04] wird erstmals die AUT quasi freischwebend in Luft vermessen, ohne eine Probe-Station mit metallischen Teilen. Eine 60 GHz Antenne auf Keramiksubstrat wird mit einer Klemmhaltung an den Rändern des Keramiksubstrats fixiert und von den Messspitzen kontaktiert. Um die AUT herum rotiert ein WR15-Hohlleiterarm, an dem eine Messantenne befestigt ist. Diese befindet sich in einem Abstand von 38 cm zur AUT. Je nach Ebene, die gemessen werden soll, wird der Drehtisch an einem anderen Punkt an Boden oder Wand angebracht. Auf diese Weise können 3 Schnittebenen der Richtcharakteristik ganz bzw. teilweise vermessen werden. Durch das Anbringen eines Referenzhorns mit bekanntem Gewinn anstatt der AUT wird eine Gewinnkalibration durchgeführt, um den korrekten Gewinn zu berechnen. Die komplexe Fußpunktimpedanz der Antenne kann im selben Aufbau gemessen werden, da ein vektorieller Netzwerkanalysator verwendet wird. Ein ähnliches System, das ebenfalls auf einem rotierenden WR15-Hohlleiterarm basiert, wird in [ITO$^+$09] vorgestellt. Dieser Aufbau ist in eine reflexionsfreie Kammer integriert. Auch in diesem Fall können drei Schnittebenen gemessen werden, je nachdem an welcher Stelle der Drehmotor befestigt wird. Eine Messspitze mit 5 Kontakten wird verwendet, um eine symmetrische Antenne ohne Balun zu vermessen. Ein weiteres ähnliches System wird in [MABE$^+$11] vorgestellt. In diesem Fall können beliebige vertikale Schnittebenen vermessen werden, da der Drehmotor an einer runden Schiene befestigt ist, die um die AUT positioniert ist.

Ein System, bei dem die 3-D Richtcharakteristik fast vollständig gemessen werden kann, wird in [RKI$^+$09] vorgestellt. Dies wird dadurch erreicht, dass sich die Messantenne an einem System mit zwei Armen um die AUT herum bewegt. Auch in diesem Fall wird die AUT quasi freischwebend in Luft vermessen, um Reflexionen möglichst zu unterbinden. In diesem Aufbau wird jedoch nur ein Antennenabstand von 19,5 cm erreicht, welcher für direktive Antennen den minimalen Fernfeldabstand unterschreitet. Eine Gewinnkalibration wird dadurch erreicht, dass beide Anschlüsse des Testsystems direkt miteinander verbunden werden und der Gewinn so bei bekanntem Antennenabstand berechnet wird. Dazu müssen jedoch einige Kabel von den Armen sowie die Messspitze auf der AUT-Seite abmontiert werden. Die Messspitze wird dabei von einem 1,85 mm-Koaxialkabel gespeist, wodurch Antennen bis 67 GHz charakterisiert werden können. In [TFLJ11] wird eine überarbeitete Kalibrationsmethode des Aufbaus vorgestellt, die automatisch Leistungsmesser auf Sende- und Empfangsseite ausliest. Es wird jedoch weiterhin nur eine skalare Messung mit Signalgenerator und Spektrumanalysator durchgeführt, was eine komplexe Impedanzmessung sowie eine mögliche Zeitbereichsreflektometrie und damit ein Gating der Messergebnisse ausschließt.

4.2. Entwickelter Messaufbau

Innerhalb dieser Arbeit wurde ein Messaufbau entwickelt und aufgebaut, der die Vorteile der beiden Anordnungen [ZBP⁺04] und [RKI⁺09] verbindet. Die Messantenne wird ebenfalls an einem 2-Arm-System mit zwei Drehmotoren um die AUT bewegt, siehe Bild 4.1. Auf diese Weise kann fast die vollständige 3-D Richtcharakteristik in beiden Polarisationen gemessen werden. In diesem Aufbau wird jedoch ein größerer Antennenabstand von 75 cm erreicht, der es erlaubt, Antennen mit Aperturgrößen bis zu 3,0 cm bei 122,5 GHz zu charakterisieren. Dadurch können komplette Antennengruppen und auch gesamte Gehäuselösungen zusammen mit einer Linse oder einem Reflektor gemessen werden. Zur exakten Gewinnkalibration wird die in [ZBP⁺04] vorgestellte Methode verwendet, bei der ein Referenzhorn an die Stelle des AUT angebracht wird. Außerdem kann in diesem Aufbau die korrekte Impedanz der Antenne direkt am Aufbau gemessen werden, da ein vektorieller Netzwerkanalysator verwendet wird und eine spezielle Vakuumhalterung gefertigt wurde, die es erlaubt, die Messspitzen im Aufbau auf ihre Enden zu kalibrieren. Mit dem Aufbau kann die komplexe Impedanz, der Gewinn und die 3-D Richtcharakteristik von hochintegrierten Antennen gemessen werden. Der vorgestellte Aufbau wurde ab 2009 für Antennenmessungen im Frequenzbereich 50 GHz bis 110 GHz verwendet, wobei die Hohlleiterbänder 50 GHz bis 75 GHz und 75 GHz bis 110 GHz jeweils getrennt gemessen werden [2], [10, 14, 16, 34]. Im Jahr 2010 wurde das System für Messungen im Bereich 110 GHz bis 170 GHz erweitert [20], und im Jahr 2012 für Messungen im Bereich 220 GHz bis 325 GHz [46].

Das System ist dadurch das aktuell einzig bekannte, das Antennen in mehreren Frequenzbändern und vor allem oberhalb von 75 GHz charakterisieren kann. Da in der vorliegenden Arbeit Antennen im D-Band präsentiert werden, soll im Folgenden die Messmethodik für diesen Frequenzbereich genauer erläutert werden.

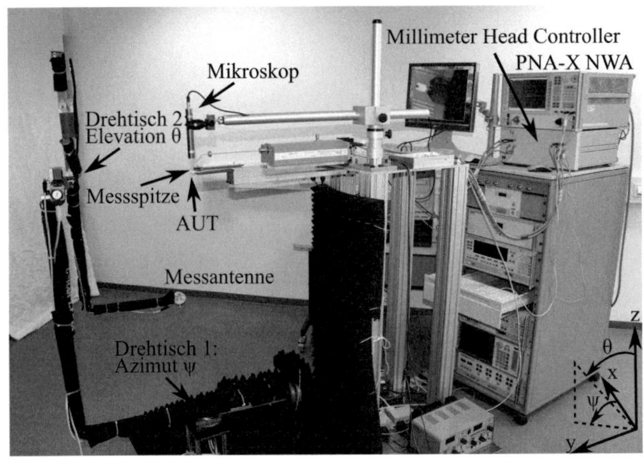

Bild 4.1.: Messaufbau für hochintegrierte Antennen

4.2.1. Mechanische Beschreibung

Der realisierte Aufbau ist in Bild 4.1 dargestellt. Im Mittelpunkt der Anordnung wird die AUT positioniert. Je nach Antennenart können verschiedene Halterungen verwendet werden. Omnidirektionale Antennen werden an ihrem Substratende an einem Hartschaumstoff befestigt, während sich der abstrahlende Teil der Antenne in Luft befindet. Dieser Schaumstoff hat eine sehr geringe Dielektrizitätskonstante ($\leq 1,1$) und einen geringen Verlustfaktor ($\leq 0,001$) und ähnelt dadurch aus elektromagnetischer Sicht Luft. Der Schaumstoff selbst wird an einem Kunststoffarm befestigt, der vom Messtisch aus zum Mittelpunkt des Aufbaus führt. Auch Endfire-Antennen sowie Antennen, die senkrecht zum Substrat abstrahlen, jedoch auf die gegenüberliegende Seite der Speiseleitung, wurden bereits erfolgreich auf diese Weise befestigt und vermessen. Im Fall von sehr kurzen Speiseleitungen der Antennen werden diese komplett auf dem Hartschaumstoff angebracht und strahlen ggf. durch diesen hindurch (siehe Bild 4.2(a)). Antennen, die senkrecht nach oben abstrahlen und ohnehin eine reflektierende Massefläche auf der Unterseite haben, können mit der metallischen Vakuumhalterung befestigt werden, die auch für die Kalibration des Systems auf die Enden der Messspitzen verwendet wird (siehe Bild 4.2(b)).

(a) Befestigung an Hartschaumstoff

(b) Befestigung an der Vakuumhalterung

Bild 4.2.: Befestigung der zu vermessenden Antenne

Direkt oberhalb der AUT wird an einem weiteren Kunstoffarm die Messspitze angebracht. Dieser Kunststoffarm ist an einem 3D-Positioniertisch (Süss Microtec PH250) befestigt (siehe Bild 4.3). Dadurch lässt sich die Messspitze, wie von einer herkömmlichen Probe-Station gewohnt, exakt auf die AUT ausrichten und eine hochgenaue Kontaktierung wird ermöglicht. Die Ausrichtung der Messspitze wird dabei von einem mobilen Digitalmikroskop überwacht, das bei Anschluss an einen PC eine bis zu 330-fache Vergrößerung liefert. Dieses Digitalmikroskop ist an einem zusätzlichen Arm befestigt, der sich während der Messung aus dem Messbereich drehen lässt.

In der senkrechten Achse genau unterhalb der AUT ist der erste Drehtisch befestigt (Bild 4.1). An diesem ist auf einer Seite der erste Arm angebracht und auf der Gegenseite ein Ausgleichsgewicht. Am Ende des ersten Arms ist der zweite Drehtisch befestigt. Dieser befindet sich exakt in der horizontalen Achse des AUT. Am zweiten Drehtisch ist der Arm 2 und an dessen Ende die Messantenne und der harmonische Mischer des Empfangspfads befestigt. Auf der Gegenseite ist ebenfalls ein Ausgleichsgewicht angebracht. Die Arme wurden speziell für das Messsystem aus Carbon gefertigt, ein möglichst leichtes Material mit hoher Torsions- und Reflexionsdämpfung.

Durch die beiden Drehachsen, die jeweils den beiden Raumwinkeln Azimuth ψ (Drehtisch 1) und Elevation θ (Drehtisch 2) entsprechen, kann die Messantenne eine Kugeloberfläche um die AUT herum abfahren. So ist es möglich, entwe-

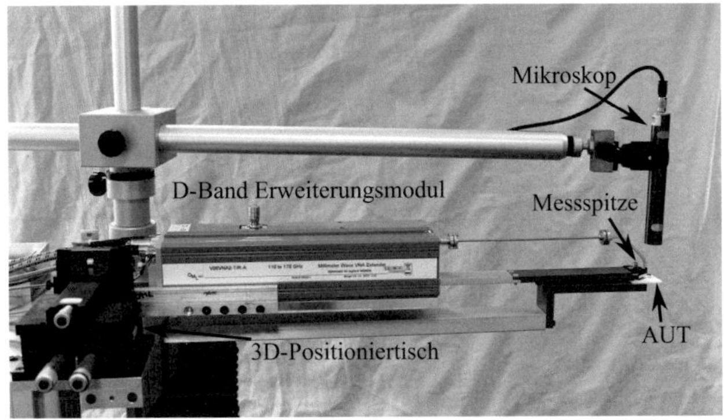

Bild 4.3.: Befestigung von Messspitzen und Erweiterungsmodul an 3-D Positioniertisch

der nahezu die komplette 3-D Richtcharakteristik oder, ohne jegliche Umbaumaßnahmen, drei Schnittebenen zu messen. Die Befestigung der Messantenne lässt sich um 90° drehen, um beide Polarisationsrichtungen messen zu können (siehe Bild 4.4). Der Drehbereich der Arme ist teilweise durch den Messtisch blockiert. Deshalb können zwei der drei Schnittebenen nicht vollständig gemessen werden. Die xz-Ebene, die senkrecht zu den Befestigungsarmen von Messspitze und AUT liegt, kann komplett gemessen werden. Die yz-Ebene, die parallel zu diesen Armen liegt, kann einem Winkelbereich von insgesamt 255° und die xy-Ebene in einem Winkelbereich von 270° gemessen werden. Der gesamte Aufbau ist 1 m breit und 1,2 m lang. Im Betrieb benötigen die ausgefahrenen Arme noch weitere 0,6 m in Längsrichtung und jeweils 0,3 m auf beiden Seiten. Der Aufbau wurde auf einer Palette befestigt, um so einen einfachen Transport zu ermöglichen. Die Drehmotoren werden über ein eigens entwickeltes MATLAB®-Programm [Mat12] mit grafischer Benutzeroberfläche gesteuert, das auch alle Messgeräte ansteuert sowie die notwendigen Kalibrationsberechungen durchführt.

4.2.2. Messtechnische Beschreibung

Der beschriebene Aufbau ist in Bild 4.5, aus messtechnischer Sicht vereinfacht, dargestellt. Für S-Parameter-Messungen von Komponenten oberhalb 110 GHz werden in der Regel externe Erweiterungsmodule an Netzwerkanalysatoren angeschlossen. Im dargestellten System wird ein Agilent PNA-X Netzwerkanalysator (N5242A) verwendet, der zusammen mit einem Millimeter Head Control-

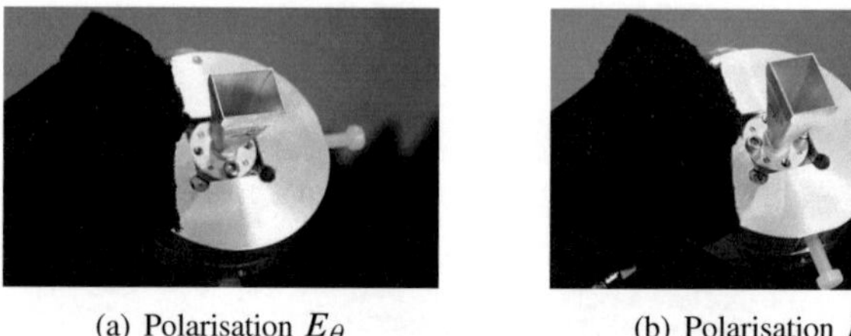

(a) Polarisation E_θ (b) Polarisation E_ψ

Bild 4.4.: Drehbare Befestigung der Messantenne

ler (N5261A) D-Band Erweiterungsmodule der Firma OML (V06VNA2-T/R-A) ansteuert. Diese ermöglichen vektorielle Messungen im Frequenzbereich von 110 GHz bis 170 GHz. Ein solches Modul wird sendeseitig verwendet und mittels Hohlleitern an eine D-Band-Messspitze der Firma GGB (170BT-M) angeschlossen. Mit dieser Messspitze wird die AUT kontaktiert. Nach Kalibration auf die Enden der Messspitzen kann somit direkt die komplexe Antennenimpedanz bestimmt werden.

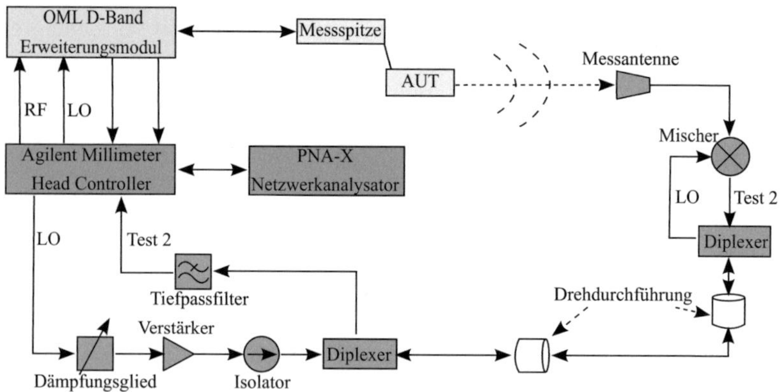

Bild 4.5.: Messkonzept

Um das Richtdiagramm der AUT zu bestimmen, dreht sich wie beschrieben empfangsseitig eine Hornantenne an den beiden Dreharmen auf einer Kugeloberfläche um die AUT. Durch das hohe Gewicht des D-Band Erweiterungsmoduls kann dieses jedoch nicht zusammen mit der Hornantenne an den Dreharmen befestigt werden. Um auch empfangsseitig ein kommerziell erhältliches Erweiterungsmodul zu nutzen, müsste man folglich das empfangene Signal im Frequenzbereich 110 GHz bis 170 GHz an beiden Armen entlang durch beide Drehachsen führen. Dies ist nicht möglich, da keine WR-6 Hohlleiter Drehdurchführungen existieren. Aus diesem Grund wurde empfangsseitig ein Empfangsmodul modular aufgebaut. Ein harmonischer Mischer mit den selben Kenndaten wie der im D-Band Erweiterungsmodul eingebaute Mischer wird direkt an den Dreharmen an die Hornantenne angebracht. Das empfangene Signal wird somit direkt auf eine Zwischenfrequenz von 7,606 MHz abwärts gemischt. Der harmonische Mischer beinhaltet außerdem einen Diplexer, der das LO-(Lokaloszillator) sowie das ZF-Signal (Zwischenfrequenz) auf denselben koaxialen Anschluss führt. Dadurch muss nur ein Koaxialkabel mittels Drehkupplungen durch die beiden Drechachsen geführt werden. Das Signal wird anschließend mit einem weiteren Diplexer wieder aufgeteilt. Das ZF-Signal wird tiefpassgefiltert und direkt an den Test-Eingang des Millimeter Head Controller gegeben. Das von dem Millimeter Head Controller kommende LO-Signal im Frequenzbereich 11 GHz bis 17 GHz wird über ein einstellbares Dämpfungsglied, sowie einen Verstärker und einen Isolator zum Diplexer geführt. Mit dem einstellbaren Dämpfungsglied wird der erforderte LO-Signalpegel am harmonischen Mischer eingestellt. Das modulare Empfangsmodul mit Ausnahme des harmonischen Mischers, der direkt an der Hornantenne angebracht ist, ist in Bild 4.6 dargestellt.

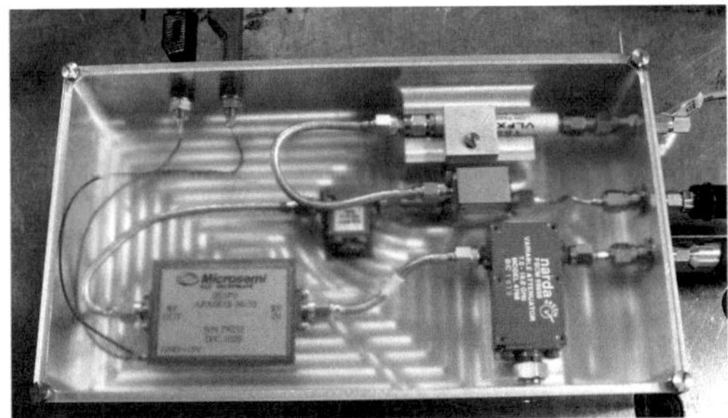

Bild 4.6.: Modulares Empfangsmodul, bestehend aus einstellbarem Dämpfungsglied und LO-Verstärker, einem Isolator, dem Tiefpassfilter für das ZF-Signal sowie einem Diplexer um beide Signale über ein Koaxialkabel zum harmonischen Mischer zu führen.

Der verwendete harmonische Mischer wurde speziell für das Messsystem von der Firma Radiometer Physics GmbH gefertigt und erfüllt die folgenden erforderlichen Kenndaten, um an Stelle eines OML Erweiterungsmoduls eingesetzt zu werden:

– RF (Radio Frequency) Frequenzbereich: 110 GHz bis 170 GHz

- LO Frequenzbereich: 11 GHz bis 17 GHz

- harmonischer LO-Multiplikator: 10

- ZF Frequenzbereich 5 MHz bis 500 MHz

Der erforderliche LO-Pegel am Mischer beträgt 13,2 dBm bis 13,7 dBm. Da der Millimeter Head Controller jedoch nur einen Pegel um 9 dBm ausgibt und da der LO-Signalpfad sehr verlustbehaftet ist, wird ein Verstärker mit einer typischen Verstärkung von 30 dB und einem 1 dB-Kompressionspunkt von 30 dBm verwendet. Der Lokaloszillatorpegelplan bei korrekt eingestellem Dämpfungsglied ist in Tabelle 4.1 dargestellt. Der verwendete Verstärker hat eine im nutzbaren Bereich gegenüber der Frequenz steigende Verstärkung, was zu einem höheren Pegel am Ausgang des Isolators bei 17 GHz führt.

Komponente	Pegel bei 11 GHz	Pegel bei 17 GHz
Ausgang Millimeter Controller	9,8 dBm	8,8 dBm
Ausgang Isolator	20,8 dBm	21,4 dBm
Eingang Mischer	14,2 dBm	13,2 dBm

Tabelle 4.1.: Pegelplan des Lokaloszillatorpfades

4.3. Kalibration

Ein großer Vorteil des Messsystems ist, dass eine vektorielle Messung durchgeführt wird. Dies ermöglicht nicht nur eine kalibrierte Messung der Antennenimpedanz im selben System, sondern auch eine sehr genaue Gewinnkalibration. Systeme, die nur skalare Messungen verwenden (z.B. [TFLJ11]), können einerseits die Antennenimpedanz nicht im selben Aufbau messen und außerdem den Gewinn nicht exakt kalibrieren, da die Verluste der Messspitzen nicht messtechnisch ermittelt werden. Die verwendete Kalibrationsmethode wurde erstmals in [ZBP⁺04] beschrieben und ist in [LPGG09] ausführlich erläutert. Zum Verständnis des hier beschriebenen Systems sowie zur Einschätzung der Genauigkeit wird diese Kalibrationsmethode im Folgenden dargestellt, aufbauend auf einem vereinfachten Blockschaltbild, dass das System bei einer AUT-Messung zeigt (Bild 4.7).

Der erste Schritt eines Messvorgangs besteht darin, das Messsystem auf der Senderseite auf den Hohlleiterausgang des D-Band Erweiterungsmoduls zu kalibrieren (siehe Bild 4.8). Dieser Kalibrationsvorgang wird mit einem

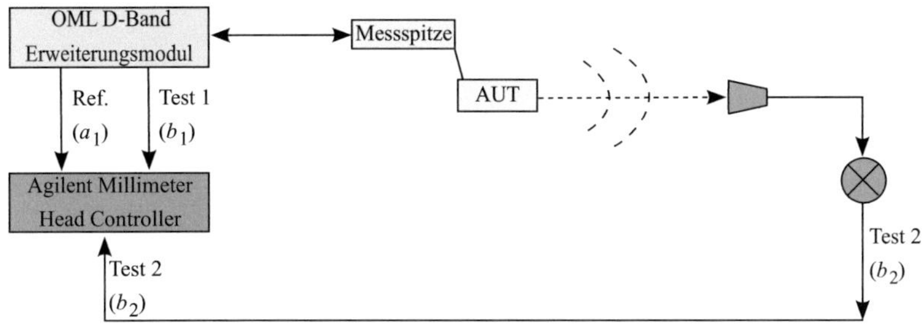

Bild 4.7.: Messung einer AUT

Hohlleiter-Cal-Set direkt im Menü des Netzwerkanalysators vorgenommen. Alle weiteren Kalibrationsschritte werden mit dem selbst programmierten MATLAB®-Programm durchgeführt. Um den korrekten Gewinn der hochintegrierten Antenne berechnen zu können, muss im zweiten Schritt eine Gewinnkalibration vorgenommen werden (Bild 4.9). Diese dient dazu, die Freiraumdämpfung sowie alle Übertragungsverluste im Messsystem aus der Messung herauszurechnen. Hierfür wird an die selbe Position, an der sich sonst die AUT befindet, ein Referenzhorn mit bekanntem Gewinn G_{Horn} angebracht (siehe Bild 4.10). Um dies zu ermöglichen, wurde ein speziell gebogener Hohlleiter angefertigt, der die Wegdifferenz ausgleicht, die bei der normalen Messung der gerade Hohlleiter und die Messspitze verursachen. Die Verluste $G_{\mathrm{Hohlleiter}}$ dieses Hohlleiters müssen ebenso bekannt sein, da die vorige Kalibration vor dem Anschluss dieses Hohlleiters durchgeführt wird, und werden mit dem Gewinn der Hornantenne verrechnet. Insgesamt ergibt sich folglich der Gesamtgewinn

$$G_{\mathrm{kal}} = G_{\mathrm{Horn}} \cdot G_{\mathrm{Hohlleiter}}.$$

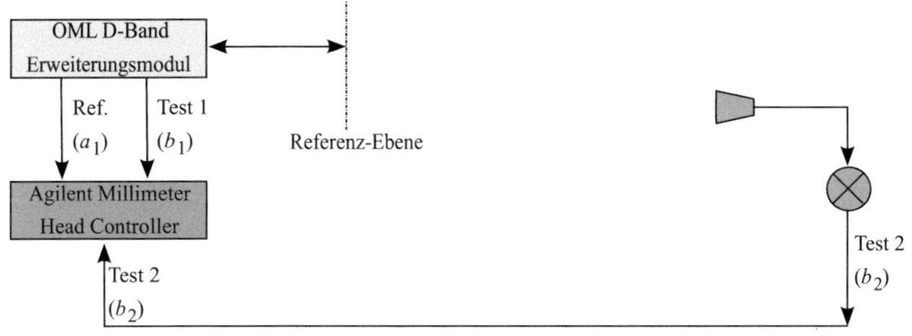

Bild 4.8.: 1-Tor Hohlleiterkalibration am Ausgang des Erweiterungsmoduls

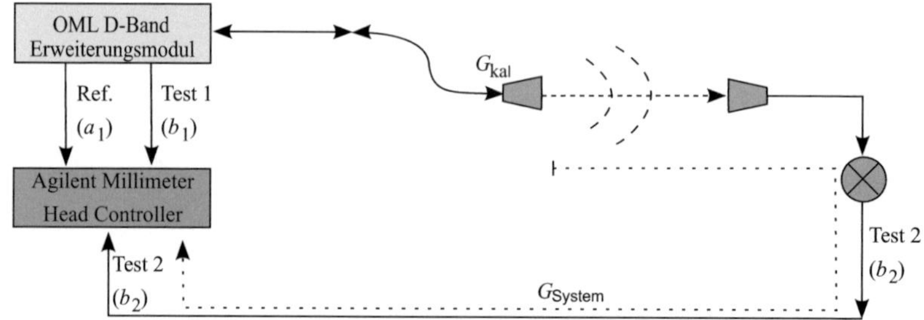

Bild 4.9.: Gewinnkalibration

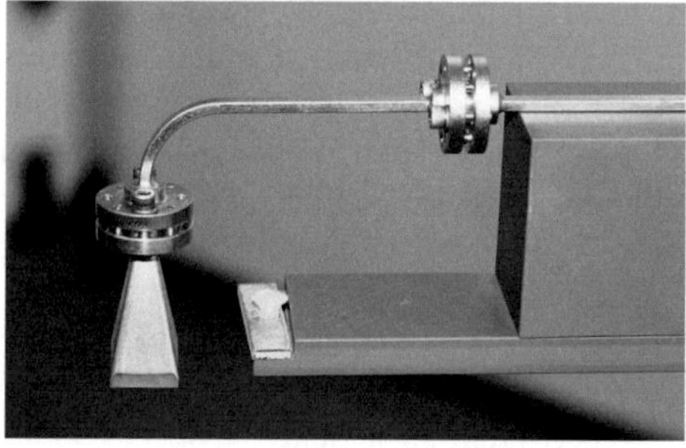

Bild 4.10.: Gewinnkalibration mit Hilfe eines Referenzhorns

Aus dem Ergebnis $S_{21,\text{kal}}$ der Transmissionsmessung des Referenzhorns lassen sich dann die Systemverluste G_{System}, die die Freiraumdämpfung, den Gewinn der Messantenne und die Verluste im Messsystem auf der Empfangsseite beinhalten, berechnen.

$$G_{\text{System}} = \frac{|S_{21,\text{kal}}|^2}{G_{\text{kal}}} \tag{4.1}$$

Um den korrekten Gewinn einer von einer Messspitze kontaktierten AUT bestimmen zu können, ist es zudem notwendig die Verluste der verwendeten Hohlleitermessspitze G_{Probe} zu kennen. Diese werden im anschließend durchgeführten dritten Kalibrationsschritt bestimmt. Mit Hilfe dieser Werte kann schlussendlich der korrekte Gewinn G_{AUT} der hochintegrierten Antenne berechnet werden. Dieser ergibt sich als

$$G_{\mathrm{AUT}} = \frac{|S_{21,\mathrm{m}}|^2}{G_{\mathrm{System}} \cdot G_{\mathrm{Probe}}} \,, \tag{4.2}$$

wobei $S_{21,\mathrm{m}}$ der Messwert der Transmissionsmessung der AUT ist.

Der dritte Kalibrationsschritt, der einerseits die Verluste der Hohlleitermessspitze G_{Probe} bestimmt sowie eine kalibrierte Messung der komplexen Antennenimpedanz ermöglicht, ist eine 1-Tor OSL-Kalibration auf die Enden der Hohlleitermessspitzen (Bild 4.11). Ausgehend von der im ersten Schritt durchgeführten Kalibration auf den Hohlleiterausgang des D-Band Erweiterungsmoduls können die nachfolgenden Elemente (gerader Hohlleiter und Hohlleitermessspitzen) mit einem Fehlerzweitor beschrieben werden [TWK98]. Das Fehlerzweitor und die vier Fehlerkoeffizienten sind in Bild 4.12 dargestellt. Um die drei Koeffizienten e_{00}, e_{11} und $e_{10}e_{01}$ zu bestimmen, müssen drei Messungen bekannter Standards durchgeführt werden. In diesem Fall wird die klassische 3-Term-Fehlerkorrektur, die OSL-Kalibration, durchgeführt. Mit den Messungen der drei bekannten Standards Leerlauf (O), Kurzschluss (S) und angepasster Abschluss (L) können dann die drei Fehlerterme bestimmt werden. In Bild 4.13 ist dargestellt, wie ein Kalibrationssubstrat an Stelle der AUT von der Messspitze kontaktiert wird. Um diesen Kalibrationsvorgang direkt am Aufbau vornehmen zu können, wurde eine Vakuumhalterung gefertigt. Diese kann an Stelle des Kunststoffarms, an dem sonst die AUT befestigt wird, am Messaufbau angebracht werden. Das für die D-Band-Messungen bei einem Abstand zwischen den Spitzen von $100\,\mu\mathrm{m}$ verwendete Kalibrationssubstrat ist das CS-15 der Firma GGB.

Basierend auf diesem Fehlerzweitor lässt sich der korrekte Reflexionsfaktor r_{AUT} aus dem Messwert r_{M} berechnen durch

$$r_{\mathrm{AUT}} = \frac{r_{\mathrm{M}} - e_{00}}{e_{11}(r_{\mathrm{M}} - e_{00}) + e_{10}e_{01}} \,. \tag{4.3}$$

Der zur Gewinnkalibration notwendige Term G_{Probe} wird durch das Produkt von e_{10} und e_{01} bestimmt. Da es sich um passive Strukturen handelt, kann eine perfekte Reziprozität angenommen werden ($e_{10} = e_{01}$), und die gesuchten Verluste ergeben sich folglich als $G_{\mathrm{Probe}} = e_{10}e_{01}$.

Es ist aus zwei Gründen vorteilhaft die Kalibrationsschritte in der beschriebenen Reihenfolge durchzuführen. Einerseits sind für die Gewinnkalibration wesentlich mehr Umbaumaßnahmen am Messaufbau nötig, andererseits wird in diesem Schritt keine Phasenmessung benötigt. Der S_{11}-Kalibrationsvorgang dagegen hängt von der Phase ab und sollte deshalb direkt vor oder direkt nach der Messung der AUT durchgeführt werden.

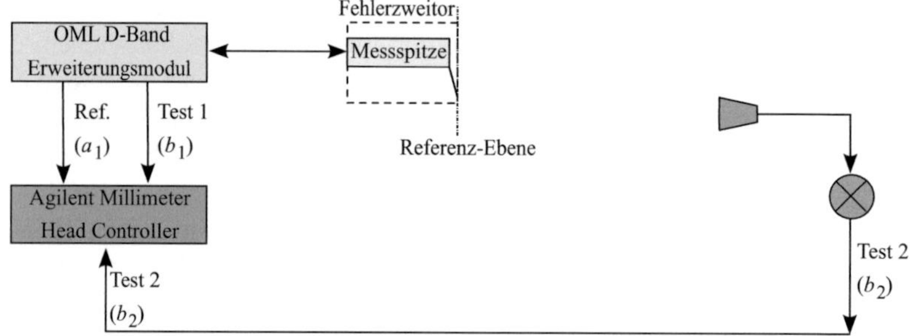

Bild 4.11.: 1-Tor OSL-Kalibration auf die Enden der Hohlleitermessspitze

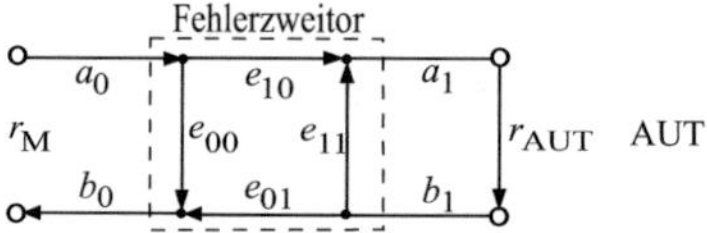

Bild 4.12.: Fehlerkoeffizienten bei einer 1-Tor Kalibration

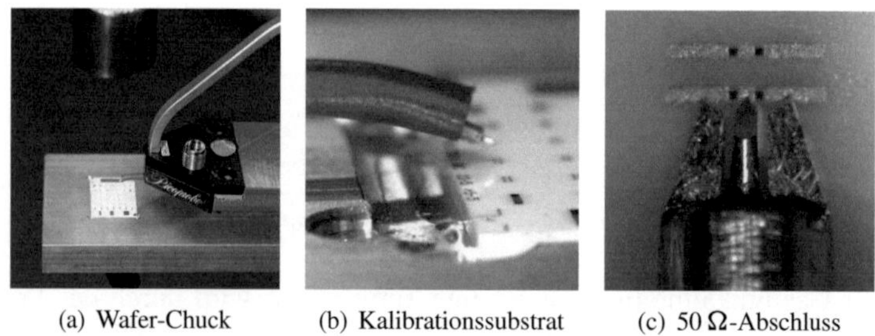

(a) Wafer-Chuck   (b) Kalibrationssubstrat   (c) 50 Ω-Abschluss

Bild 4.13.: S_{11}-Kalibration mit Hilfe eines Kalibrationssubstrats

4.4. Dynamikbereich des Messsystems

Der Dynamikbereich der verwendeten Messgeräte ist begrenzt durch den maximalen Eingangspegel des harmonischen Mischers auf Seite der Messantenne sowie durch den minimal messbaren ZF-Signalpegel des Netzwerkanalysators, die jeweils gegeben sind mit +3 dBm und dem thermischen Rauschen von -154 dBm bei der verwendeten ZF-Bandbreite von 100 Hz. Im vorgestellten Antennenmessaufbau kommen jedoch noch zwei weitere Faktoren zum Tragen, die den Dynamikbereich einschränken. Zum einen ist der Dynamikbereich nach oben hin durch die maximale Aperturgröße beschränkt, zum anderen strahlen die Messspitzen selbst ab und reduzieren somit den Dynamikbereich nach unten hin.

4.4.1. Pegelplan des Transmissionspfades

In Tabelle 4.2 dargestellt ist der Pegelplan des Transmissionspfades bei 122,5 GHz für einen beispielhaften Gewinn der AUT von 0 dBi. Die angegebenen Werte sind so weit wie möglich gemessen. Der Ausgangspegel des OML Erweiterungsmoduls, sowie der Gewinn der Hornantenne, und der Konversionsverlust des Mischers sind den Datenblättern entnommen. Ab dem harmonischen Mischer wird die ZF-Frequenz 7,606 MHz angenommen. Auf der Empfangsseite wird der größte Verlust durch den harmonischen Mischer verursacht. Weitere Verluste sind aufgrund der tiefen ZF-Frequenz vernachlässigbar.

Der maximale Gewinn, den eine AUT haben dürfte bevor der harmonische Mischer seinen maximalen Eingangspegel (+3 dBm) erreicht, ist durch +74,2 dBi gegeben. Tatsächlich wird der maximale Gewinn jedoch durch den Antennenabstand selbst begrenzt. Nach

$$r_{\mathrm{SE}} \geq \frac{2D_{\mathrm{E}}^2}{\lambda}$$

ist die maximale Aperturlänge D_{E} der AUT bei einem Fernfeldabstand von $r_{\mathrm{SE}} = 75$ cm und einer Frequenz von 122,5 GHz ca. 3,0 cm. Bei einer Antennenwirkfläche von $A_w = (3{,}0\,\mathrm{cm})^2 \approx 9{,}0\,\mathrm{cm}^2$ würde sich nach

$$G - \frac{4\pi}{\lambda^2}A_w$$

Komponente	Eingangs-pegel (dBm)	Verstärkung (dB)	Ausgangs-pegel (dBm)
OML Erweiterungs-modul			-20,0
Hohlleiter und Hohl-leitermessspitze	-20,0	-4,4	-24,4
AUT	-24,4	0,0	-24,4
Freiraumdämpfung	-24,4	-71,1	-96,1
Hornantenne	-96,1	23,0	-73,1
Isolator und har-monischer Mischer	-73,1	-34	-107,1
Koaxialkabel Drehdurchführungen	-107,1	-0,1	-107,2
Diplexer, Tiefpass-filter	-107,2	-0,2	-107,4
Millimeter Head Controller	-107,4		

Tabelle 4.2.: Pegelplan des Transmissionspfades bei 122,5 GHz für $G_{AUT} = 0\,dBi$

ein Gewinn von ca. 32,8 dBi ergeben. In diesem Fall wird eine Apertureffizienz von 100% angenommen. Dieser Wert stellt somit die theoretisch obere Grenze des Dynamikbereichs dar. Prinzipiell gilt diese obere Grenze vor allem für sehr stark ausgedehnte Antennengruppen. Linsen und Reflektoren stellen einen Sonderfall dar, da sie direkt eine ebene Welle erzeugen und somit trotz Verletzung der Fernfeldbedingung vermessen werden können. Dies muss jedoch im Einzelfall analysiert werden. Die untere Grenze des Dynamikbereichs des Messsystems ist durch die Empfindlichkeit der Test-Eingänge des Netzwerkanalysators gegeben, die dem thermischen Rauschpegel in Abhängigkeit von der Messbandbreite entspricht (z.B. -154 dBm bei 100 Hz). Der minimal messbare Signalpegel wird somit bei einem Antennengewinn von -46,6 dBi erreicht.

4.4.2. Abstrahlung der Messspitzen

Im vorgestellten Aufbau erhöht jedoch ein weiteres Phänomen die untere Grenze des Dynamikbereichs. Die Hochfrequenzmessspitze, die zum Kontaktieren der AUT genutzt wird, strahlt selbst ebenfalls ab. Die gemessene

Feldstärke bei Messung einer AUT ist somit genauer gesagt die Summe der Feldstärken der AUT und der Messspitze. Aus diesem Grund ist es sehr wichtig, den maximalen Gewinn der Messspitze und deren Richtcharakteristik zu kennen. Die Abstrahlung der Messspitzen ist jedoch vermutlich stark abhängig von der Struktur, die sie kontaktiert. Bei perfekt angepassten 50 Ω Leitungen, die man bei vielen Antennen annehmen kann, wird eine geringe Abstrahlung erwartet. Eine Worst-Case-Abschätzung, also eine maximale Abstrahlung der Messspitzen, erhält man dagegen bei Messung einer Messspitze, die nichts kontaktiert (open in air). Diese Abstrahlung wurde in 3 Schnittebenen in jeweils beiden Polarisationen bei 122,5 GHz gemessen und ist in Bild 4.14 dargestellt. Dabei wurden zwei verschiedene Messspitzen mit den selben Kenndaten (100 μm Abstand zwischen den Spitzen) gemessen.

Es ist deutlich erkennbar, dass die Abstrahlung der Messspitzen richtungs- und polarisationsabhängig ist. Die maximal gemessene Abstrahlung der Messspitze kann in der yz-Ebene in der Polarisation E_ψ beobachtet werden. Für den Winkel -115° ergibt sich ein Gewinn von ca. -12 dBi. Dieser Fall legt gleichzeitig die untere Grenze des Dynamikbereichs des gesamten Messaufbaus bei Messung mit Messspitzen fest. Es ist jedoch zu erwarten, dass die Abstrahlung der Messspitzen bei Kontaktierung einer Antenne geringer ausfällt.

4.5. Verifikationsmessung: Richtcharakteristik des Referenzhorns

Zur Verifikation des Messsystems wurde die Richtcharakteristik des Referenzhorns (Bild 4.10) gemessen. In Bild 4.15 dargestellt sind die gemessenen Richtcharakteristiken in H- und E-Ebene. Das Referenzhorn wurde außerdem in einem Feldsimulationsprogramm modelliert, um einerseits die gemessenen Richtdiagramme beurteilen zu können und andererseits die Herstellerangaben bzgl. des Gewinns zu verifizieren. Es zeigt sich, dass eine perfekte Übereinstimmung zwischen simulierten und gemessenen Richtdiagrammen erreicht wird. Die gemessene Hauptkeule in der H-Ebene schielt um ca. 2°, was auf eine minimale Fehlausrichtung des Referenzhorns hinweist. Der glatte Verlauf der gemessenen Diagramme deutet darauf hin, dass Richtdiagramme mit sehr hoher Genauigkeit gemessen werden können. Die auftretenden Vibrationen der Messantenne haben einen vernachlässigbaren Einfluss. Die Messungen bestätigen somit die korrekte Funktion des Messaufbaus in Bezug auf die

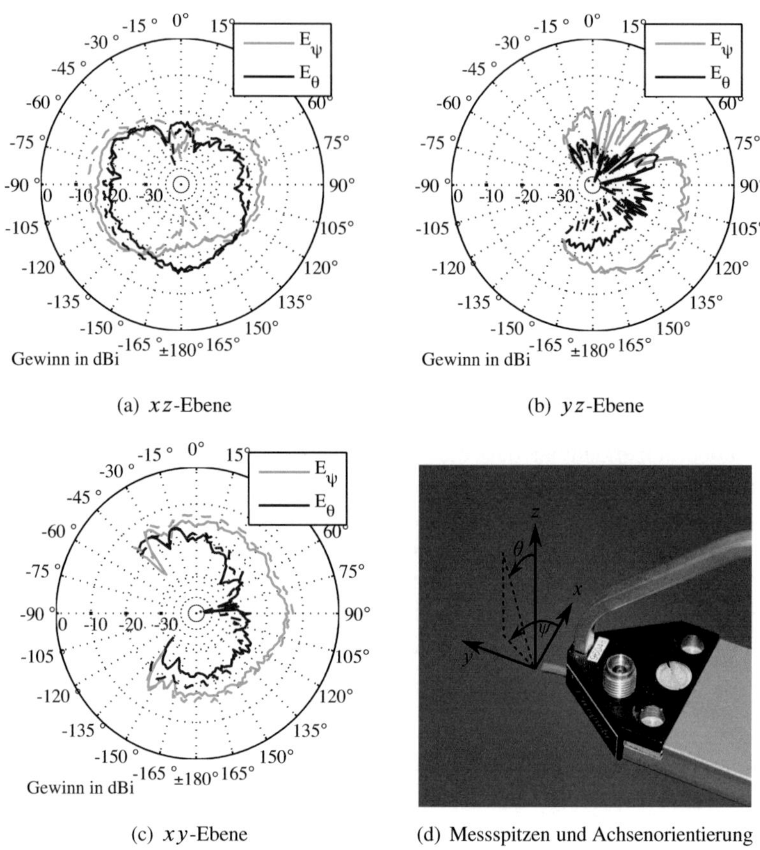

(a) xz-Ebene

(b) yz-Ebene

(c) xy-Ebene

(d) Messspitzen und Achsenorientierung

Bild 4.14.: Gewinn zweier Messspitzen für beide Polarisationen in drei Schnittebenen
Messspitze 1 - durchgehend; Messspitze 2 - gestrichelt

Positioniergenauigkeit der Messantenne durch die Drehtische und die mechanische Genauigkeit der Arme und Halterungen. Durch die perfekte Übereinstimmung von gemessenen und simulierten Richtdiagrammen kann außerdem davon ausgegangen werden, dass der simulierte Antennengewinn dem realen Verhalten entspricht. Dieser liegt bei 23,0 dBi und bestätigt somit exakt die Angaben des Herstellers. Zudem zeigt sich dadurch, dass das Messsystem sich wie erwünscht hervorragend dafür eignet auch hochdirektive Antennen zu charakterisieren.

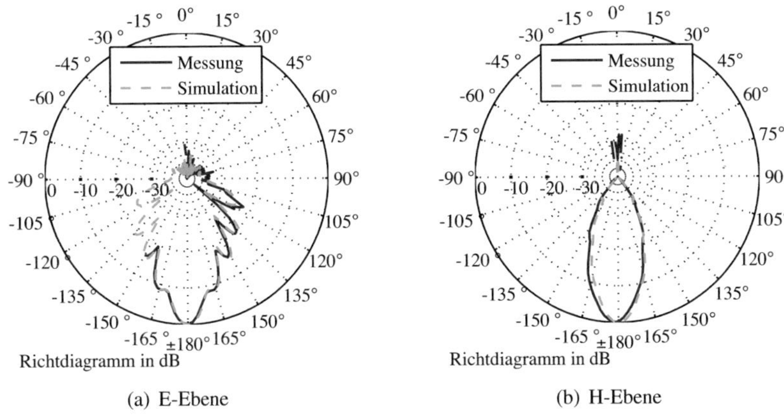

Bild 4.15.: Richtdiagramm des Referenzhorns

4.6. Mögliche Fehlerquellen

Bei der Bewertung von Messergebnissen müssen außer dem Dynamikbereich auch mögliche Fehlerquellen beachtet werden. Ein entscheidender Faktor hierbei sind mögliche auftretende Reflexionen und Streuungen, vor allem an den Teilen in naher Umgebung der AUT. Die Messspitzen, die Halterung der Messspitzen und die Halterung der AUT in der direkten Umgebung der AUT haben hier sicherlich den größten Einfluss. Vor allem der Hohlleiteranschluss der Messspitzen hat eine große Ausdehnung nach oben und kann deshalb von der Hauptkeule nach oben abstrahlender Antennen erfasst werden. Dies führt in der Regel zu Schwankungen in dem gemessenen Richtdiagramm. Um Reflexionen an den Halterungen weitgehend zu vermeiden, wurden diese aus Kunststoff angefertigt. Die Befestigung der AUT besteht aus Hart-Schaumstoff. Der restliche Aufbau, d.h. der Messtisch, die Bodenplatte, die Drehtische und die Arme wurden soweit möglich mit Noppenabsorber (C-RAM FAC 3.0) bzw. Flachabsorber (C-RAM LF-72) bedeckt. Der gesamte Messaufbau wurde so im Raum positioniert, dass er mindestens 1,2 m Abstand zu Wänden einhält. Der direkte Pfad von AUT zur Messantenne weist bei 122,5 GHz eine Freiraumdämpfung von ca. $70 \, dB$ auf. Im Worst-Case, wenn die Messantenne direkt auf eine Wand ausgerichtet ist, beträgt die Pfadlänge der direkt reflektierten Welle 3 m, was einer Freiraumdämpfung von ca. $84 \, dB$ entspricht. Zusätzlich entsteht noch eine Reflexionsdämpfung an der nicht metallischen Wand. Der Einfluss der Reflexionen an den den Messaufbau umgebenden Wänden wird deshalb gegenüber den zwangsweise am Aufbau selbst entstehenden Reflexionen als vernachlässigbar angesehen, sollte jedoch, je nach Abstrahlcharakteristik der jeweiligen AUT, mitbedacht werden.

Eine weitere mögliche Fehlerquelle ist die Fehlausrichtung der AUT. Die AUT-Halterungen wurden speziell auf die im Rahmen dieser Arbeit zu vermessenden Antennen dimensioniert, um zu garantieren, dass die AUT genau im Zentrum der Messkugel sitzt. Außerdem wird die Positionierung der AUT jeweils noch mit einem Laserpointer überprüft. Kritischer als die Positionsausrichtung ist die Winkelausrichtung der AUT, da diese per Hand befestigt wird. Die Ausrichtung kann nur innerhalb der optischen Prüfung per Auge und Digitalmikroskop überprüft werden. Zusätzlich kann die Positioniergenauigkeit der Messantenne am Dreharm zu Fehlern führen. Die Auflösung und Wiederholgenauigkeit der Drehtische liegt im Bereich von 60 µrad und kann folglich gegenüber der möglichen Fehlausrichtung der AUT sowie der Messantenne vernachlässigt werden. Das Starten und das Stoppen der Drehtische führt jedoch wegen den nicht vermeidbaren Momenten und Trägheitskräften zu Vibrationen und zu einem leichten Wackeln der Messantenne. Um diese Vibrationen möglichst zu unterbinden, wird die Drehgeschwindigkeit während der Messung auf 1° pro Sekunde reduziert.

Die Genauigkeit der kompletten Kalibrationsroutine hängt von mehreren Faktoren ab. Sehr wichtig ist dabei eine möglichst exakte OSL-Kalibration auf die Enden der Messspitzen, da diese sowohl die Impedanz- bzw. S_{11}-Messung und die Gewinnmessung beeinflusst. Die durchgeführten Messungen im Laufe der letzten Jahre zeigen:

- Bei optimaler Kontaktierung des Kalibrationssubstrats lassen sich sehr glatte Anpassungskurven für die Antennenmessungen erzielen.

- Eine nicht optimale OSL-Kalibration führt zu einer welligen Anpassungskurve und auch zu einer welligen Gewinnkurve über der Frequenz.

- Die Abnutzung sowohl des Kalibrationssubstrats als auch der Messspitzen führt mit steigender Anzahl von Messungen zu einer ungenaueren Kalibration, was sich vor allem durch eine nicht mehr vermeidbare Welligkeit der kalibrierten Messkurven zeigt. Deshalb ist es wichtig einerseits die Kalibrationssubstrate bei zu starker Abnutzung auszutauschen sowie die Messspitzen vom Hersteller nachjustieren zu lassen.

Zudem ist bekannt, dass die Genauigkeit der OSL-Kalibration direkt mit der Toleranz der verwendeten Kalibrationsstandards zusammenhängt. Vor allem der 50 Ω-Abschluss hat in der Regel eine gewisse Toleranz, die zu einer Ungenauigkeit dieser Kalibration führt. Die Genauigkeit der Gewinnkalibration hängt zudem mit der Genauigkeit der Ausrichtung der Hornantenne zusammen. Insgesamt ist es nicht möglich einen exakten Genauigkeitswert zu spezifizieren, da für den Frequenzbereich sowie vor allem für die zu charakterisierenden Antennen keine Vergleichsstandards existieren. Der Vergleich von Messungen und Simulationen einer Vielzahl verschiedener Antennen in verschiedenen Frequenzbändern zeigt jedoch, dass bei optimalen Bedingungen von einer Genauigkeit der Gewinnkalibration im Bereich von $\pm 0{,}5\,\mathrm{dB}$ ausgegangen werden kann.

4.7. Fazit

An ein Messsystem für hochintegrierte Millimeterwellenantennen werden spezielle Anforderungen gestellt. Eine Messung mit Hilfe von Messspitzen ist der einzige Weg, um die Antenne exakt an der Verbindungsstelle zum IC zu charakterisieren. Dies erfordert jedoch einen neuartigen Aufbau, in dem sich die von der Messspitze kontaktierte AUT nicht bewegt. Ein solches System, das im Rahmen dieser Arbeit konzipiert und realisiert wurde, ermöglicht die Charakterisierung von Antennen in mehreren Frequenzbändern zwischen 50 GHz und 325 GHz. Das Messsystem nutzt zwei Drehmotoren und bietet somit die Möglichkeit entweder ein 3D-Richtdiagramm oder ohne jegliche Umbaumaßnahmen zwei Schnittebenen zu messen. Durch die durchdachte Anordnung der beiden Drehmotoren wurde im D-Band-Aufbau ein Antennenabstand von 75 cm erreicht, der selbst die Messung von Antennen inklusive Linsen oder Reflektoren erlaubt. Verschiedene Halterungen ermöglichen dabei die Charakterisierung von omnidirektionalen Antennen sowie Antennen, die fokussiert in eine Richtung abstrahlen. Die einzige Einschränkung ist, dass ein kleiner Teil des Winkelbereichs nicht gemessen werden kann, da er vom Tisch des Messsystems blockiert wird. Die vorgestellten Kalibrationsmethoden ermöglichen die Bestimmung der komplexen Impedanz sowie des Gewinns der AUT. Die Bedingung hierfür sind vektorielle Messgeräte sowie eine Kalibration auf die Enden der Messspitzen direkt im Messaufbau. Es zeigt sich, dass der Dynamikbereich der verwendeten Messgeräte die Messgenauigkeit nicht einschränkt. Grenzen sind lediglich durch die unerwünschte Abstrahlung der Messspitzen sowie durch die maximale Aperturgröße der AUT gegeben. Der realisierte Aufbau ist der aktuell flexibelste und leistungsfähigste Messplatz für hochintegrierte Millimeterwellenantennen.

5. Hochintegrierte Streifenleitungsantennen im Millimeterwellenbereich

Streifenleitungsantennen wurden in den 70er Jahren sehr populär, da sie im Gegensatz zu anderen Antennenarten schnell und kostengünstig hergestellt werden können und eine sehr kompakte Größe haben [Bal05]. Zur Herstellung werden verschiedene Leiterplattentechnologien wie die Dickschicht- und die Dünnschichttechnik verwendet. Die Antenne besteht dabei aus metallischen Streifen oder Flächen auf einem dielektrischen Träger, dem Substrat. Je nach Antennenart werden die Substrate auf einer Seite oder auf zwei Seiten metallisiert. Die populärste und bekannteste Streifenleitungsantenne ist die Patchantenne. Sie besteht aus einem metallischen Rechteck auf der Oberseite des Substrats, wobei die Unterseite des Substrats komplett metallisiert ist. Ein Nachteil der typischen Streifenleitungsantennen ist eine relativ geringe Bandbreite [Bal05]. Streifenleitungsantennen sind die einzigen Antennen, die sich zur Integration in ein Chip-Gehäuse eignen. Sie können in geringer Größe auf einem flachen Träger hergestellt werden und mittels Bonddrähten oder Flip-Chip-Kugeln mit einer aktiven Schaltung verbunden werden. Ein Vergleich der beiden typischen Leiterplattentechnologien, die sich zur Herstellung von Streifenleitungsantennen im Millimeterwellenbereich eignen, ist in Bild 5.1 dargestellt.

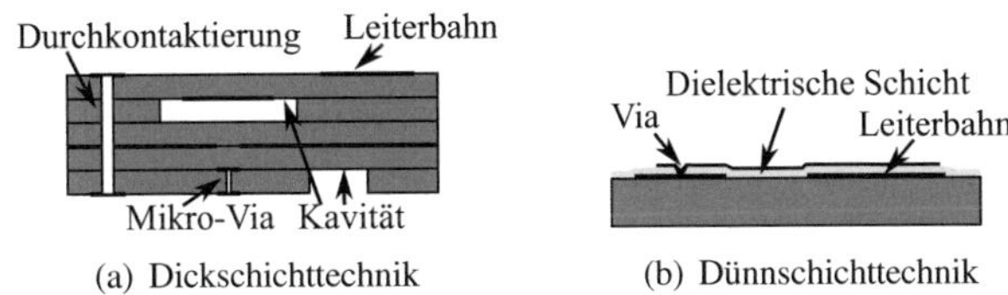

(a) Dickschichttechnik

(b) Dünnschichttechnik

Bild 5.1.: Vergleich verschiedener Leiterplattentechnologien

Die Dickschichttechnik ist die Standardleiterplattentechnologie. Verwendet werden dabei in der Regel dielektrische Leiterplatten, auf denen beidseitig eine Kupferschicht mit einer Dicke im Bereich 17 μm bis 35 μm aufgebracht ist. Für

Spezialfälle kann diese Kupferschicht teilweise bis zu 9 μm dünn oder 70 μm dick sein. Durch partielles Ätzen der Kupferschicht entstehen die metallischen Leitungen. Durch Bohren und Durchkontaktieren können elektrisch leitende Verbindungen zwischen den beiden Metallschichten realisiert werden. Mit einem Großteil der Leiterplatten können darauf aufbauend Mehrlagenschaltungen hergestellt werden. Die Leiterplatten werden dabei zuerst einzeln bearbeitet und anschließend aufeinander gepresst oder geklebt. Möglich ist dabei auch die Herstellung von Kavitäten. Im Gegensatz dazu wird in der Dünnschichttechnik in der Regel nur eine Seite eines dielektrischen Trägers bearbeitet. Mit verschiedenen Verfahrenstechniken werden dünne Schichten im Bereich 1 μm bis 10 μm auf das Substrat aufgebracht und anschließend durch Feinätzen bearbeitet. Durch abwechselndes Aufbringen einer metallischen und einer dielektrischen Schicht können auch Brücken realisiert werden. Grundsätzlich unterscheiden sich die beiden Technologien für ein potentielles Antennendesign in den folgenden Punkten:

– Die minimalen Linienbreiten und Linienabstände von Dünnschichtprozessen liegen im Bereich 15 μm, während diese Werte in Dickschichtprozessen typischerweise 50 μm bis 100 μm betragen. Für Mehrlagenleiterplatten sind diese Werte in der Regel nochmals höher.

– Die Präzision der Linienbreiten und Linienabstände richtet sich meist nach der Dicke der Metallschicht und ist somit in einem Dünnschichtprozess wesentlich genauer.

– Mit Dickschichttechnik können Mehrlagenschaltungen mit mehreren Substratlagen hergestellt werden, während mit Dünnschichttechnik Mehrlagenschaltungen durch mehrere dünne Schichten auf einem Träger realisiert werden können.

– Anbieter von Dickschichtprozessen können Durchkontaktierungen durch das Substrat realisieren. Typische minimale Abstände zwischen zwei Durchkontaktierungen liegen im Bereich von 100 μm bis 300 μm.

– Anbieter von Dünnschichtprozessen können dagegen meist nur sehr wenige, relativ weit voneinander entfernte Durchkontaktierungen (ca. 1 mm) durch den Träger realisieren. Der Grund ist, dass Dünnschichtprozesse meist auf Glas- oder Keramiksubstraten realisiert werden. Diese könnten bei zu eng beieinanderliegenden Durchkontaktierungen brechen.

Beispiele für integrierte Millimeterwellenantennen in Dickschichttechnik sind vor allem die verschiedenen Arbeiten bei 60 GHz basierend auf organischen

Mehrlagenschaltungen [KLN$^+$10], [SNH$^+$12], [SNH$^+$10] oder auf LTCC [LSV08], [LVS09], [SHNT05], [ZSL08], [ZSC$^+$09], [LACF11]. Antennen, die auf Dünnschichttechnik basieren, finden sich in den in Abschnitt 2.3.4 genannten Beispielen von IBM [ZLG06], [LS08] und ST Microelectronics [LDP$^+$10], [CPC$^+$11]. In der vorliegenden Arbeit werden wie bereits in Kapitel 2 beschrieben Antennen entwickelt, die in Dünnschichttechnik hergestellt werden. Neben einer hohen Präzision und Genauigkeit der Antennen, wird dies vor allem durch die notwendige Verbindung zwischen IC und Antenne begründet. Die Dünnschichttechnik ermöglicht einerseits die Realisierung der in Kapitel 3 beschriebenen Kompensationsstrukturen für eine Verbindung basierend auf Bonddrähten. Andererseits ermöglicht die Dünnschichttechnik auch die Flip-Chip-Verbindung mit Kugeln in einem geringen Abstand von 100 µm. Als möglicher Nachteil ist dabei zu nennen, dass das Antennenlayout ohne eng beieinander liegende Durchkontaktierungen realisiert werden muss.

Die Realisierung einer hochintegrierten Streifenleitungsantenne im Frequenzbereich oberhalb von 100 GHz erfordert spezielle Eigenschaften von der Antenne, die im Folgenden näher betrachtet werden sollen. Typische Antennengeometrien aus tieferen Frequenzbereichen können nicht problemlos in den Millimeterwellenbereich übertragen werden, da vor allem die Substratdicke nicht beliebig skaliert werden kann. Außerdem muss das komplette Gehäuse inklusive eines Deckels betrachtet werden, da dieses die Antenne beeinflussen kann.

5.1. Einfluss der Substratdicke und des Substratmaterials

Die in Kapitel 2.4 beschriebenen Anordnungen der Antenne innerhalb des Gehäuses ergeben jeweils unterschiedliche Anforderungen an das Antennendesign selbst. Für jede jeweilige Anordnung muss folglich ein optimaler Antennentyp ausgewählt und optimiert werden. Alle Anordnungen haben jedoch gemeinsam, dass sich die Streifenleitungsantenne auf oder unter einem dielektrischen Substrat befindet, und dass eine geschlossene Metallfläche die gewünschte Abstrahlrichtung nach oben aus dem Gehäuse erzeugt. Ein grundsätzliches Problem im Millimeterwellenbereich ist, dass die Substratdicke nicht mehr vernachlässigbar gegenüber der Wellenlänge ist, da die Substratmaterialien nur in gewissen Mindestdicken erhältlich sind. Eine Auflistung po-

tentieller Substratmaterialien sowie ihrer Mindestdicke und Permittivität findet
sich in Tabelle 5.1.

Material	ϵ_r	$\tan(\delta)$	gemessen bei	Mindestdicke
Alumina	9,9	0,002	120 GHz [AB85]	127 µm
Quartzglas	3,8	0,001	120 GHz [AB85]	178 µm
Schott AF45	5,9	0,01	80 GHz [ZCB$^+$06]	100 µm
Rogers Ultralam	3,2	0,005	97 GHz [TTJ$^+$04]	25 µm
DuPont Kapton	3,1	0,01	40 GHz [DB92]	12,7 µm

Tabelle 5.1.: Verschiedene Substratmaterialien mit elektrischen Eigenschaften im Millimeterwellenbereich

Es zeigt sich dabei, dass vor allem die starren Materialien, die für die Konzepte nach Bild 2.11 und Bild 2.15 benötigt werden, nicht unterhalb 100 µm
erhältlich sind. Als Konsequenz für Streifenleitungsantennen bedeutet dies einerseits den positiven Effekt einer höheren Bandbreite [Bal05], [Poz92]. Andererseits nimmt jedoch auch mit steigender Materialstärke die Anregung von
Oberflächenwellen zu. Dies führt zu einer Verringerung der abgestrahlten Leistung. Nach [Poz82] und [Poz83] lassen sich die von einer Patchantenne auf
einem unendlich ausgedehnten Substrat erzeugten Felder aufteilen in abgestrahlte Leistung und der Leistung in Oberflächenwellen. Die zweitgenannte
nimmt mit steigender Materialdicke bzw. mit steigender Permittivität zu. Dies
zeigen auch die in [Poz83] und [Poz92] berechneten Werte für eine Patchantenne auf einem Substrat der Dicke $d = 0{,}05\lambda_0$, dargestellt in Tabelle 5.2.
Dies entspricht bei 122,5 GHz einer Dicke von $d = 122$ µm.

ϵ_r	abgestrahlte Leistung	Leistung in Oberflächenwellen
2,55	81%	19%
3,78	70%	30%
10	45%	55%
12,8	40%	60%

Tabelle 5.2.: Abgestrahlte Leistung und Leistung in Oberflächenwellen einer Patchantenne auf einem Substrat der Dicke $d = 0{,}05\lambda_0$, in Abhängigkeit der
Permittivität (aus [Poz83] und [Poz92])

Bereits für geringe Dielektrizitätskonstanten wird nur 81% der eingespeisten
Leistung abgestrahlt. Mit steigendem ϵ_r sinkt dieser Wert stetig. Im Falle des
in Tabelle 5.1 genannten Alumina mit der Mindestdicke von 127 µm würde

eine Patchantenne bei 122,5 GHz somit nicht einmal die Hälfte der einge-speisten Leistung in Abstrahlung umwandeln. Die restliche Energie wandert in Form von Oberflächenwellen durch das Substrat. Da die Antennensubstrate in der Realität nicht unendlich ausgedehnt sind, wird diese Energie an den Substratkanten teilweise reflektiert und teilweise abgestrahlt. Dies führt zu einer starken Beeinflussung der Richtcharakteristik. Zur Verdeutlichung dieses Effekts wurden mittels Feldsimulationen die Richtdiagramme einer einzelnen Patchantenne auf einem 2,8 mm × 2,8 mm großen Substrat der Permittivität 9,9 simuliert. Die Patchantenne wird dabei von einem diskreten Port mit einer Impedanz von 50 Ω gespeist, der sich zwischen Patch und Massefläche befindet. Bild 5.3 zeigt einerseits das Richtdiagramm in der E-Ebene in Abhängigkeit der Substratdicke sowie das Richtdiagramm in der E-Ebene bei einer Materialstärke von 127 μm in Abhängigkeit der Position der Patchantenne auf dem Substrat. Es ist deutlich erkennbar, dass die Antenne selbst bei einer dünnen Materialstärke von 27 μm nicht das aus der Literatur bekannte typische Richtdiagramm [Bal05] aufweist. Bei zunehmender Materialstärke verändert sich das Richtdiagramm immer stärker und die Hauptkeule zeigt bei 127 μm ein deutlich asymmetrisches Verhalten. Die Asymmetrie entsteht in diesem Fall durch die Position des diskreten Ports, der nicht exakt in der Mitte der Antenne sitzt, um Anpassung zu erzielen. Die Auswirkungen der Oberflächen-wellen sind in diesem Fall unverkennbar. Verschiebt man nun die Antenne auf dem Substrat, so zeigt sich eine deutliche Veränderung des Richtdiagramms mit einer teilweise um bis zu 40° abweichenden Hauptstrahlrichtung. Diese Effekte verschärfen sich noch, falls wie in der Realität notwendig eine Speise-leitung an Stelle eines diskreten Ports verwendet wird. So zeigen die einzigen vor dieser Arbeit bekannten 122 GHz Streifenleitungsantennen [HS09] ebenso eine deutlich schielende Hauptkeule in der E-Ebene (trotz geringer Permitti-vität von 3,0 bei einer Substratdicke von 130 μm). Es ist somit zwingend not-wendig, entweder extrem dünne (und folglich flexible) Substratmaterialien zu verwenden oder geeignete Methoden zu finden, um die Oberflächenwellen zu unterdrücken.

5.1.1. Oberflächenwellen auf einem dielektrischen Substrat

Zum besseren Verständnis der Problematik von Oberflächenwellen für eine planare Antenne sowie als Grundlage für eine Unterdrückung dieser Wellen durch geeignete Methoden, ist es notwendig, die jeweils ausbreitungsfähigen Moden und deren Ausbreitungsgeschwindigkeiten zu kennen. In der Literatur

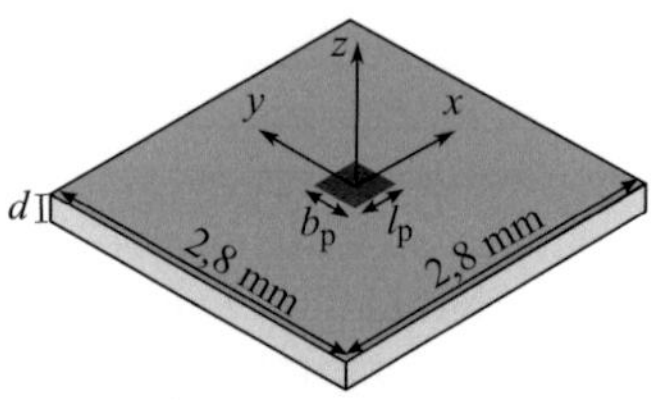

Bild 5.2.: Diskret gespeiste Patchantenne auf einem Aluminasubstrat der Größe 2,8 mm × 2,8 mm

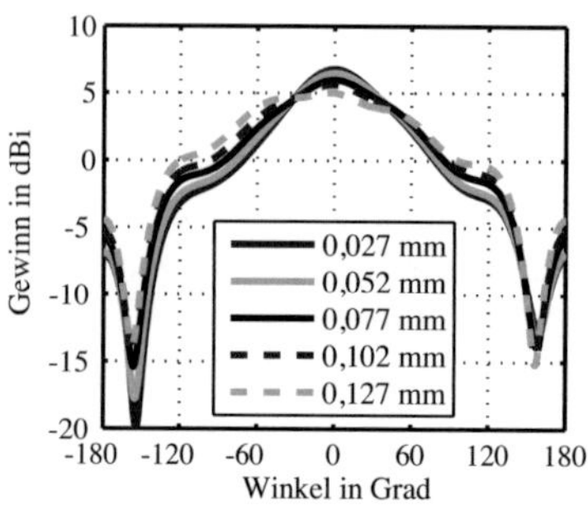

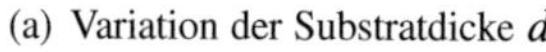

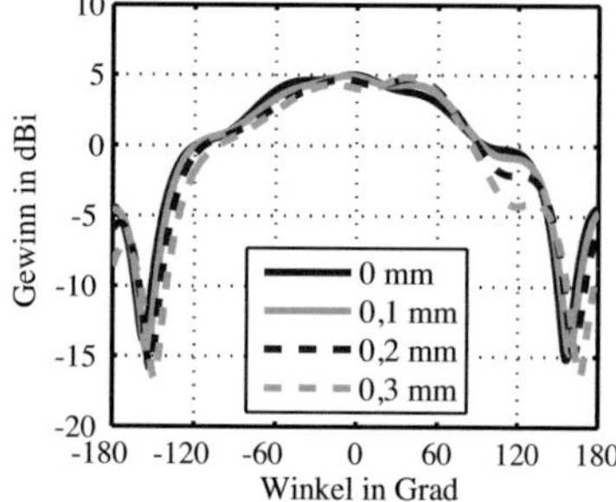

(a) Variation der Substratdicke d

(b) Verschiebung der Antennenposition um Δx auf einem 127 µm dicken Substrat

Bild 5.3.: 122,5 GHz Richtdiagramme einer Patchantenne auf einem Aluminasubstrat in der E-Ebene (xz-Ebene)

finden sich lediglich die Cut-Off-Frequenzen, ab denen sich die Moden ausbreiten und die Ausbreitungsgeschwindigkeiten für wenige Permittivitätswerte [Poz05], [Col91]. Um die Ausbreitungsgeschwindigkeiten auch für andere Substratmaterialien zu berechnen, ist es notwendig, die Maxwell-Gleichungen in Abhängigkeit der jeweiligen Randbedingungen zu lösen. Die Grundlagen hierfür finden sich in Anhang A.

Bild 5.4 zeigt ein in y- und z-Richtung unendlich ausgedehntes dielektrisches Substrat der Dicke $2d$ und der Permittivität ϵ_r. Als Ausbreitungsrichtung der Moden wird die $+z$-Hochrichtung definiert. Das bedeutet, dass die Felder mit dem harmonischen Term $e^{-j\beta z}$ variieren. Definiert wird zudem, dass die Felder in y-Richtung konstant sind, so dass alle Felder die Eigenschaft $\partial/\partial y = 0$ erfüllen. Für die vier transversalen Feldkomponenten ergibt sich dann in Abhängig-

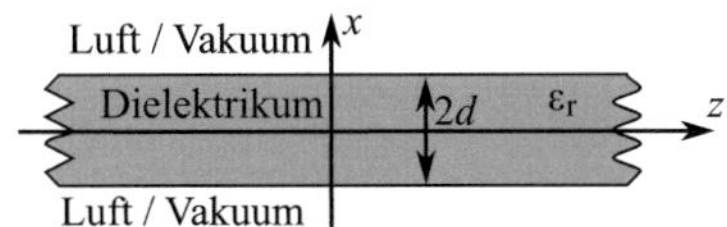

Bild 5.4.: Ein dielektrisches Substrat der Dicke $2d$, auf dem sich Oberflächenwellen ausbreiten können

keit der beiden longitudinalen Komponenten aus (A.17) bis (A.20):

$$E_x\left(\frac{\omega^2}{c^2} - \beta^2\right) = -j\beta\frac{\partial E_z}{\partial x} \tag{5.1}$$

$$E_y\left(\frac{\omega^2}{c^2} - \beta^2\right) = j\omega\mu_0\mu_r\frac{\partial H_z}{\partial x} \tag{5.2}$$

$$H_x\left(\frac{\omega^2}{c^2} - \beta^2\right) = -j\beta\frac{\partial H_z}{\partial x} \tag{5.3}$$

$$H_y\left(\frac{\omega^2}{c^2} - \beta^2\right) = -j\omega\epsilon_0\epsilon_r\frac{\partial E_z}{\partial x} \tag{5.4}$$

Im Fall von TE-Wellen (Transversal Elektrisch) ($E_z = 0$) existieren somit nur die Komponenten E_y, H_x und H_z, während für TM-Wellen (Transversal Magnetisch) ($H_z = 0$) die Komponenten E_x, H_y und E_z existieren. Da der Querschnitt des Wellenleiters orthogonal zur Ausbreitungsrichtung nicht homogen ist, können sich keine TEM-Wellen (Transversal Elektromagnetisch) ausbreiten. Im Folgenden werden die einzelnen Feldkomponenten, die ausbreitungsfähigen Moden mit ihren jeweiligen Cut-Off Frequenzen sowie die Ausbreitungsgeschwindigkeiten dieser Moden bestimmt.

TM-Moden

Die Helmholtz Wellengleichung einer TM-Mode lautet für die E_z-Komponente aus (A.25) mit der Eigenschaft $\partial/\partial y = 0$ in den beiden Regionen des Wellenleiters

$$\left(\frac{\partial^2}{\partial x^2} + \epsilon_r k_0^2 - \beta^2\right) E_z(x,y) = 0, \qquad 0 \le |x| \le d, \tag{5.5a}$$

$$\left(\frac{\partial^2}{\partial x^2} + k_0^2 - \beta^2\right) E_z(x,y) = 0, \qquad d \leq |x| \leq \infty. \tag{5.5b}$$

Die Cut-Off-Wellenzahlen für die beiden Regionen werden definiert als

$$k_c^2 = \epsilon_r k_0^2 - \beta^2,$$
$$h^2 = \beta^2 - k_0^2, \tag{5.6}$$

wobei das Vorzeichen von h^2 unter Annahme eines exponentiell abfallenden Felds gewählt wurde. Für beide Bereiche wurde die selbe Ausbreitungskonstante β festgelegt, um Phasengleichheit am Übergang Luft-Dielektrikum an jeder Stelle von z zu schaffen. Die generelle Lösung zu (5.5a) ergibt sich unter Annahme von exponentiell abfallenden Feldern in Richtung $x = \pm\infty$ als

$$E_z(x,y) = Ae^{hx}, \qquad\qquad -\infty \leq x \leq -d, \tag{5.7a}$$
$$E_z(x,y) = B\sin(k_c x) + C\cos(k_c x), \qquad -d \leq x \leq d, \tag{5.7b}$$
$$E_z(x,y) = De^{-hx}, \qquad\qquad d \leq x \leq \infty. \tag{5.7c}$$

Die beiden Lösungen beschreiben die geraden und ungeraden Moden. Gerade und ungerade beschreibt in diesem Fall die Art mit der die Moden gegenüber der Symmetrieebene $x = 0$ variieren.

Gerade TM-Moden   Für die geraden Lösungen der TM-Mode gilt für die tangentialen elektrischen Feldanteile in der Symmetrieebene ($E_z(x = 0) = 0$) und somit folgt $C = 0$ und daraus

$$E_z(x,y) = Ae^{hx}, \qquad\qquad -\infty \leq x \leq -d, \tag{5.8a}$$
$$E_z(x,y) = B\sin(k_c x), \qquad\qquad -d \leq x \leq d, \tag{5.8b}$$
$$E_z(x,y) = De^{-hx}, \qquad\qquad d \leq x \leq \infty, \tag{5.8c}$$

und somit mittels (B.4)

$$H_y(x,y) = \frac{j\omega\epsilon_0}{h^2} h A e^{hx}, \qquad\qquad -\infty \leq x \leq -d, \tag{5.9a}$$

$$H_y(x,y) = \frac{-j\omega\epsilon_0\epsilon_\mathrm{r}}{k_\mathrm{c}^2}k_\mathrm{c}B\cos(k_\mathrm{c}x), \qquad -d \leq x \leq d, \qquad (5.9\mathrm{b})$$

$$H_y(x,y) = \frac{j\omega\epsilon_0}{h^2}(-h)De^{-hx}, \qquad d \leq x \leq \infty, \qquad (5.9\mathrm{c})$$

und durch (B.1)

$$E_x(x,y) = \frac{j\beta}{h^2}hAe^{hx}, \qquad -\infty \leq x \leq -d, \qquad (5.10\mathrm{a})$$

$$E_x(x,y) = \frac{-j\beta}{k_\mathrm{c}^2}k_\mathrm{c}B\cos(k_\mathrm{c}x), \qquad -d \leq x \leq d, \qquad (5.10\mathrm{b})$$

$$E_x(x,y) = \frac{j\beta}{h^2}(-h)De^{-hx}, \qquad d \leq x \leq \infty. \qquad (5.10\mathrm{c})$$

Die Symmetrie der Struktur sowie die notwendige Kontinuität der tangentialen Felder E_z und H_y am Übergang von Luft zu Dielektrikum führen auf

$$A = -D, \qquad (5.11)$$

$$B\sin(k_\mathrm{c}d) = De^{-hd}, \qquad (5.12)$$

$$\frac{\epsilon_\mathrm{r}B}{k_\mathrm{c}}\cos(k_\mathrm{c}d) = \frac{D}{h}e^{-hd}. \qquad (5.13)$$

Teilen von (5.12) durch (5.13) führt auf die Gleichung

$$k_\mathrm{c}\tan(k_\mathrm{c}d) = \epsilon_\mathrm{r}h, \qquad (5.14)$$

die, zusammen mit

$$k_\mathrm{c}^2 + h^2 = (\epsilon_\mathrm{r} - 1)k_0^2, \qquad (5.15)$$

aus Gleichung (5.6) die Berechnung von k_c und h bei gegebenem k_0, ϵ_r und d erlaubt. Das bedeutet durch Lösen dieser Gleichungen können bei bekannter Frequenz, je nach Dielektrikum und Materialstärke, alle ausbreitungsfähigen Moden und ihre Ausbreitungsgeschwindigkeit berechnet werden.

Eine grafische Lösung [Poz05] dieser Gleichungen ist möglich, wenn man (5.14) mittels Erweiterung um d zu

$$k_\mathrm{c}d\tan(k_\mathrm{c}d) = \epsilon_\mathrm{r}hd \qquad (5.16)$$

umschreibt und ebenso (5.15) durch Erweiterung um d^2 zu

$$(k_\mathrm{c}d)^2 + (hd)^2 = (\epsilon_\mathrm{r} - 1)(k_0d)^2. \tag{5.17}$$

Gleichung (5.16) beschreibt eine Kurvenschar in der $k_\mathrm{c}d$-hd-Ebene und Gleichung (5.17) einen Kreis mit dem Radius $\sqrt{\epsilon_\mathrm{r} - 1}k_0d$ in der selben Ebene. Eine Darstellung dieser Gleichungen für zwei Permittivitätswerte ist in Bild 5.5 gezeigt. Dabei ist der Darstellungsbereich auf positive Werte für k_c und h beschränkt, um der Definition von (5.8a) zu entsprechen.

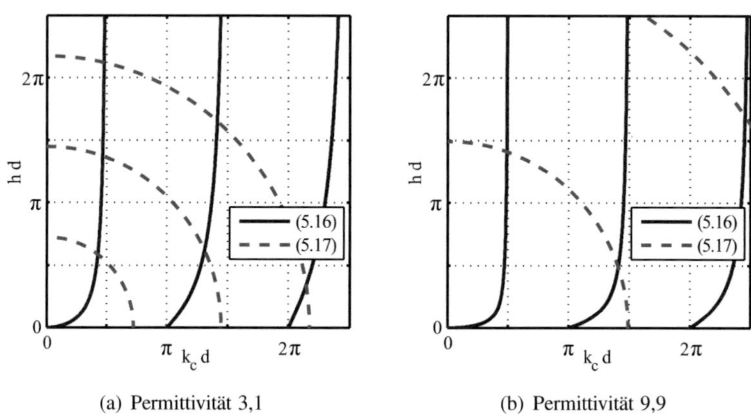

(a) Permittivität 3,1   (b) Permittivität 9,9

Bild 5.5.: Graphische Lösung der Gleichungen (5.14) und (5.15) für die geraden TM-Oberflächenwellenmoden

Für eine gegebene, auf die Wellenlänge normierte Substratdicke $2d/\lambda_0$ wird jeweils der dazugehörige Kreisradius $\sqrt{\epsilon_\mathrm{r} - 1}\frac{2\pi d}{\lambda_0}$ berechnet und in die Ebene eingezeichnet. Die Anzahl der blauen Kurven, die dieser Kreis schneidet, zeigt wie viele ausbreitungsfähige, gerade TM-Moden es bei dieser Substratdicke gibt. Die Position des Schnittpunkts bestimmt jeweils die Ausbreitungsgeschwindigkeit der jeweiligen Mode. Man erkennt direkt, dass selbst für einen Kreisradius, der gegen Null strebt, mindestens eine gültige Lösung existiert. Das bedeutet, dass es eine Mode ohne Cut-Off gibt. Weitere gültige Lösungen ergeben sich sobald der Kreisradius weitere Vielfache von π überschreitet. Die Wellenlänge λ_c, für die

$$\sqrt{\epsilon_\mathrm{r} - 1}\frac{2\pi d}{\lambda_\mathrm{c}} = n\pi \tag{5.18}$$

gilt, wird als Cut-Off-Wellenlänge bezeichnet. Die Cut-Off-Frequenzen der geraden TM-Moden in einem unendlich ausgedehnten dielektrischen Substrat lassen sich somit ableiten zu

$$f_c = \frac{nc_0}{2d\sqrt{\epsilon_r - 1}},\tag{5.19}$$

mit $n = 0,1,2,\dots$

Bei bekannten Cut-Off-Frequenzen müssen nun im jeweiligen Fall die Ausbreitungsgeschwindigkeiten der Moden bestimmt werden. Dies kann einerseits wie beschrieben mittels der grafischen Lösung in Bild 5.5 durchgeführt werden. Alternativ können (5.14) und (5.15) auch numerisch gelöst werden. Einsetzen von der nach h aufgelösten Gleichung (5.15) in (5.14) ergibt

$$\begin{aligned} k_c \tan(k_c d) &= \epsilon_r \sqrt{(\epsilon_r - 1)k_0^2 - k_c^2} \\ \frac{k_c}{k_0} \tan\left(\frac{k_c}{k_0} 2\pi \frac{d}{\lambda_0}\right) &= \epsilon_r \sqrt{(\epsilon_r - 1) - \frac{k_c^2}{k_0^2}}. \end{aligned}\tag{5.20}$$

Diese Gleichung kann numerisch gelöst werden, um $\frac{k_c}{k_0}$ für eine bekannte Kombination aus $\frac{d}{\lambda_0}$ und ϵ_r zu berechnen. Mittels

$$\frac{\beta^2}{k_0^2} = \epsilon_r - \frac{k_c^2}{k_0^2}\tag{5.21}$$

kann anschließend die Ausbreitungskonstante β berechnet werden.

Ungerade TM-Moden　Für die ungeraden TM-Moden müssen die tangentialen magnetischen Felder in der Symmetrieebene $x = 0$ verschwinden ($H_y(x = 0) = 0$). In diesem Fall führt dies zu

$$\begin{aligned} E_z(x,y) &= Ae^{hx}, & -\infty \leq x \leq -d, & \tag{5.22a} \\ E_z(x,y) &= C\cos k_c x, & -d \leq x \leq d, & \tag{5.22b} \\ E_z(x,y) &= De^{-hx}, & d \leq x \leq \infty. & \tag{5.22c} \end{aligned}$$

Analoges Vorgehen wie für die gerade TM-Moden liefert die Cut-Off-Frequenzen

$$f_c = \frac{(2n+1)c_0}{4d\sqrt{\epsilon_r - 1}}, \tag{5.23}$$

mit $n = 0,1,2,....$

Die charakteristische Gleichung zur Bestimmung von k_c und h und damit β lautet in diesem Fall (eine ausführliche Herleitung findet sich in Anhang B)

$$-\frac{k_c}{k_0}\cot\left(\frac{k_c}{k_0}2\pi\frac{d}{\lambda_0}\right) = \epsilon_r\sqrt{(\epsilon_r - 1) - \frac{k_c^2}{k_0^2}}. \tag{5.24}$$

Die Cut-Off-Frequenzen der geraden und ungeraden TM-Moden können mit der folgenden Gleichung kombiniert werden.

$$f_c = \frac{mc_0}{4d\sqrt{\epsilon_r - 1}} \tag{5.25}$$

In diesem Fall gehören die $m = 0,2,4,...$ zu den geraden Moden und die $m = 1,3,5,...$ zu den ungeraden.

TE-Moden

Die Cut-Off-Frequenzen der TE-Moden können mit analogem Vorgehen bestimmt werden zu

$$f_c = \frac{mc_0}{4d\sqrt{\epsilon_r - 1}}, \tag{5.26}$$

wobei die geraden Zahlen $m = 0,2,4,...$ den geraden Moden und die $m = 1,3,5,...$ den ungeraden Moden zugeordnet sind. Die beiden charakteristischen Gleichungen lauten in diesem Fall für die geraden Moden

$$\frac{k_c}{k_0}\tan\left(\frac{k_c}{k_0}2\pi\frac{d}{\lambda_0}\right) = \sqrt{(\epsilon_r - 1) - \frac{k_c^2}{k_0^2}}, \tag{5.27}$$

und für die ungeraden Moden

$$-\frac{k_{\mathrm{c}}}{k_0}\cot\left(\frac{k_{\mathrm{c}}}{k_0}2\pi\,\frac{d}{\lambda_0}\right) = \sqrt{(\epsilon_{\mathrm{r}}-1)-\frac{k_{\mathrm{c}}^2}{k_0^2}}. \tag{5.28}$$

Eine ausführliche Herleitung findet sich in Anhang B.

Ausbreitungskonstanten der Oberflächenwellen auf einem dielektrischen Substrat

Mit den Formeln aus dem vorigen Abschnitt kann die Ausbreitungskonstante β jeder ausbreitungsfähigen Mode bei gegebenem Material berechnet werden. Es ist dabei üblich, die Ausbreitungskonstante β normiert auf die Freiraumwellenzahl k_0 gegenüber dem Verhältnis d/λ_0 aufzutragen. Dabei muss beachtet werden, dass d der halben Substratdicke entspricht (siehe Bild 5.4). Das Verhältnis β/k_0 wird üblicherweise auch als Verkürzungsfaktor bezeichnet, da er das Größenverhältnis der geführten Wellenlänge im Medium zur Wellenlänge im Freiraum beschreibt. Bild 5.6(a) zeigt ein solches Diagramm für ein Substrat mit der Permittivität 3,1. Die Moden sind dabei in der Reihenfolge ihres Auftretens nummeriert nach (5.25) und (5.26). Ein weiteres Diagramm ist in Bild 5.6(b) dargestellt, in diesem Fall für ein Material der Permittivität 9,9.

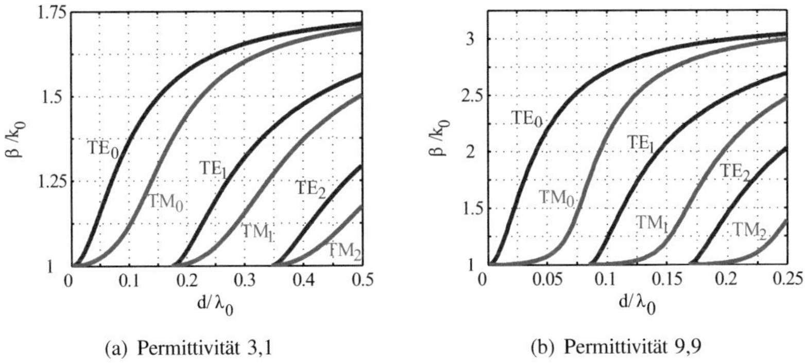

(a) Permittivität 3,1   (b) Permittivität 9,9

Bild 5.6.: Modenchart von Oberflächenwellen auf einem dielektrischen Substrat der Dicke $2d$ für verschiedene Permittivitäten

Es zeigt sich in diesen Fällen, dass der Verkürzungsfaktor der jeweiligen TE-Mode schneller ansteigt als derjenige der TM-Mode mit der gleichen Cut-Off-Frequenz. Alle Verkürzungsfaktoren streben der selben oberen Grenze entgegen, die $\sqrt{\epsilon_r}$ beträgt. Mit den dargestellten Modendiagrammen kann nun bei bekannter Frequenz und bekannter Materialstärke für die jeweilige Permittivität direkt abgelesen werden, welche Moden ausbreitungsfähig sind und welchen Verkürzungsfaktor und damit welche geführte Wellenlänge bzw. welche Ausbreitungsgeschwindigkeit diese besitzen. Zwei der Moden, der TM_0- und der TE_0-Mode, haben keinen Cut-Off und sind deshalb selbst für verhältnismäßig dünne Substrate ausbreitungsfähig. Je nach Antennenart können somit beide Moden angeregt werden, was das Abstrahlverhalten der Antennen beeinflussen kann. Im Einzelfall müssen somit entweder beide Moden unterdrückt werden, oder es muss überprüft werden, welcher der Moden stärker von der Antenne angeregt wird, um diesen anschließend geeignet zu unterbinden.

Oberflächenwellen auf einem dielektrischen Substrat mit metallisierter Unterseite

In der Praxis ist ein Substrat häufig nicht nur von Luft umgeben, sondern befindet sich auf einem bestimmten Träger. Meist ist die Unterseite des Substrats dabei metallisiert. Dieser Fall ist ein Spezialfall des bereits beschriebenen. Der Querschnitt eines solchen auf der Unterseite metallisierten Substrats der Dicke d ist in Bild 5.7 dargestellt. Durch die Wahl der Symmetrie in Bild 5.4 sowie der Tatsache, dass das metallisierte Substrat sich nun nur oberhalb $x = 0$ befindet und die Dicke d hat, kann man die ausbreitungsfähigen Moden aus denen eines Substrats ohne Massefläche ableiten.

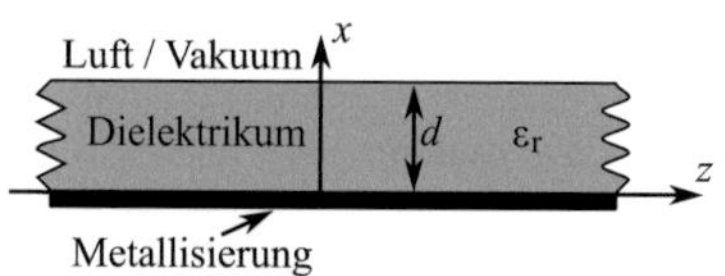

Bild 5.7.: Ein dielektrisches Substrat der Dicke d mit metallisierter Unterseite, auf dem sich Oberflächenwellen ausbreiten können

Die Metallisierung in der $x = 0$-Ebene führt dazu, dass alle tangentialen elektrischen Feldanteile in dieser Ebene verschwinden müssen. Im Vergleich zu dem Substrat ohne Massefläche können deshalb nur gerade TM-Moden und ungerade TE-Moden auftreten. Die Lösungen für deren Cut-Off-Frequenzen sowie für die jeweiligen Ausbreitungsgeschwindigkeiten sind durch die gewählte Symmetrie exakt die, die im vorigen Abschnitt hergeleitet wurden.

Die Cut-Off-Frequenzen für die ausbreitungsfähigen TM-Moden auf einem Substrat mit Massefläche lauten somit

$$f_c = \frac{n c_0}{2d\sqrt{\epsilon_r - 1}}, \tag{5.29}$$

mit $n = 0,1,2,\ldots$.

Die Cut-Off-Frequenzen für die ausbreitungsfähigen TE-Moden auf einem Substrat mit Massefläche sind

$$f_c = \frac{(2n-1)c_0}{4d\sqrt{\epsilon_r - 1}}, \tag{5.30}$$

mit $n = 1,2,\ldots$.

Die erste auftretende TE-Mode entspricht der ersten ungeraden TE-Mode des Substrats ohne Metallisierung. Die Nummerierung der Moden ist in den unterschiedlichen Fachbüchern nicht konsistent. An dieser Stelle wird dem Vorschlag von [Poz05] gefolgt. Auch für das metallisierte Substrat können nun die Modendiagramme der ausbreitungsfähigen Oberflächenwellen berechnet werden. Zwei solcher Diagramme sind in Bild 5.8 dargestellt, für die jeweiligen Dielektrizitätszahlen 3,1 und 9,9. In diesem Fall zeigt sich, dass es nur eine Mode ohne Cut-Off gibt, die TM_0-Mode.

Trotz der Tatsache, dass für die Substratdicke $d = 0{,}05\lambda_0$ in beiden Fällen nur der TM_0-Mode ausbreitungsfähig ist, zeigt Tabelle 5.2, dass selbst diese Mode genügt, um Antennen sehr stark zu beeinflussen. Es ist folglich sehr wichtig, diese Mode geeignet zu unterdrücken und so die Ausbreitung zu unterbinden.

5.1.2. Unterdrückung von Oberflächenwellen

Die vorangegangenen Abschnitte zeigen, dass je nach Querschnitt mindestens eine Oberflächenwellenmode immer ausbreitungsfähig ist und dass diese Antennen sehr stark beeinflussen kann. Im Folgenden werden verschiedene Methoden dargestellt, mit denen sich die Anregung von Oberflächenwellen durch Antennen verhindern lässt.

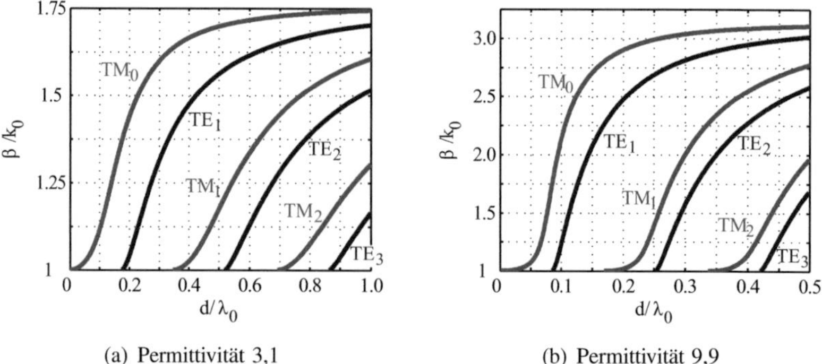

(a) Permittivität 3,1   (b) Permittivität 9,9

Bild 5.8.: Modenchart von Oberflächenwellen auf einem dielektrischen Substrat der Dicke d mit metallisierter Unterseite für verschiedene Permittivitäten

Substratausdünnung und Luftkavitäten

Eine häufig verwendete Methodik ist die Ausdünnung des verwendeten Substratmaterials. In diesem Fall wird die Substratdicke durch verschiedene Bearbeitungsschritte reduziert, um so den Effekt der Oberflächenwellen zu verringern. Meist wird das Substrat nur lokal direkt unterhalb der Antenne oder in einem Ring um die Antenne entfernt. Beispiele hierfür sind vor allem monolithisch integrierte Antennen [VHC94], [NPS+04] sowie Antennen in Mehrlagenleiterplattentechnologie [PFDK98], [LSV08], [25]. Ein zusätzlicher Vorteil dieser Methode ist, dass die entstehende Luftkavität unterhalb der Antenne im Fall von Patchantennen die Impedanzbandbreite erhöht. Der Hauptnachteil liegt darin, dass diese Methode bestimmte Bearbeitungsschritte voraussetzt, die von den Standardherstellungstechniken abweichen können, sowie in einer geringeren mechanischen Stabilität des Gesamtstruktur.

Elektromagnetische Bandlückenstrukturen

Eine weitere in Veröffentlichungen oft genannte Methode, ist die Realisierung einer Struktur um die Antenne herum, die eine elektromagnetische Bandlücke (Electromagnetic Bandgap - EBG) aufweist. Das bedeutet, dass die Randbedingungen für die Helmholtz-Gleichung durch die meist periodischen Strukturen so verändert werden, dass im gewünschten Frequenzbereich keine Oberflächenwellenmode mehr ausbreitungsfähig ist. Beispiele für solch eine EBG-

Struktur sind mehrere Reihen von Luftlöchern [GdMS99] oder periodische Metallstrukturen mit Durchkontaktierungen zur Rückseite [LVS09]. Ein Vorteil dieser Methode liegt darin, dass sich die Ausbreitung der Oberflächenwellen sehr stark unterdrücken lässt. Ein Nachteil liegt im relativ großen Platzbedarf. Die periodischen Strukturen liegen in der Größenordnung einer Wellenlänge. Für ein effektives Design sollte die Struktur zumindest drei Perioden besitzen [CRS99]. Somit beträgt die Gesamtgröße von Antenne und EBG-Struktur mehrere Wellenlängen.

Soft-Surface-Strukturen

Auch durch sogenannte Soft-Surface-Strukturen können Oberflächenwellen unterbunden werden. In diesem Fall werden Metallstreifen einer bestimmten Breite um die Antenne herum angeordnet [LDT$^+$05], [RIQTIS09]. Diese Metallstreifen sind dabei mit einer Reihe von Durchkontaktierungen mit der metallisierten Unterseite des Substrats verbunden. In einigen Fällen entstehen dabei quasi metallische Wände, wodurch die Antenne in eine Kavität eingebettet ist [LKP$^+$06]. Als Vorteil dieser Strukturen wird ein geringerer Flächenbedarf im Vergleich zu EBG-Strukturen genannt [LDT$^+$05]. Selbst in [LDT$^+$05] wird jedoch eine Fläche in der Größenordnung von über einer Freiraumwellenlänge benötigt. Ein Nachteil sind die zwingend erforderlichen Durchkontaktierungen durch das Substrat, die beispielsweise in Dünnschichttechnik nicht in den erforderlichen geringen Abständen realisierbar sind.

Unterdrückung von Oberflächenwellen durch eine Gruppenanordnung von Einzelstrahlern

Die bislang genannten Möglichkeiten, um Oberflächenwellen zu unterdrücken, sind in der vorliegenden Arbeit aus verschiedenen Gründen nicht anwendbar. Eine Substratausdünnung erfordert spezielle Bearbeitungsschritte, EBG-Strukturen haben einen zu großen Flächenbedarf und Soft-Surface-Strukturen benötigen eng beieinander liegende Durchkontaktierungen. Aus diesen Gründen wurde in dieser Arbeit eine neue Methode erarbeitet, mit der mindestens eine ausbreitungsfähige Oberflächenwellenmode effizient unterdrückt werden kann. Diese Methode beruht auf einer Anordnung von mehreren gleichphasig gespeisten Einzelstrahlern.

Der Betrag des Gruppenfaktors einer in der xy-Ebene angeordneten Antennengruppe (siehe Bild 5.9) mit n_x Reihen und n_y Spalten wie in Bild 5.9 ergibt sich nach [Zwi10] zu:

$$|F_{\text{Gr}}(\theta, \psi)| = \frac{|\sin\{\frac{n_x}{2}(\frac{2\pi d_x}{\lambda_o}\cos\psi\sin\theta - \varphi_{0x})\}|}{|\sin\{\frac{1}{2}(\frac{2\pi d_x}{\lambda_o}\cos\psi\sin\theta - \varphi_{0x})\}|} \cdot \frac{|\sin\{\frac{n_y}{2}(\frac{2\pi d_y}{\lambda_o}\sin\psi\sin\theta - \varphi_{0y})\}|}{|\sin\{\frac{1}{2}(\frac{2\pi d_y}{\lambda_o}\sin\psi\sin\theta - \varphi_{0y})\}|} \tag{5.31}$$

Vereinfacht man diese Gleichung unter der Annahme, dass die Gruppe aus 2 x 2 Elementen besteht ($n_x = n_y = 2$), sowie dass alle Elemente gleichphasig gespeist werden ($\varphi_{0x} = \varphi_{0y} = 0$), so ergibt sich:

$$|F_{\text{Gr}}(\theta, \psi)| = \frac{|\sin\{\frac{2\pi d_x}{\lambda_o}\cos\psi\sin\theta\}|}{|\sin\{\frac{\pi d_x}{\lambda_o}\cos\psi\sin\theta\}|} \cdot \frac{|\sin\{\frac{2\pi d_y}{\lambda_o}\sin\psi\sin\theta\}|}{|\sin\{\frac{\pi d_y}{\lambda_o}\sin\psi\sin\theta\}|} \tag{5.32}$$

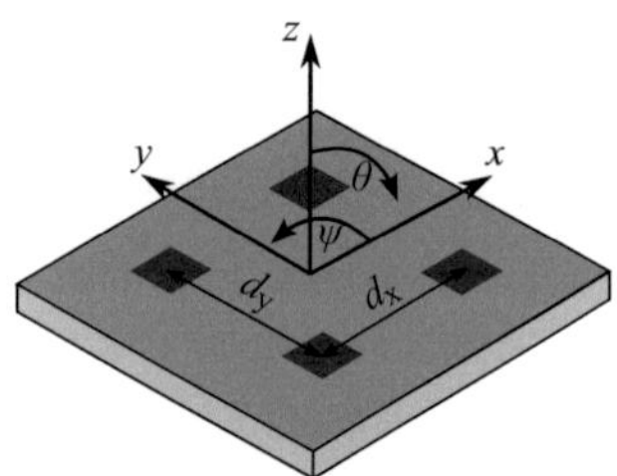

Bild 5.9.: Eine in der xy-Ebene angeordnete Antennengruppe

Im Folgenden wird auf Grundlage dieser Gleichung die Unterdrückung einer dominanten Oberflächenwellenmode erklärt. Dabei werden folgende Annahmen getroffen:

– Zur Betrachtung der Ausbreitung der Oberflächenwellen im Substrat wird in Gleichung (5.32) der Elevationswinkel $\theta = 90°$ gesetzt.

– Gleichung (5.32) gilt unter der Annahme, dass man sich im Fernfeld befindet. Im Folgenden werden somit die Oberflächenwellen in einem virtuellen Fernfeld im Substrat betrachtet.

   – Da im Folgenden die Ausbreitung der dominanten Oberflächenwellenmode anstatt von Freiraumwellen betrachtet wird, wird in Gleichung
(5.32) die Freiraumwellenlänge λ_0 mit der geführten Wellenlänge der
dominanten Oberflächenwellenmode λ_{SW} (Surface Wave - SW) ersetzt.

Diese Annahmen führen zu der Gleichung

$$|F_{\mathrm{Gr,SW}}(\psi)| = \frac{|\sin(\frac{2\pi d_x}{\lambda_{\mathrm{SW}}}\cos\psi)|}{|\sin(\frac{\pi d_x}{\lambda_{\mathrm{SW}}}\cos\psi)|} \cdot \frac{|\sin(\frac{2\pi d_y}{\lambda_{\mathrm{SW}}}\sin\psi)|}{|\sin(\frac{\pi d_y}{\lambda_{\mathrm{SW}}}\sin\psi)|} \qquad (5.33)$$

Mit der trigonometrischen Identität $\sin(2x) = 2\sin(x)\cos(x)$ [Bro01] lässt
sich dies weiter vereinfachen zu

$$|F_{\mathrm{Gr,SW}}(\psi)| = |2\cos(\frac{\pi d_x}{\lambda_{\mathrm{SW}}}\cos\psi)| \cdot |2\cos(\frac{\pi d_y}{\lambda_{\mathrm{SW}}}\sin\psi)| \qquad (5.34)$$

Durch die Wahl von geeigneten Abständen d_x und d_y im Verhältnis zu λ_{SW}
kann die Leistung, die innerhalb der Oberflächenwellenmode durch das Substrat wandert, im Vergleich zu einem einzelnen Strahler deutlich reduziert werden. Dies wird nun anschaulich anhand eines konkreten Beispiels erläutert. Gegeben ist ein Substrat aus Alumina mit der Dicke $d = 127\,\mu\mathrm{m}$. Dieses ist auf
der Rückseite komplett metallisiert. Für die Frequenz 122,5 GHz ergibt sich somit $d/\lambda_0 = 0{,}052$. Nach Bild 5.8 ist in diesem Fall nur die TM_0-Mode ausbreitungsfähig. Es ergibt sich für diesen ein Verkürzungsfaktor von $\beta/k_0 = 1{,}09$.
Nach Tabelle 5.2 würde auf einem unendlich ausgedehnten Substrat ca. 55 %
der in eine Patchantenne eingespeisten Leistung in diese Oberflächenwellenmode gekoppelt, anstatt abgestrahlt zu werden. Dies führt zu den in Bild 5.3
dargestellten Effekten im Fall eines endlich ausgedehnten Substrats. Betrachtet
wird nun im ersten Schritt keine Patchantenne, sondern eine koaxiale Einkopplung von der Rückseite des Substrats, bei der der Innenleiter bis zur Oberfläche des Substrats reicht. Diese Art der Einkopplung erzeugt eine zylindrische
Ausbreitung der TM_0-Mode mit gleicher Amplitude in alle Winkelrichtungen.
Zur Veranschaulichung ist in Bild 5.10 ein Simulationsergebnis des Betrags
des Magnetfelds in der Ebene $z = 20\,\mu\mathrm{m}$ dargestellt. Bei dieser Simulation wurden offene Grenzflächen an den Substratkanten für $x = \pm 5\,\mathrm{mm}$ und
$y = \pm 5\,\mathrm{mm}$ definiert, die alle dort eintreffenden Felder reflexionsfrei aufnehmen. Die koaxiale Einkopplung stellt in diesem Fall eine isotrope Quelle dar,
die die TM_0-Mode in allen Winkelrichtungen mit der konstanten Direktivität

D_0 erzeugt:

$$D_{\mathrm{SW,einzel}}(\psi) = D_0 \tag{5.35}$$

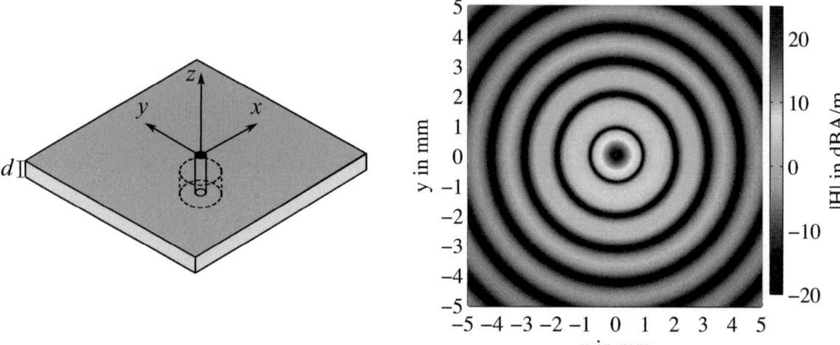

(a) Ansicht der koaxialen Einkopplung in das Substrat

(b) Betrag des Magnetfelds in der Ebene $z = 20\,\mu m$

Bild 5.10.: TM_0-Oberflächenwellenmode, angeregt durch koaxiale Einkopplung in ein 127 µm dickes Aluminasubstrat

Im Gegensatz dazu wird die Direktivität $D_{\mathrm{SW,gruppe}}(\psi)$ einer Gruppe aus vier solcher symmetrisch in x- und y-Richtung angeordneten isotropen Quellen maßgeblich durch deren Abstand und deren Phasen- und Amplitudenbeziehung zueinander bestimmt. Es wurde dabei bereits definiert, dass alle vier Elemente gleichphasig gespeist werden. Zudem soll die eingespeiste Leistung auf alle vier Elemente gleichmäßig aufgeteilt werden. Es ergibt sich somit mittels (5.34)

$$\begin{aligned}
D_{\mathrm{SW,gruppe}}(\psi) &= \frac{D_0}{4} \cdot |F_{\mathrm{Gr,SW}}(\psi)|^2 \\
&= 4D_0 \cdot |\cos(\frac{\pi d_x}{\lambda_{\mathrm{SW}}} \cos\psi)|^2 \cdot |\cos(\frac{\pi d_y}{\lambda_{\mathrm{SW}}} \sin\psi)|^2
\end{aligned} \tag{5.36}$$

Das Verhältnis

$$\begin{aligned}
V_{\mathrm{SW}}(\psi) &= \frac{D_{\mathrm{SW,gruppe}}(\psi)}{D_{\mathrm{SW,einzel}}(\psi)} \\
&= 4 \cdot |\cos(\frac{\pi d_x}{\lambda_{\mathrm{SW}}} \cos\psi)|^2 \cdot |\cos(\frac{\pi d_y}{\lambda_{\mathrm{SW}}} \sin\psi)|^2
\end{aligned} \tag{5.37}$$

beschreibt somit in welchen Winkelrichtungen die Amplitude der Oberflächenwelle durch die Gruppenanordnung unterdrückt ($V_{SW} < 1$) bzw. verstärkt ($V_{SW} > 1$) wird. Bild 5.11 zeigt, bei gegebener geführter Wellenlänge $\lambda_{SW} = 2,247$ mm, $V_{SW}(\psi)$ für verschiedene Abstände $d_x = d_y$ zwischen den Feldquellen.

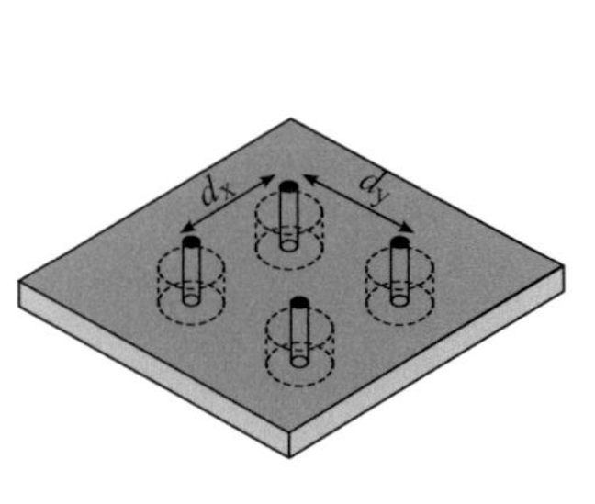

(a) Ansicht der vier koaxialen Einkopplungen in das Substrat

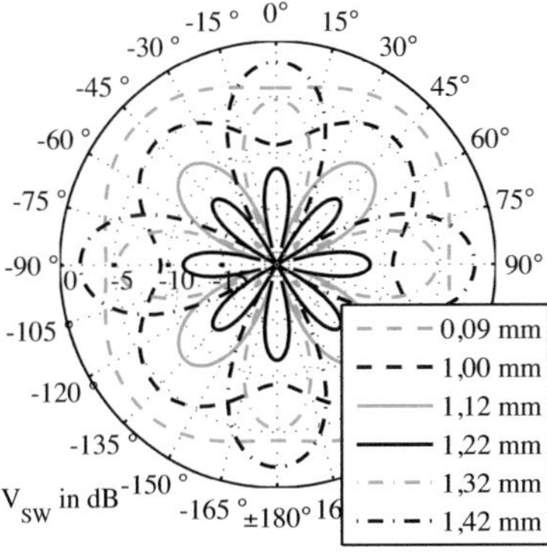

(b) Verhältnis $V_{SW}(\psi)$ für verschiedene Werte $d_x = d_y$

Bild 5.11.: Unterdrückung der Oberflächenwelle durch eine Gruppenanordnung von vier koaxialen Einspeisungen

Es zeigt sich dabei, dass sich die Feldstärke in der Oberflächenwellenmode über einen weiten Bereich von Abständen zwischen den Feldquellen im Vergleich zu der von einer einzelnen Feldquelle hervorgerufenen Feldstärke reduziert. Je nach Abstand ergeben sich Vorzugsrichtungen, in die mehr Leistung gestrahlt wird und Richtungen, in denen sich keine Wellen mehr ausbreiten. Für die Abstände $d_x = d_y = 1,12$ mm $\simeq \lambda_{SW}/2$ ergibt sich eine komplette Unterdrückung in die Winkelrichtungen 0°, 90°, 180° und 270°. Allerdings ergeben sich auch Nebenkeulen mit dem Wert $V_{SW} = $ -8,0 dB für die vier Winkel 45°, 135°, 225° und 315°. Eine noch bessere Unterdrückung der Oberflächenwelle über alle Raumrichtungen gesehen ergibt sich für den Wert $d_x = d_y = 1,22$ mm. In diesem Fall gilt für alle Raumrichtungen $V_{SW}(\psi) < $ -11,4 dB, was bedeutet, dass die Leistung in der Oberflächenwellenmode auf 7,2 % der Leistung einer Einzelquelle reduziert wird. Zur Veranschaulichung dieser Methodik zeigt Bild 5.12 Simulationsergebnisse des Betrags des Magnetfelds in der Ebene $z = 20$ µm, für vier koaxiale Feldquellen mit den zu Bild 5.11 passenden Abständen zwischen den Strahlern. Es ist dabei deutlich erkennbar, dass die Oberflächenwellen im Vergleich zu Bild 5.10 merklich reduziert wurden. Zudem sind die zu Bild 5.11 passenden Vorzugsrichtungen der noch existierenden Oberflächenwellen erkennbar sowie die Tatsache, dass für den Fall $d_x = d_y = 1{,}22$ mm die beste Unterdrückung erzielt wird.

Beim Anwenden dieser Methodik auf Antennen muss beachtet werden, dass die jeweilige Antennenart Oberflächenwellen nicht in jede Winkelrichtung gleichförmig erzeugt. Eine Patchantenne zum Beispiel erzeugt Oberflächenwellen vorwiegend von den beiden abstrahlenden Kanten aus und somit parallel zur E-Ebene [Poz83]. Die Antennen besitzen somit quasi einen Oberflächenwellenelementfaktor. Folglich kann im Einzelfall sogar schon eine Anordnung aus zwei Antennen ausreichen, um die dominante Oberflächenwellenmode zu unterdrücken.

Ausgangspunkt für die erarbeitete Methodik waren die in Bild 5.3 dargestellten stark variierenden Richtdiagramme einer einzelnen Antenne auf einem elektrisch dicken Substrat. Zur Demonstration der beschriebenen Methodik zeigt Bild 5.14 die selben Diagramme für eine 2 x 2 Antennengruppe mit vier diskret gespeisten Patchelementen. Es zeigt sich, dass die Form der Hauptkeule sowohl von der Substratdicke als auch von der Position der Antennengruppe auf dem 2,8 mm $\times$ 2,8 mm großen Substrat nicht beeinflusst wird. Lediglich die Rückstrahlung variiert mit der Substratdicke und wird für ein dicker werdendes Substrat leicht größer. Im direkten Vergleich von Bild 5.3 und Bild 5.14 zeigt sich somit nochmals, dass die beschriebene Methode Oberflächenwellen effizient unterdrückt und die Beeinflussung auf das Abstrahlverhalten der Antennen merklich reduziert. Diese Methodik ermöglicht somit die Realisierung von optimal abstrahlenden Antennen selbst auf elektrisch dicken und hochpermittiven Materialien. Ein großer Vorteil liegt darin, dass keine Durchkontaktierungen durch das Substrat benötigt werden. Somit können kostengünstige Herstellungstechniken mit nur einer Metalllage verwendet werden. Im Vergleich zu EBG-Strukturen ist der notwendige Platzbedarf trotz der Antennengruppe immer noch geringer. Ein sehr attraktiver Nebeneffekt ist zudem, dass durch die gleichphasig gespeiste Antennengruppe eine höhere Richtwirkung entsteht. Dies ist vor allem für hochintegrierte Radarsensoren sehr attraktiv.

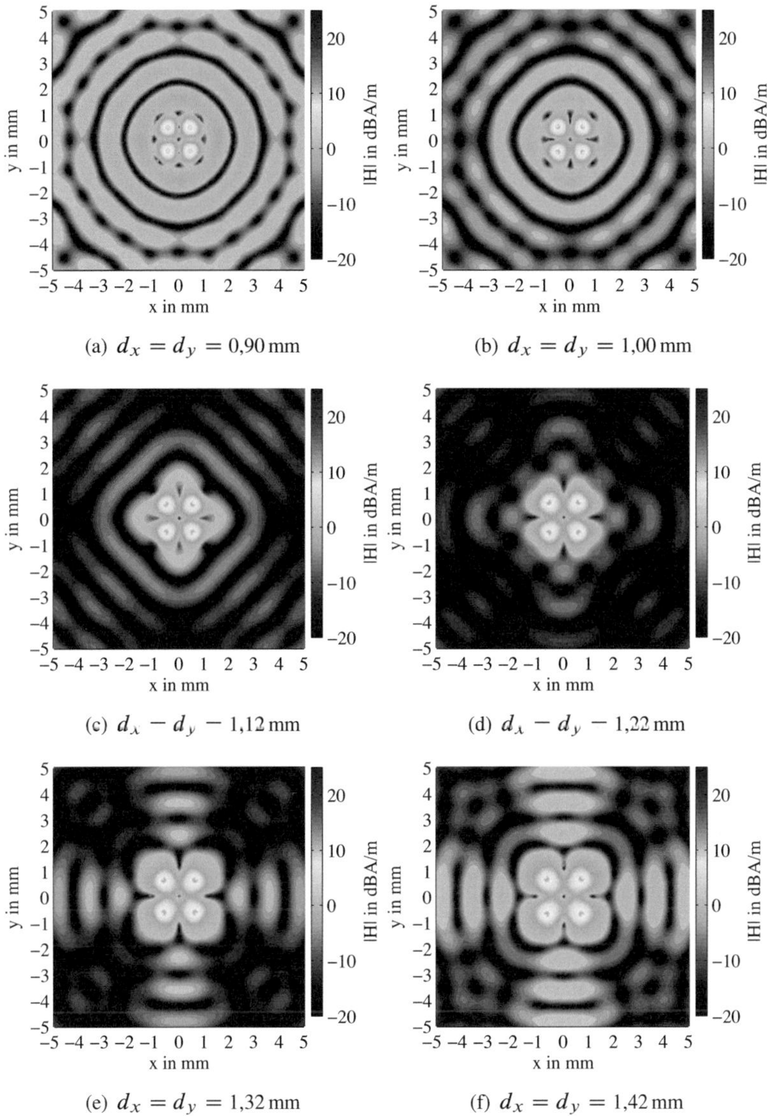

(a) $d_x = d_y = 0{,}90\,\text{mm}$

(b) $d_x = d_y = 1{,}00\,\text{mm}$

(c) $d_x = d_y = 1{,}12\,\text{mm}$

(d) $d_x = d_y = 1{,}22\,\text{mm}$

(e) $d_x = d_y = 1{,}32\,\text{mm}$

(f) $d_x = d_y = 1{,}42\,\text{mm}$

Bild 5.12.: Betrag des Magnetfelds der TM_0-Oberflächenwellenmode in der Ebene $z = 20\,\mu\text{m}$ in Abhängigkeit des Abstands der koaxialen Einkopplungen

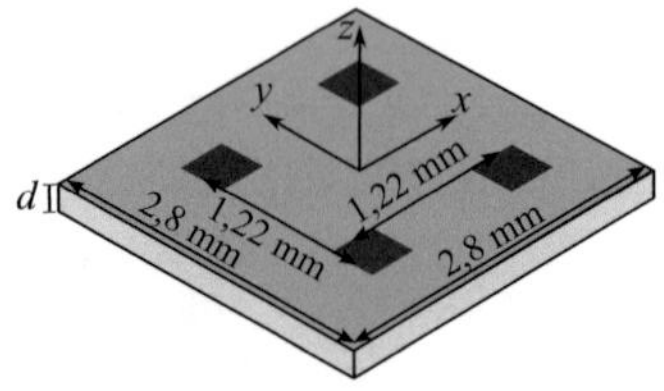

Bild 5.13.: Diskret gespeiste Patchantennengruppe mit den Abständen $d_x = d_y = 1{,}22$ mm auf einem Aluminasubstrat der Größe 2,8 mm × 2,8 mm

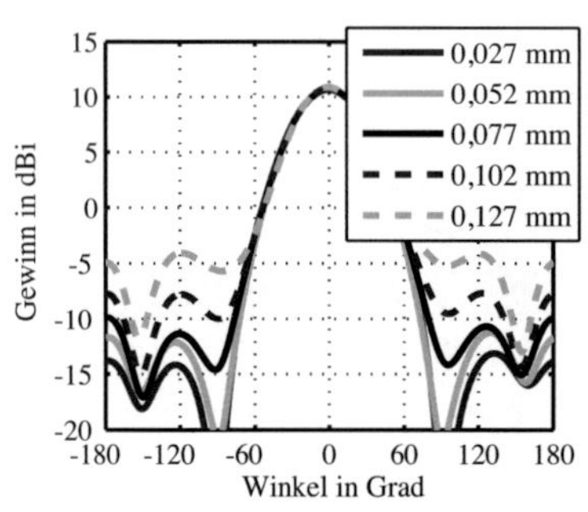

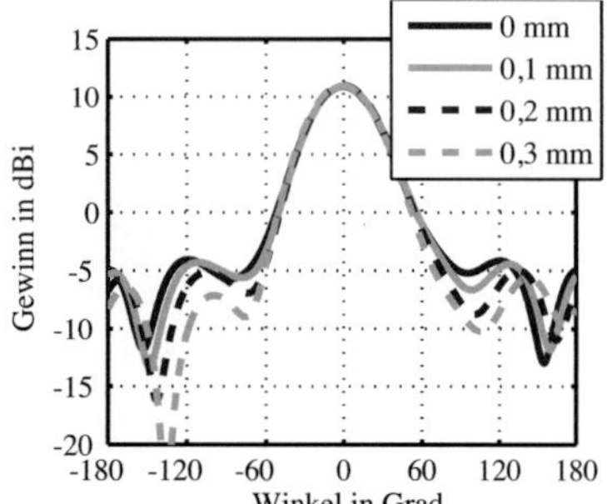

(a) Variation der Substratdicke

(b) Verschiebung der Antennen-Position um Δx auf einem 127 µm dicken Substrat

Bild 5.14.: 122,5 GHz Richtdiagramme eines 2x2 Patch-Antennengruppe auf einem Aluminasubstrat in der E-Ebene

5.2. Einfluss des Gehäuses und des Gehäusedeckels

Durch die im vorangegangenen Abschnitt beschriebene Methodik ist es möglich, selbst auf elektrisch dicken und im Einzelfall hochpermittiven Materialien optimal abstrahlende Antennen zu realisieren. Dies legt somit die Grundlage für funktionale Streifenleitungsantennen im Frequenzbereich um 122 GHz. Wünschenswert ist für alle in Abschnitt 2.4 beschriebenen Anordnungen eine möglichst gerichtete Abstrahlung senkrecht nach oben. Dabei ist es jedoch wichtig, die Antenne nicht nur einzeln zu betrachten, sondern den Einfluss des gesamten Gehäuses zu berücksichtigen. In direkter Umgebung um die Antenne befinden sich der Silizium-MMIC, die metallischen Kontaktflächen sowie das dielektrische Vergussmaterial des Gehäuses. Vor allem das hochpermittive

Siliziummaterial ($\epsilon_r = 11{,}8$) kann dabei einen stark unerwünschten Einfluss erzeugen, da elektromagnetische Wellen zum elektrisch dichteren Medium gezogen werden und somit das Siliziummaterial die von der Antenne abgestrahlte Leistung aufnehmen kann. Hilfreich kann hierbei ebenfalls eine Gruppenanordnung mit einer höheren Richtwirkung sein, um die Abstrahlung in Richtung des Silizium-MMICs und auch in Richtung der dielektrischen Wände des Gehäuses zu minimieren. In jedem Fall muss jedoch der Einfluss des Gehäuses und des hochpermittiven Silizium-MMICs auch experimentell überprüft werden. Dies wird in Kapitel 6 unter Verwendung von Chip-Dummys durchgeführt.

Der größte Einfluss des Gehäuses entsteht durch den Gehäusedeckel. Dieser liegt in Hauptstrahlrichtung der Antenne und folglich muss die komplette abgestrahlte Leistung diesen Deckel durchdringen. Der Gehäusedeckel ist notwendig, um das Gehäuse zu verschließen und somit die elektronischen Bausteine zu schützen. Zudem benötigt das Gehäuse eine flache Oberfläche, um von den Vakuumwerkzeugen der SMD-Bestückungsmaschinen verarbeitet werden zu können. Für die Antenne selbst wirkt der Deckel ähnlich wie ein Radom [Koz97], [Sko90]. Der Deckel, der in der Regel aus elektrisch dichteren Materialien als Luft ($\epsilon_r > 1$) besteht, stellt somit für die abgestrahlte Welle eine dielektrische Grenzfläche dar (siehe Bild 5.15). An dieser wird die abgestrahlte Welle teilweise reflektiert und teilweise transmittiert. Trifft die Welle nicht senkrecht auf die Grenzfläche, so ändert sich ihre Ausbreitungsrichtung zudem nach dem Snelliusschen Brechungsgesetz. Beim Austritt aus dem Deckel wird die Welle wiederum teilweise reflektiert und gebrochen. Dielektrische Verluste des Deckels führen zu einer weiteren Beeinflussung der Antennenparameter.

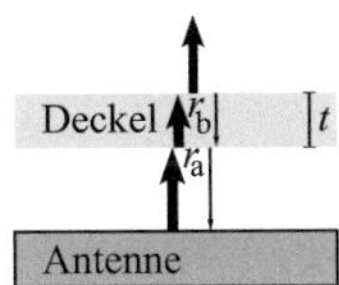

Bild 5.15.: Reflexionen an den Grenzflächen Luft-Dielektrikum und Dielektrikum-Luft

Im Gegensatz zum Feldwellenwiderstand im Vakuum $Z_{F,0}$ ist das Verhältnis von elektrischem Feld zu magnetischem Feld im dielektrischen Medium mit der Permittivität ϵ_r

$$Z_{F,c} = \frac{Z_{F,0}}{\sqrt{\epsilon_r}}. \tag{5.38}$$

Analog zur Leitungstheorie kann somit der Reflexionsfaktor r_a der Welle beim Eintritt in den Deckel bestimmt werden zu

$$r_{\mathrm{a}} = \frac{Z_{\mathrm{F},\epsilon} - Z_{\mathrm{F},0}}{Z_{\mathrm{F},\epsilon} + Z_{\mathrm{F},0}} = \frac{1 - \sqrt{\epsilon_{\mathrm{r}}}}{1 + \sqrt{\epsilon_{\mathrm{r}}}}. \tag{5.39}$$

Dieser hat ein negatives Vorzeichen, was bedeutet, dass die reflektierte Welle um 180° phasenverschoben zur einfallenden Welle ist. Beim Austritt der Welle aus dem Deckel gilt analog

$$r_{\mathrm{b}} = \frac{Z_{\mathrm{F},0} - Z_{\mathrm{F},\epsilon}}{Z_{\mathrm{F},0} + Z_{\mathrm{F},\epsilon}} = \frac{\sqrt{\epsilon_{\mathrm{r}}} - 1}{\sqrt{\epsilon_{\mathrm{r}}} + 1} = -r_{\mathrm{a}}. \tag{5.40}$$

Da r_{b} ein positives Vorzeichen hat, hat reflektierte Welle am Grenzübergang Deckel-Luft somit die selbe Phase wie die einfallende Welle.

Deckel mit geringer Dicke

Hat der Deckel nun eine gegenüber der Wellenlänge im Medium geringe Dicke, so kann näherungsweise davon ausgegangen werden, dass sich die beiden reflektierten Wellen auslöschen, da sie um 180° phasenverschoben sind (siehe Bild 5.16(a)). Dabei muss jedoch die Annahme erfüllt sein, dass der Laufzeitunterschied $\Delta t = \frac{2\sqrt{\epsilon_{\mathrm{r}}}t}{c_0}$ der beiden reflektierten Wellen gering ist. Dies gilt für Materialstärken im Bereich [Koz97]

$$t < 0{,}1\lambda_\epsilon = 0{,}1\frac{\lambda_0}{\sqrt{\epsilon_{\mathrm{r}}}}. \tag{5.41}$$

Ein Deckel aus einem Material mit der Permittivität 3,0 bzw. 10,0 müsste somit bei 122 GHz dünner als 141 µm bzw. 77 µm sein. Es ist somit sehr fraglich, ob ein Deckel aus einem geeigneten festen Material überhaupt möglich ist.

Deckel mit der Dicke einer halben Wellenlänge

Um trotzdem eine Konfiguration zu schaffen, bei der sich die reflektierten Wellen zumindest bei orthogonalem Einfall gegenseitig auslöschen, ist es notwendig, dass der Laufzeitunterschied Δt zu einer Phasendrehung um 360° führt. Auch dann sind die beiden reflektierten Wellen um 180° phasenverschoben und löschen sich aus (Bild 5.16(b)). In diesem Fall muss die Materialstärke des

Deckels einer halben Wellenlänge im Medium entsprechen.

$$t = \frac{\lambda_\epsilon}{2} = \frac{\lambda_0}{2\sqrt{\epsilon_\mathrm{r}}} \tag{5.42}$$

Bei Dielektrizitätszahlen von 3,0 und 10,0 entspricht dies jeweils einer Dicke von 707 µm und 387 µm. Diese Werte liegen beide in einem sinnvollen Bereich und entsprechen durchaus typischen Materialstärken von kommerziell erhältlichen Gehäusedeckeln. Im Fall von schräg einfallenden Wellen sowie einer abweichenden Frequenz, kommt es nicht mehr zu einer optimalen Auslöschung der reflektierten Wellen. Es muss somit im Einzelfall je nach Antennenbandbreite und Breite der Hauptkeule untersucht werden, ob der Deckel die gewünschten Eigenschaften hat. In der Literatur wird für diese Deckelart eine Bandbreite von 5% genannt, das heißt innerhalb dieser Bandbreite ändern sich die Antenneneigenschaften durch den Deckel nicht [Koz97].

Deckel aus mehrschichtigen Materialien

Weitere Radomarten, die so aufgebaut sind, dass sich die reflektierten Wellen gegenseitig auslöschen, werden aus mehrschichtigen Materialien hergestellt [Koz97]. In der Regel werden dabei dünne Schichten von hochpermittiven Materialien verwendet, die eine dickere Schicht eines Materials mit geringerer Dielektrizitätskonstante einbetten. Je nach gewünschter Bandbreite und minimal zulässiger Dämpfung existieren verschiedene Varianten aus mindestens drei, teilweise mehr als sieben Schichten. Diese speziellen Radomarten sind jedoch aus herstellungstechnischen Gründen für Chip-Gehäuse mit Millimeterwellenantennen vermutlich nicht sinnvoll.

Gewinnerhöhung durch Resonanzfall

Die vorigen Deckelarten dienten alle dem Ziel der Auslöschung der reflektierten Wellen und somit einem möglichst ungehinderten Passieren der elektromagnetischen Welle. Löst man sich jedoch vom Gedanken, dass der Deckel nur als Antennenradom dient, das die Antenne nicht beeinflussen soll, so kann ein gemeinsames Optimieren von Antenne und Deckel sogar zu einer Vergrößerung des Antennengewinns führen. Mit dem Effekt eines dielektrischen Materials oberhalb einer Antenne mit metallischem Reflektor beschäftigen sich verschiedene Arbeiten [JA85], [TSS08], [SVVdC95]. Eine sehr interessante Anordnung ist als Resonanzfall bekannt. In diesem Fall wird ein dielektrisches Material mit der Dicke von $t = \lambda_\epsilon/4$ verwendet. Der Abstand zwischen reflektierender Metallfläche und dem dielektrischen Material ist dabei $\lambda_0/2$. Durch die gewählte Materialstärke des Deckels führt der Laufzeitunterschied der reflektierten Wellen zu einem Phasenunterschied von 180°. Mit den zusätzlichen 180° Phasenunterschied, die durch die unterschiedlichen Vorzeichen der beiden Reflexionsfaktoren entstehen, führt dies zu einer gleichphasigen Addition der beiden reflektierten Wellen. Dies führt im Prinzip zu einer stehenden Welle, die durch den metallischen Reflektor im Abstand $\lambda_0/2$ nochmals verstärkt wird. Für diesen sogenannten Resonanzfall gibt es optimale Antennenpositionen unterhalb des Deckels. [JA85] betrachtet einen Hertz'schen Dipol $\lambda_0/4$ unterhalb des Deckels, [TSS08] eine Schlitzantenne in der reflektierenden Massefläche und [SVVdC95] eine Patchantenne, deren Substrat auf den metallischen Reflektor aufgebracht ist. In allen Fällen wird eine theoretische Erhöhung des Antennengewinns proportional zur Permittivität des Deckelmaterials berechnet. Dieser Resonanzfall wurde auch experimentell nachgewiesen [TSS08]. Wichtig ist dabei, dass der Deckel in diesem Fall zwar zu einer Gewinnerhöhung führt, die Antennenimpedanz jedoch durch die reflektierten Wellen stark beeinflusst wird. Die Bandbreite kann sich dabei um den Faktor ϵ_r reduzieren [JA85]. Zudem muss auch die Antenne selbst sehr exakt gegenüber dem Reflektor und dem Deckel positioniert werden. Auch die Größe des Deckels beeinflusst dabei das Verhalten der Antenne [VLH09]. Es muss folglich im Einzelfall analysiert werden, für welche der in Abschnitt 2.4 beschriebenen Anordnungen diese Variante funktional ist.

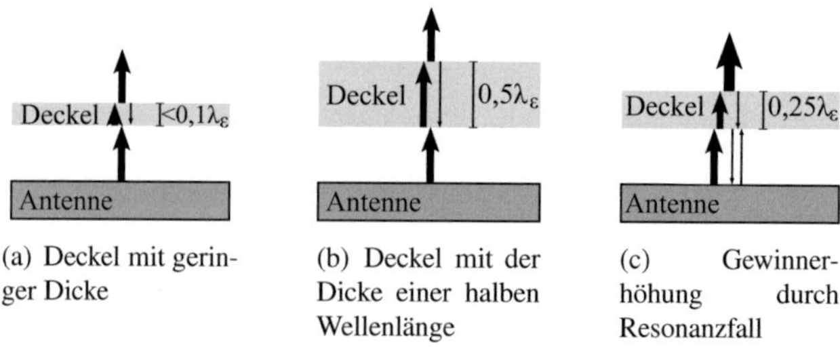

(a) Deckel mit geringer Dicke

(b) Deckel mit der Dicke einer halben Wellenlänge

(c) Gewinnerhöhung durch Resonanzfall

Bild 5.16.: Spezialfälle von Deckel- bzw. Radomgeometrien

6. Antennendesigns für miniaturisierte Radarsensorik

Aufbauend auf den vorangegangenen Kapiteln werden im folgenden Abschnitt vier spezifische Antennendesigns für vollintegrierte Radarsensoren vorgestellt. Das Layout dieser integrierten Antennen ist speziell auf die Aufbautechnikvarianten aus den Bildern 2.10, 2.11, 2.14 und 2.15 ausgerichtet. Dabei sind die Antennen für eine Gehäusegröße von 8 mm × 8 mm optimiert. In dieses Gehäuse werden im Fall eines monostatischen Radar-ICs eine, sowie im Fall eines bistatischen Radar-ICs zwei der Antennen integriert. Die Zielvorgabe der Antennendesigns ist eine bestmögliche Ausnützung der vorhandenen Fläche, um eine möglichst direktive Antenne mit einem Gewinn oberhalb von 10 dBi bei einer symmetrischen Richtcharakteristik zu erzielen. Die Antennenperformanz soll dabei möglichst unabhängig von der Position der Antenne auf dem Substrat sein. Die Impedanzbandbreite der Antennen ist hauptsächlich durch den jeweiligen Querschnitt der Aufbautechnikvariante begrenzt, sollte jedoch mindestens das ISM-Band von 122 GHz bis 123 GHz abdecken und falls möglich diese Bandbreite übertreffen, um einerseits eine gewisse Toleranz gegenüber Fertigungsabweichungen zu erlauben und andererseits auch für breitbandigere Anwendungen nutzbar zu sein.

Die im Folgenden gezeigten Antennendesigns ermöglichen alle eine Kompensation der Bonddraht- oder Flip-Chip-Verbindung nach den in den Abschnitten 3.2.2 und 3.3.2 vorgestellten Methoden. Drei der vier vorgestellten Antennen basieren auf dem in Kapitel 5.1.2 erläuterten Prinzip der Oberflächenwellenunterdrückung durch eine Gruppenanordnung von gleichphasig gespeisten Elementen. Die Antennen wurden mit dem 3D-Feldsimulationsprogramm CST Microwave Studio® entwickelt und optimiert, anschließend in Dünnschichttechnik gefertigt und mit dem in Kapitel 4 beschriebenen System messtechnisch verifiziert. Die im Abschnitt 5.2 beschriebene Beeinflussung der Antenne durch das Gehäuse wird sowohl mit Simulationen als auch experimentell untersucht. Hierfür wurden Chip-Dummys hergestellt und an Stelle der MMICs zusammen mit den Antennen in die Gehäuse integriert. Die

Chip-Dummys, die bereits in Kapitel 3 Anwendung fanden, sind aus einem 0,254 mm dicken und 2 mm × 2 mm großen Aluminasubstrat gefertigt und haben damit fast identische Abmessungen zu den Silizium-ICs. Sie beinhalten eine 50 Ω-Durchgangsleitung, die es ermöglicht, die Antennen zusammen mit der Bonddraht- oder Flip-Chip-Verbindung zu messen. Alumina wurde dabei ausgewählt, da es eine ähnlich hohe Permittivität (9,5) wie Silizium (11,8) hat und somit den Einfluss des hochpermittiven MMICs auf die Antenne nachahmt.

6.1. Antennen für Aufbautechnikvarianten mit Bonddrahttechnik

Die Aufbautechnikvarianten 1 und 2 aus den Bildern 2.10 und 2.11 basieren auf der naheliegendsten Lösung zur Anordnung von IC und Antenne innerhalb eines Chip-Gehäuses. Antenne und IC werden dabei nebeneinander in das Gehäuse eingeklebt. Die Millimeterwellenverbindung zwischen IC und Antenne wird durch eine koplanare Bonddrahtverbindung realisiert. Das Antennendesign muss somit entweder eine Kompensationsschaltung nach Abschnitt 3.2.2 erlauben oder eine Fußpunktimpedanz von 50 Ω haben, um die selbstkompensierende Verbindung nutzen zu können. Für eine Mittenfrequenz von 122,5 GHz lässt sich mit einer asymmetrisch kompensierten Verbindung eine relative Bandbreite von bis zu 8% erzielen. Mit der selbstkompensierenden Halbwellenverbindung kann bei geringerer Reproduzierbarkeit sogar eine relative Bandbreite von bis zu 13% erzielt werden. Es ist somit wünschenswert, auch für die Antenne eine Bandbreite in dieser Größenordnung zu erzielen. Die Bandbreite von Streifenleitungsantennen hängt maßgeblich von der Permittivität des verwendeten Substratmaterials sowie von dessen Dicke ab [Bal05], [Poz92]. Bei freier Materialauswahl ist ein relativ dickes Substrat mit geringer Permittivität wünschenswert. Wie bereits in Abschnitt 5.1 beschrieben ist jedoch die Auswahl an geeigneten Substratmaterialien durch teilweise zu hohe Verluste im Millimeterwellenbereich beschränkt, was somit die Auswahl der Permittivität einschränkt. Zudem hängt auch die Anregung von möglichen Oberflächenwellenmoden maßgeblich von der Substratdicke ab. Im Folgenden werden zwei mögliche Antennendesigns aufgezeigt. Das erste eignet sich für die Aufbautechnikvariante aus Bild 2.10. In diesem Fall entspricht der Querschnitt dem einer typischen Streifenleitungsantenne mit metallisierter Unterseite. Die zweite Antenne nutzt nach Bild 2.11 eine Luftkavität unterhalb des Substrats, um eine höhere Bandbreite zu erzielen.

6.1.1. Koplanar gespeiste Antennengruppe mit Bonddrahtkompensationsschaltung

Bild 6.1 zeigt eine Draufsicht sowie einen Querschnitt der koplanar gespeisten Antennengruppe auf 0,1 mm dickem Rogers Ultralam mit metallisierter Unterseite. Die Antenne besteht aus vier abstrahlenden Patchelementen, die mit einem neuartigen Speisenetzwerk gleichphasig angeregt werden. Das Rogers Ultralam 3850 Substrat ist ein LCP-Material, das im Handel erhältlich ist (beidseitig mit 19 µm Kupfer beschichtet). Um die Antenne zu realisieren, wurde das Kupfer auf der Oberseite des Substrats komplett freigeätzt. Anschließend wurden die metallischen Strukturen mit einem Dünnschichtprozess auf die Oberseite des Substrats aufgebracht. Diese Metallisierung besteht aus einer Haftschicht, einer 3 µm dicken Kupferschicht sowie einer 0,5 µm Goldschicht an der Oberfläche. In den folgenden Abschnitten werden Details zu dieser Antenne dargelegt.

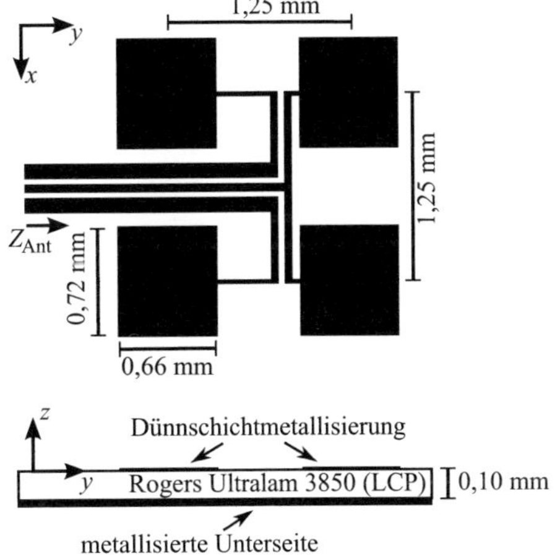

(a) Draufsicht und Querschnitt

(b) Antenne auf einer Eurocentmünze

Bild 6.1.: Koplanar gespeiste Antennengruppe auf 0,1 mm dickem Rogers Ultralam mit metallisierter Unterseite

Materialauswahl und Anordnung der abstrahlenden Elemente

Da die Antenne für die Aufbautechnikvariante 1 mit ihrer gesamten Fläche in das Gehäuse geklebt wird, ist in diesem Fall die mögliche Substratauswahl am größten. Es können sowohl starre als auch flexible Materialien verwendet werden. In der vorliegenden Arbeit war die einzige Bedingung, dass das Material mit dem Dünnschichtprozess der schweizer Firma Hightec [Hig12] bearbeitet werden kann. Eine Auswahl möglicher Substratmaterialien ist bereits in Tabelle 5.1 gegeben. Für den in Bild 6.1 gezeigten Antennenquerschnitt, der typischen Streifenleitungsantennen entspricht, eignet sich für eine hohe Bandbreite ein relativ dickes Substrat mit geringer Permittivität am besten. Aus diesem Grund wurde das Material Rogers Ultralam 3850 mit der größten erhältlichen Dicke von 0,1 mm verwendet. Weitere erhältliche Materialstärken sind 0,05 mm und 0,025 mm. Dickere Substrate können durch ein Aufeinanderkleben mehrerer Substrate realisiert werden. Dies erhöht jedoch den Aufwand und weist zusätzliche Unsicherheitsfaktoren auf, weswegen darauf verzichtet wurde. Das Material wird in der Literatur als sehr verlustarm bezeichnet, selbst bis in den hohen Millimeterwellenbereich [TTJ$^+$04], [LHT$^+$08]. Als Alternative zu diesem Material würden sich die verschiedenen Polyimidfolien z.B. von der Firma DuPont anbieten oder andere kommerziell erhältliche Materialien mit geringer Permittivität. Das Antennendesign selbst könnte problemlos auf diese anderen Materialien angepasst werden.

Die Materialeigenschaften im Millimeterwellenbereich des Rogers LCP wurden von verschiedenen Gruppen sowie vom Hersteller gemessen. Da diese Messungen jedoch teilweise voneinander abweichen (siehe Tabelle 6.1) und da bislang keine Messwerte oberhalb von 110 GHz bekannt sind, wurde die Permittivität in diesem Frequenzbereich mittels des Vergleichs von Messungen und 3D-Feldsimulationen von Ringresonatoren bestimmt (siehe Anhang C).

Die Antenne aus Bild 6.1 wurde mit einer Permittivitätsangabe von 3,02 entwickelt. Die Substratdicke von 0,1 mm führt bei 122,5 GHz zu einem normierten Wert $d/\lambda_0 = 0{,}041$. Es ist somit nur die TM_0-Oberflächenwellenmode ausbreitungsfähig. Dessen Verkürzungsfaktor ergibt sich zu $\beta/k_0 = 1{,}016$. Bei 122,5 GHz beträgt die geführte Wellenlänge der TM_0-Mode somit 2,41 mm. Mit einer Abschätzung aus Tabelle 5.2 ergibt sich auf einem unendlich ausgedehnten Substrat eine Leistung in dieser Mode von ca. 20% der in eine Patchantenne eingespeisten Leistung. Nur die restlichen 80% werden direkt wie erwünscht abgestrahlt. Um diesen Effekt zu reduzieren, werden vier gleichphasig gespeiste Patchelemente verwendet. Die Leistung in der Oberflächenwelle kann somit, je nach Abstand der Patchelemente, deutlich reduziert

Quelle	Frequenzbereich	ϵ_r	$\tan(\delta)$
Rogers	10 GHz	2,9	0,002
[JNS95]	7 GHz - 34 GHz	3,07 - 3,18	-
[ZGSL02]	4 GHz - 34 GHz	3,00 - 3,04	< 0,004
[TTJ$^+$04]	32 GHz - 105 GHz	3,11 - 3,21	< 0,005
[SD05]	60 GHz - 97 GHz	3,2 - 3,4	< 0,007
[HHK11]	58 GHz - 67 GHz	3,08 - 3,13	-
[LHT$^+$08]	60 GHz - 80 GHz	2,90 - 2,93	< 0,007
Anhang C	120 GHz - 155 GHz	2,97 - 3,07	-

Tabelle 6.1.: Messungen der dielektrischen Eigenschaften von Rogers Ultralam 3850 im Millimeterwellenbereich

werden. Die beste Unterdrückung ergibt sich auch in diesem Fall für Werte leicht oberhalb einer halben geführten Wellenlänge. Bild 6.2 zeigt das in Kapitel 5.1.2 definierte Verhältnis $V_{SW}(\psi)$ für die Abstände 1,20 mm, 1,25 mm und 1,30 mm. Da die Patchelemente Oberflächenwellen hauptsächlich von ihren abstrahlenden Kanten aus erzeugen, ergeben sich für diese die Vorzugsrichtungen $\pm 90°$. Um dort eine optimale Unterdrückung zu erzielen, wurde der Wert $d_x = d_y = 1,25$ mm gewählt.

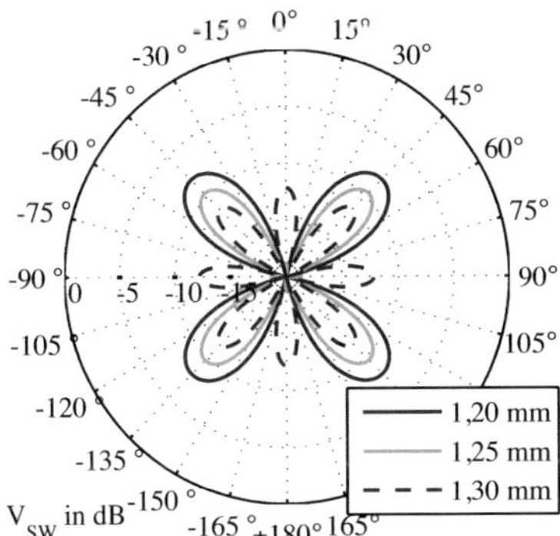

Bild 6.2.: Unterdrückung der Oberflächenwellen mit dem Verhältnis $V_{SW}(\psi)$ für verschiedene Werte $d_x = d_y$ auf einem Substrat der Dicke 0,1 mm und Permittivität 3,02.

Funktionsprinzip des Speisenetzwerks

Gruppen von Patchantennen werden meist mit einem Netzwerk aus Mikrostreifenleitungen gespeist. Dabei werden die Mikrostreifenleitungen entweder mit Leistungsteilern aufgeteilt (parallele Speisung), oder mehrere Patchelemente werden in Reihe von einer einzelnen Mikrostreifenleitung gespeist (serielle Speisung) [Bal05]. Ein Nachteil der parallelen Speisung liegt im teilweise hohen Platzbedarf durch die notwendigen Leistungsteiler. Zudem ist es oft schwierig die Patchelemente in geringerem Abstand als ca. $0{,}7\lambda_0$ zueinander anzuordnen, da das Speisenetzwerk zwischen den Elementen ausreichend Platz haben muss. Die serielle Speisung eignet sich an sich nur für einzelne Reihen von Antennen. Zudem gibt es in diesem Fall nur einen Abstand, für den die Elemente exakt gleichphasig sind. Ein weiterer Nachteil der Speisung mit Mikrostreifenleitungen in der vorliegenden Arbeit ist die Notwendigkeit eines Übergangs zur CPW-Leitung, die durch die Bondkontaktflächen entsteht. Vor allem die Tatsache, dass keine eng beieinanderliegenden Durchkontaktierungen verwendet werden können, erschwert den Aufbau eines solchen breitbandigen, reflexionsarmen Übergangs.

Aus diesen Gründen wurde für die Antennengruppe aus Bild 6.1 eine neuartige Speisung entwickelt, die sich perfekt für die geforderte Anwendung eignet. Bild 6.3(a) zeigt eine Detailansicht dieses Speisenetzwerks sowie den skizzierten Verlauf der elektrischen Feldlinien in zwei Schnittflächen. Den Übergang zur koplanaren Bonddrahtverbindung stellt eine GCPW-Leitung dar. Auf diese Leitung kann bei geeigneter Dimensionierung direkt gebondet werden. Die GCPW-Leitung wird dann aufgeteilt in zwei verkoppelte Mikrostreifenleitungen (MS-Leitung), die nach oben abzweigen, sowie zwei verkoppelte Mikrostreifenleitungen, die nach unten abzweigen. Idealerweise hätten diese verkoppelten Mikrostreifenleitungen eine um 180° abweichende Phase um so zwei sich gegenüberliegende Patchelemente gleichphasig zu speisen [LCH10]. Die Leitungen auf der rechten Seite, die aus dem Innenleiter der GCPW-Leitung entstehen haben, jedoch eine um Δp größere Weglänge. Dadurch entsteht ein Phasenunterschied der beiden verkoppelten MS-Leitungen, der von 180° abweicht. Um dies auszugleichen, wird nach Aufteilen der beiden verkoppelten MS-Leitungen jeweils die nach links führende Leitung um ca. Δp verlängert. Somit entsteht der erforderliche Phasenunterschied von 180° am Einspeisepunkt der Patchelemente. Dieser Phasenunterschied wird benötigt, da die sich in y-Richtung gegenüberliegenden Elemente aus Bild 6.1 von unterschiedlichen Seiten gespeist werden.

Ein Nachteil des Speisenetzwerks ist, dass keine exakt konstante Amplitudenbelegung an den Antennenelementen entsteht. Da der Großteil des Felds der GCPW-Leitung von dessen Innenleiter ausgeht, hat die jeweils rechts liegende der beiden verkoppelten MS-Leitungen eine stärkere Amplitude, was zu einer höheren Leistung in den beiden rechts liegenden Patchelementen führt. Dies ist auch in der Momentaufnahme des Betrags des E-Felds innerhalb des Substrats aus Bild 6.3(b) erkennbar. Für die Antennengruppe an sich ist dies jedoch, wie sich später zeigen wird, nicht problematisch. Zudem ist klar erkennbar, dass durch das neuartige Speisenetzwerk wie gewünscht eine gleichphasige Anregung der vier Patchantennen erzielt wurde. Zwischen dem Speisenetzwerk und den abstrahlenden Elementen kommt es teilweise zu Verkopplungen. Dies macht es unumgänglich die Antennengruppe und das Speisenetzwerk gemeinsam zu optimieren. Ein sehr großer Vorteil des Speisenetzwerks ist der extrem geringe Flächenbedarf, da die Speiseleitungen komplett zwischen den Antennen realisiert werden können. Des Weiteren ist die Speisung kompatibel zu den Bonddrahtkompensationsschaltungen aus Abschnitt 3.2.2. Für diese ist es hilfreich, wenn sowohl höhere als auch tiefere Leitungsimpedanzen der GCPW-Leitung im Vergleich zur Fußpunktimpedanz der Antenne realisierbar sind. Unter Berücksichtigung der realisierbaren Leitungsimpedanzen der GCPW-Leitung auf dem 0,1 mm dicken Rogers Ultralam wurde deswegen eine Antennenimpedanz von $Z_{\mathrm{Ant}} = 80\,\Omega$ gewählt, für die die Antenne optimiert wurde. Die Freiheitsgrade zur Optimierung des Reflexionsfaktors sind bei gegebenen Dimensionen der GCPW-Leitung vor allem die unterschiedlichen Leiterbreiten und Abstände der verkoppelten Mikrostreifenleitungen sowie die Leiterbreite der zu den Patchelementen führenden Leitungen.

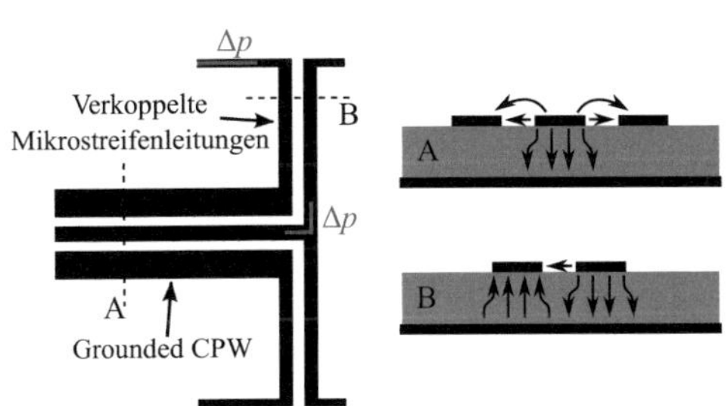

(a) Detailansicht des Speisenetzwerks der Antenne aus Bild 6.1 und Verlauf der elektrischen Feldlinien in den Schnittflächen A und B

(b) Amplitude der E_z-Komponente in der $z = -0.015\,\mathrm{mm}$-Ebene

Bild 6.3.: Funktionsprinzip des Speisenetzwerks

Simulations- und Messergebnisse der einzelnen Antenne

Bild 6.4 zeigt den Vergleich zwischen gemessenem und simuliertem Reflexionsfaktor in Bezug auf 80 Ω. Es zeigt sich eine sehr gute Übereinstimmung. Dies zeigt, dass der bestimmte Wert der Permittivität von 3,02 zutreffend ist. Der gemessene Reflexionsfaktor liegt im Sperrbereich konstant unterhalb des simulierten Werts. Dies deutet auf eine höhere Dämpfung der GCPW-Leitung im Vergleich zur Simulation hin. Für die Messungen ergibt sich eine -10 dB-Bandbreite von 119,1 GHz bis 125,7 GHz, was einer relativen Bandbreite von 5,4% entspricht. Diese liegt unterhalb der Bandbreite der kompensierten Bonddrahtverbindung, ist jedoch deutlich höher als die Bandbreite des ISM-Bands (122 GHz-123 GHz). Für eine höhere Bandbreite müsste ein dickeres Substrat verwendet werden.

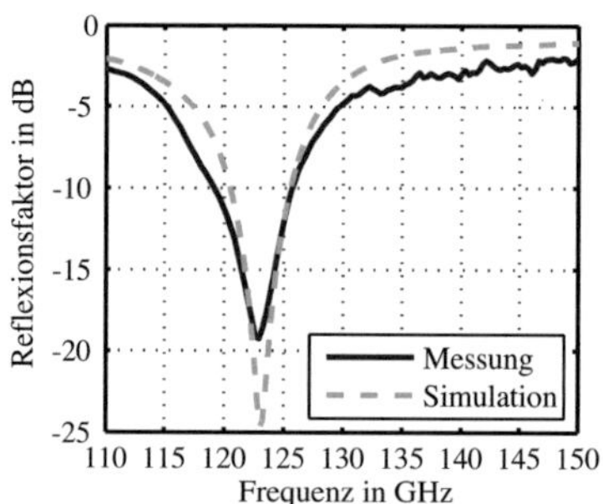

Bild 6.4.: Simulierter und gemessener Reflexionsfaktor der Antenne aus Bild 6.1 in Bezug auf 80 Ω

Auch für die in Bild 6.5 dargestellten Richtdiagramme ergibt sich eine gute Übereinstimmung zwischen Simulation und Messung. Die einzige Abweichung in der H-Ebene liegt an der leicht unsymmetrischen Form. Das Richtdiagramm in der E-Ebene wird beeinflusst von Reflexionen an der metallischen Hohlleitermessspitze. Vor allem der Hohlleiter selbst liegt hierbei im Bereich der Hauptkeule. Um diesen Einfluss zu reduzieren, wurde dieser Hohlleiter mit einem Absorber beklebt. Dies führt jedoch zu einer Abschattung im Bereich unterhalb von -15°. Auch die Nebenkeulen im Bereich von 60° werden vermutlich durch Reflexionen an der Messspitze verursacht. Der gemessene Gewinn in Hauptstrahlrichtung beträgt 11,0 dBi und stimmt somit mit der Simulation (11,3 dBi) sehr gut überein. Der simulierte Wert für die Antenneneffizienz beträgt 85%. Insgesamt zeigt sich, dass mit der entwickelten Antenne das erwünschte Verhalten erzielt wurde. Die Antenne hat eine direktive Hauptkeule in die gewünschte Richtung mit ähnlichen Halbwertsbreiten in beiden Ebenen. Auch die E-Ebene zeigt ein sehr symmetrisches Verhalten, obwohl die Amplitudenbelegung in y-Richtung nicht konstant ist.

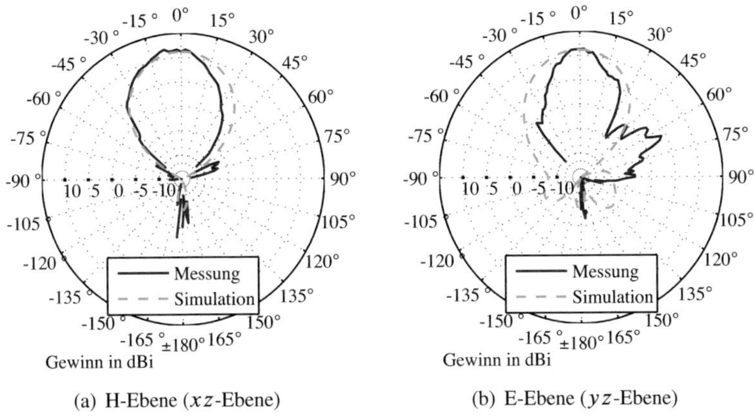

(a) H-Ebene (xz-Ebene)   (b) E-Ebene (yz-Ebene)

Bild 6.5.: Simulierter und gemessener Gewinn der Antenne aus Bild 6.1 bei 122,5 GHz, aufgetragen über dem Elevationswinkel θ

Verbindung mit einer Bonddrahtkompensationsschaltung und Integration in ein Chip-Gehäuse

Durch das spezielle Speisenetzwerk der Antenne bietet es sich an, eine Bonddrahtkompensationsschaltung ähnlich zu Bild 3.15 direkt in die GCPW-Speiseleitung zu integrieren. Eine für 122,5 GHz optimierte Kompensationsschaltung ist in Bild 6.6(a) dargestellt. Dabei wurde das Ball-Stitch-Bondverfahren mit einem Drahtdurchmesser von 17 μm bei einer Drahtlänge von 350 μm angenommen. In diesem Fall ergibt sich am Ende der Bondkontaktflächen ein $Z_X = (290{+}j180)\,\Omega$. Mittels einer relativ hochohmigen Leitung ($Z_{L,1} = 134\,\Omega$), deren Länge größer ist als $\lambda_g/4$, wird zuerst auf die reelle Achse in den Bereich $Z < Z_{Ant}$ gedreht. Eine zweite Leitungstransformation mit der Länge $\lambda_g/4$ und dem Wellenwiderstand $Z_{L2} = 60\,\Omega$ genügt dann, um die Bedingung $Z_{X,komp.} = Z_{Ant}^{*} = 80\,\Omega$ zu erfüllen. Bild 6.6(b) zeigt die Antenne mit der integrierten Kompensationsschaltung. Die Antenne wurde dabei zusammen mit einem Chip-Dummy in ein 8 mm × 8 mm großes QFN-Gehäuse integriert. Dadurch kann die Antenne inklusive der kompensierten Bonddrahtverbindung unter Einfluss des Gehäuses und des hochpermittiven Chip-Dummys gemessen werden.

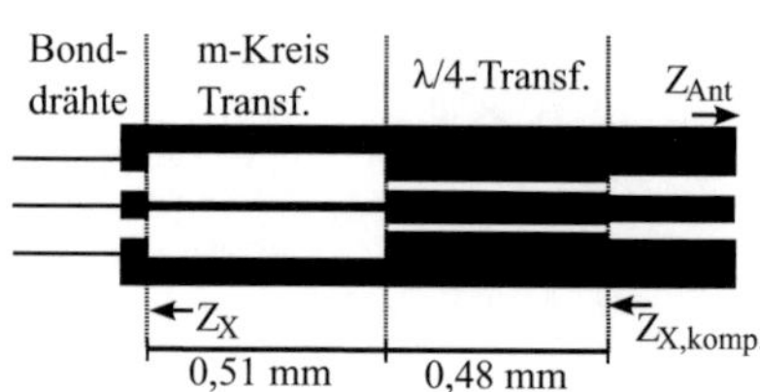

(a) Detailansicht der Kompensationsschaltung

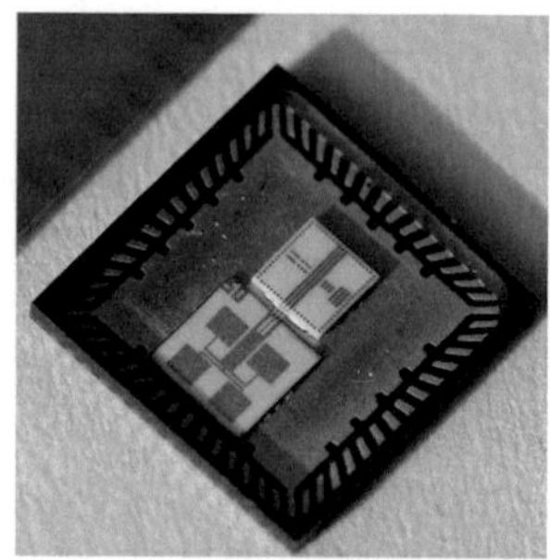

(b) In ein QFN-Gehäuse integrierte Antenne; mittels Bonddrahttechnik mit einem Chip-Dummy verbunden

Bild 6.6.: Koplanar gespeiste Antennengruppe auf LCP mit Kompensationsschaltung für eine Bonddrahtverbindung

Beim Bonden dieser Strukturen traten jedoch unerwartete Probleme auf. Das LCP Material ist relativ weich. Zudem hat es einen sehr geringen Schmelzpunkt (ca. 280°), weswegen das Substrat nicht, wie beim Bonden mit Golddrähten üblich, erhitzt werden kann. Auch die untypische Verarbeitung des Materials in Dünnschichttechnik führte zu einer leicht ungleichmäßigen Metallisierung im Bereich der Bondkontaktflächen. Es gelang folglich nicht, die Struktur zuverlässig mit einem Golddraht zu bonden. Aus diesen Gründen wurden die Strukturen mit Aluminiumdraht im Wedge-Wedge-Verfahren gebondet. Da Aluminium deutlich härter ist als Gold, können damit auch wesentlich kritischere Metallisierungen gebondet werden. Zudem kann das Wedge-Wedge Verfahren auch bei Zimmertemperatur durchgeführt werden. Durch das abweichende Bondverfahren, das zu einer anderen Loopform und einer eher kürzeren Drahtlänge führt, sowie durch den größeren Drahtdurchmesser (25 μm), wird dabei jedoch die Performanz der Kompensationsschaltung beeinflusst. Um diesen Effekt zu verringern, wurden die Antennen mit einem leicht größeren Abstand zu den Chip-Dummys in das Gehäuse geklebt.

Ein Vergleich der Simulationsergebnisse des Reflexionsfaktors unter Verwendung beider Bonddrahtverfahren ist in Bild 6.7(a) dargestellt. Es ist erkennbar, dass sich die Mittenfrequenz leicht zu tieferen Frequenzen verschiebt. Bild 6.7(a) zeigt außerdem die Messergebnisse der Antenne inklusive der kompensierten Bonddrahtverbindung aus Bild 6.6(b). Es zeigt sich eine sehr gute Übereinstimmung zur Simulation, abgesehen von einer geringen zusätzlichen Frequenzverschiebung. Diese entsteht vermutlich durch eine Abweichung des modellierten und tatsächlichen Loops der Bonddrähte sowie einer dadurch abweichenden Länge. Berücksichtigt man jedoch, dass die Kompensationsschaltung ursprünglich für einen anderen Drahtdurchmesser und ein anderes Bondverfahren optimiert wurde, so sind die erzielten Ergebnisse hervorragend. Der gemessene Reflexionsfaktor ist in einem Frequenzbereich von 117,5 GHz bis 123,5 GHz unterhalb -10 dB. Die relative Bandbreite der integrierten Antenne inklusive Bonddrahtverbindung beträgt damit 5% und somit wurde die Bandbreite der Antenne durch die Bonddrahtverbindung nur minimal reduziert. Nach wie vor lässt diese Bandbreite somit Raum für zusätzliche Toleranzen, da das ISM-Band bei 122,5 GHz nur eine relative Bandbreite von 0,8% erfordert. Bild 6.7(b) zeigt die Messungen von drei unterschiedlichen, integrierten Antennen mit Bonddrahtverbindungen. Es zeigt sich, wie bei den Bonddrahtverbindungen selbst, erneut eine sehr hohe Reproduzierbarkeit, vor allem im Zielfrequenzbereich um 120 GHz. Die leichte Frequenzverschiebung kann durch eine Nachoptimierung der Anpassschaltung, mit Bezug auf das veränderte Bondverfahren, behoben werden.

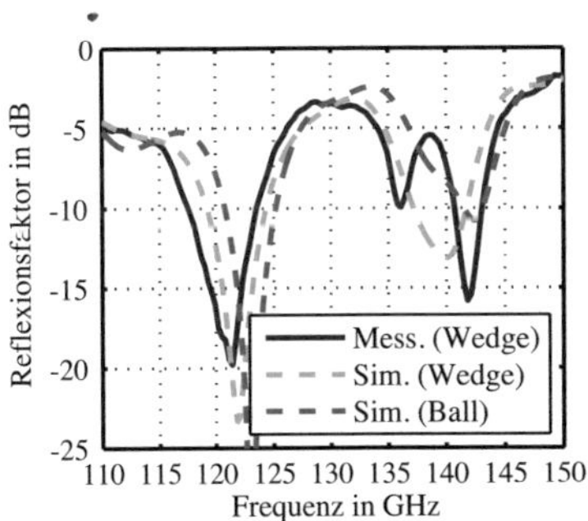

(a) Vergleich von Simulation mit verschiedenen Bondverfahren und Messung

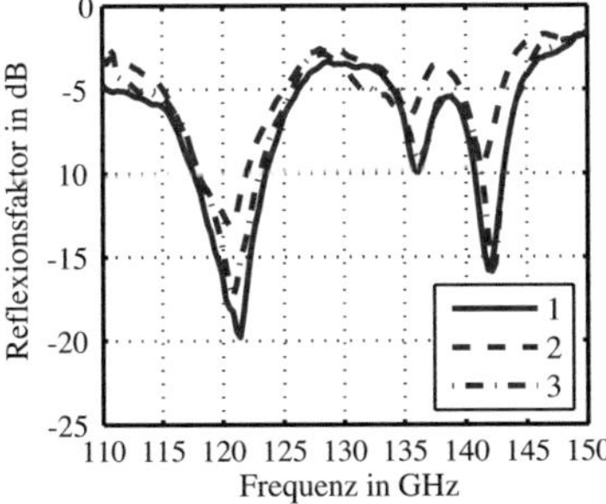

(b) Messungen von drei unterschiedlichen integrierten Antennen

Bild 6.7.: Reflexionsfaktor der integrierten Antenne mit Bonddrahtverbindung aus Bild 6.6 in Bezug auf 50 Ω

Die gemessenen und simulierten Richtdiagramme der integrierten Antenne mit Bonddrahtverbindung sind in Bild 6.8 dargestellt. Vergleicht man die Simulation mit der Antenne ohne Bondübergang, so reduziert sich die Antenneneffizienz von 85% auf 74%. Zudem tritt in der E-Ebene (Bild 6.8(b)) ein minimales Kippen der Hauptkeule um 3° in Richtung des Chip-Dummys auf. Dieser Effekt ist auf die hohe Permittivität des Dummys zurückzuführen. Auch die Messkurve aus Bild 6.8(b) bestätigt diese minimale Abweichung von der gewünschten Hauptstrahlrichtung. Vergleicht man den gemessenen Gewinn aus Bild 6.8 und Bild 6.5, so reduziert sich dieser von ursprünglich 11 dBi auf 10,2 dBi inklusive des Bondübergangs. Dieser Verlust, der teilweise auch durch die 2 mm lange Leitung auf dem Chip-Dummy entsteht, liegt somit im erwarteten Bereich. Es bestätigt sich damit auch erneut, dass der Verlust des Bondübergangs selbst maximal 0,5 dB beträgt. Insgesamt gesehen zeigt die integrierte Antenne trotz des Einflusses von Chip-Dummy, Bonddrahtverbindung und dem Plastikgehäuse das erwünschte Verhalten mit unidirektionalen Richtdiagrammen und einem Gewinn von über 10 dBi. Die auftretenden Nebenkeulen in der E-Ebene sind dabei wiederum auf Reflexionen an der metallischen Hohlleitermessspitze zurückzuführen.

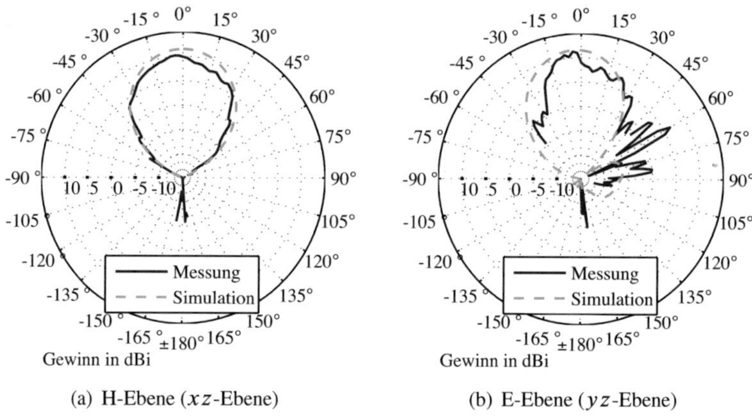

(a) H-Ebene (xz-Ebene)   (b) E-Ebene (yz-Ebene)

Bild 6.8.: Simulierter und gemessener Gewinn der integrierten Antenne mit Bonddrahtverbindung aus Bild 6.6 bei 122,5 GHz, aufgetragen über dem Elevationswinkel θ

Einfluss des Gehäusedeckels

Abschließend ist es notwendig, den Einfluss des Gehäusedeckels auf die integrierte Antenne zu untersuchen, da das Gehäuse zwingend verschlossen werden muss, um Antenne, Drähte und IC zu schützen. Die theoretischen Grundlagen zum Einfluss des Deckels auf die Antennenabstrahlung sind in Kapitel 5.2

beschrieben. Besonders attraktiv ist dabei zum einen ein Deckel, dessen Dicke einer halben Wellenlänge im Dielektrikum entspricht, sowie zum anderen der Resonanzfall, der zu einer Gewinnerhöhung führen kann. Bild 6.9(a) zeigt das integrierte Gehäuse mit jeweils einem Deckel für diese beiden Fälle. Ein passender, im Handel erhältlicher Standarddeckel, dessen Dicke ungefähr einer halben Wellenlänge im Dielektrikum entspricht, ist 0,380 mm dickes, schwarzes Keramikmaterial, das aus Aluminiumoxid besteht. (Die unterschiedliche Farbe zum Substratmaterial entsteht durch beigemengte Stoffe beim Brennen der Keramik.) Dieser Deckel ist von mehreren Anbietern mit vorab aufgebrachtem Kleber am Rand erhältlich. Unter Annahme einer Permittivität von 9,9 entspricht die Dicke dieses Deckels bei 125,4 GHz dem gewünschten Halbwellenfall. Ein Vergleich des gemessenen Reflexionsfaktors mit und ohne den Halbwellendeckel ist in Bild 6.9(b) zu sehen. Es zeigt sich ein quasi identisches Verhalten, das darauf hindeutet, dass die Reflexionen am Deckel im kompletten Messbereich wie erwünscht ausgelöscht wurden. Dies bestätigt sich ebenfalls beim Betrachten der gemessenen Richtdiagramme ohne und mit Halbwellendeckel in Bild 6.10. In beiden Ebenen ist das Richtdiagramm quasi identisch. Der Halbwellendeckel kann somit selbst für Systeme größerer Bandbreite genutzt werden.

(a) Integrierte Antenne mit Deckel für Resonanzfall (weiß) und Halbwellendeckel (schwarz)

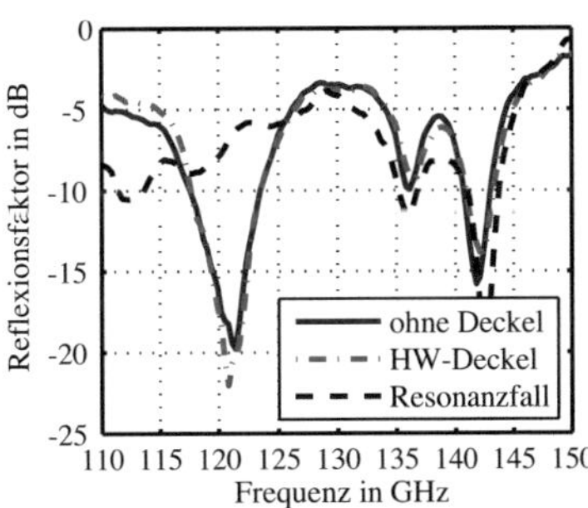

(b) Gemessener Reflexionsfaktor der integrierten Antenne aus Bild 6.6 mit unterschiedlichen Gehäusedeckeln in Bezug auf 50 Ω

Bild 6.9.: Einfluss verschiedener Deckel auf die integrierte Antenne

Um die Anwendbarkeit des Resonanzfalls für die vorliegende integrierte Antenne zu untersuchen, wurden im ersten Schritt mehrere Simulationen mit unterschiedlichen Deckelarten und variierenden Abständen zwischen Deckeln und Antenne durchgeführt. Es zeigt sich dabei, dass es durchaus zu einer Gewinnerhöhung bis zu 16 dBi kommen kann. Die Performanz dieser Struktur

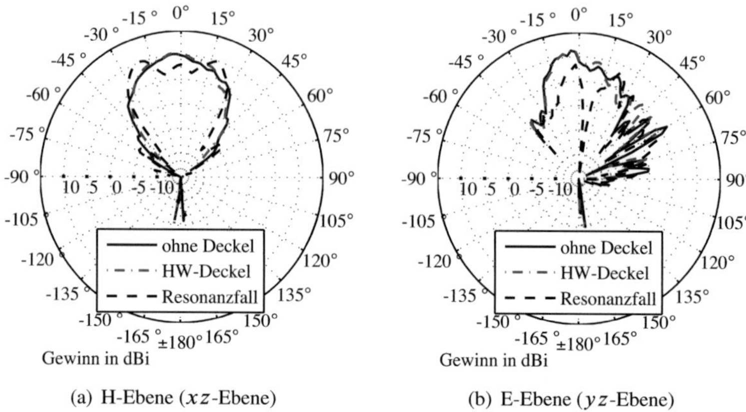

(a) H-Ebene (xz-Ebene)　　(b) E-Ebene (yz-Ebene)

Bild 6.10.: Gemessener Gewinn der integrierten Antenne aus Bild 6.6 mit unterschiedlichen Gehäusedeckeln bei 122,5 GHz, aufgetragen über dem Elevationswinkel θ

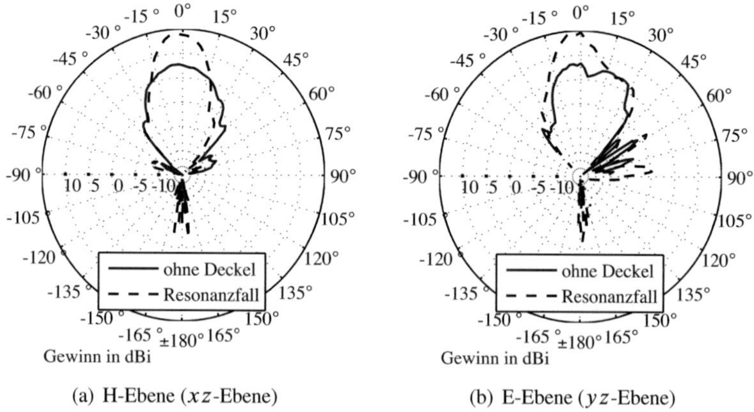

(a) H-Ebene (xz-Ebene)　　(b) E-Ebene (yz-Ebene)

Bild 6.11.: Gemessener Gewinn der integrierten Antenne aus Bild 6.6 mit unterschiedlichen Gehäusedeckeln bei 115,0 GHz, aufgetragen über dem Elevationswinkel θ

hängt jedoch sehr stark vom Abstand zwischen Antenne und Deckel ab. Für eine messtechnische Verifikation wurde ein 0,127 mm dickes Aluminasubstrat in 1,3 mm Abstand zur metallischen Massefläche des QFN-Gehäuses angebracht. Da das QFN-Gehäuse selbst nur 0,9 mm hoch ist, wurde hierfür ein zusätzlicher Abstandshalter angebracht. Bild 6.9(b) zeigt den gemessenen Reflexionsfaktor für diesen Fall. Es zeigt sich, dass die Antennenimpedanz wie erwartet stark beeinflusst wurde, da sich die Reflexionen am Deckel nicht auslöschen. Die gemessenen Richtdiagramme bei 122,5 GHz zeigen zudem eine deutliche Verschlechterung im Vergleich zu der Messung ohne Deckel. In der E-Ebene kommt es sogar zu einem sehr starken Einzug nahe der Hauptstrahlrichtung. Die Verschlechterung der Richtdiagramme kann durch eine zu große Toleranz des Abstands zwischen der Antenne und dem Deckel erklärt werden. Auch in den Simulationsergebnissen zeigte sich, dass die Struktur insgesamt sehr empfindlich gegenüber leichten Änderungen reagiert. Bild 6.11 dagegen zeigt den selben Vergleich der Richtdiagramme bei 115 GHz. In diesem Fall kann die erwünschte Steigerung des Gewinns auf einen Wert von 14,5 dBi beobachtet werden.

Zusammenfassend lässt sich sagen, dass der Einfluss des Gehäuses und des Chip-Dummys als gering zu betrachten ist. Dies liegt vor allem an der hohen erzielten Direktivität und den exzellenten Richtdiagrammen mit nur extrem geringer Abstrahlung zum Chip-Dummy und zu den Gehäusewänden. Durch den Deckel im Resonanzfall kann auch für die vorliegende integrierte Antenne eine deutliche Gewinnsteigerung erzielt werden. Dabei reduziert sich jedoch die Bandbreite, da die Gesamtanordnung deutlich frequenzabhängiger ist. Zudem verändert sich die Antennenimpedanz und insgesamt reagiert die Anordnung sehr empfindlich gegenüber kleinen Änderungen. Der Halbwellendeckel dagegen hat den Vorteil, dass er das Antennenverhalten nicht beeinflusst. Außerdem ist das Verhalten unabhängig vom Abstand zwischen Antenne und Deckel, was eine große Toleranz gegenüber typischen Fertigungsabweichungen ermöglicht. Ein im Handel erhältlicher Standarddeckel kann durch die passende Dicke ohne jegliche zusätzliche Bearbeitung direkt und mit Standardverfahren auf das Gehäuse geklebt werden.

6.1.2. Kapazitiv belasteter Doppeldipol oberhalb eines Reflektors mit Luftkavität

Bild 6.12 zeigt den kapazitiv belasteten Doppeldipol auf 0,127 mm dickem Aluminasubstrat [6]. Die Antenne ist in ein QFN-Gehäuse integriert, in dessen mittlere Massefläche zuvor eine 50 µm tiefe Kavität gefräst wurde. In einer möglichen Massenfertigung könnte das Erzeugen dieser Kavität durch Ätzen realisiert werden. Der problematischste Verarbeitungsschritt ist in diesem Fall das Einkleben der Antenne in das Gehäuse, da sichergestellt werden muss, dass kein Kleber in die Kavität fließt. Die Unterseite des Aluminasubstrats ist in diesem Fall nicht metallisiert. Die Oberseite wurde mit dem selben Dünnschichtprozess wie die Antenne auf LCP prozessiert. In den folgenden Abschnitten werden Details zu dieser Antenne erläutert.

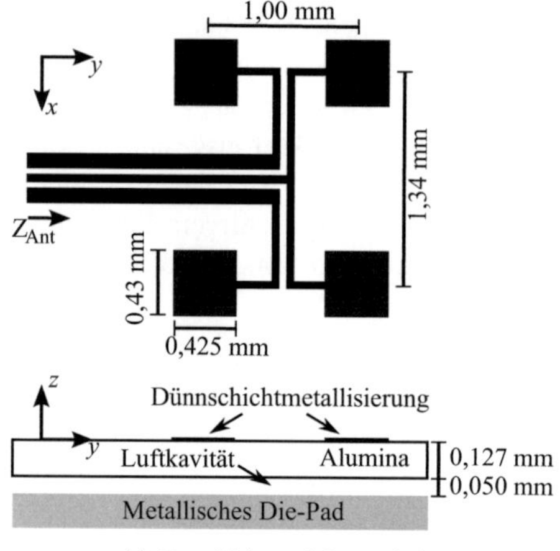

(a) Draufsicht und Querschnitt

(b) Antenne integriert in ein 7 mm × 7 mm QFN-Gehäuse und Halbwellendeckel aus Alumina

Bild 6.12.: Kapazitiv belasteter Doppeldipol auf 0,127 mm Aluminasubstrat oberhalb eines Reflektors mit Luftkavität

Materialauswahl und Funktionsprinzip der Antenne

Die Materialauswahl für die Antenne in Aufbautechnikvariante 2 aus Bild 2.10 ist eingeschränkt, da diese über eine Luftkavität geklebt wird. Dies erfordert ein starres Substratmaterial. Typische starre Substratmaterialien, deren Oberfläche glatt genug ist, um in Dünnschichtprozessen bearbeitet zu werden, sind Alumina, Quartzglas und andere Gläser wie Borosilicatglas. Deren Materialeigenschaften sind in Tabelle 5.1 aufgelistet. Alumina ist das meistgenutzte Material in der Dünnschichttechnik, zeigt extrem geringe Verluste bis in den hohen Millimeterwellenbereich [AB85] und ist wesentlich günstiger als Quartzglas.

Dieses ist zudem deutlich brüchiger und deswegen in geringen Materialstärken schwierig zu verarbeiten. Andere günstigere Gläser wie z.B. das Borosilicatglas AF45 weisen höhere Verluste auf [ZCB$^+$06]. Der Hauptnachteil von Alumina ist die hohe Permittivität (9,9 bzw. 9,5). Diese und die Mindestdicke von 0,127 mm erschweren wie bereits in Abschnitt 5.1 beschrieben das Antennendesign, da es zur Anregung von Oberflächenwellen kommt. Auch für die Antenne aus Bild 6.12 wurde deswegen eine Gruppenanordnung von gleichphasig gespeisten Elementen verwendet.

Trotz der Ähnlichkeit zu der Antenne aus Bild 6.1 ist das Funktionsprinzip sehr unterschiedlich. Da sich im ersten Teil der Speiseleitung Metall direkt unterhalb des Substrats befindet, wohingegen die Antenne über eine Luftkavität positioniert ist, muss das Speisenetzwerk so dimensioniert werden, dass die Funktionsweise unabhängig von der Massefläche unterhalb des Substrats ist. Die CPW-Leitung wurde deshalb so dimensioniert, dass ihre Feldlinien nicht zur Unterseite des Substrats greifen. Dadurch können jedoch im Gegensatz zum Speisenetzwerk aus Bild 6.3 keine Mikrostreifenleitungen realisiert werden und die Patchelemente müssen auf eine andere Weise gespeist werden. Die CPW-Leitung des Speisenetzwerks aus Bild 6.13(a) hat die in Schnittfläche A skizzierten Feldlinien. Sie teilt sich anschließend in 2 Coplanar-Stripline-Leitungen (CPS) auf. Eine CPS-Leitung besteht aus 2 metallischen Leitern und hat die für die Schnittfläche B skizzierten Feldlinien. In der Schnittfläche C wird diese CPS-Leitung abrupt aufgeteilt. Hier entsteht eine Dipolwirkung und es werden bereits Felder abgestrahlt. Teile der E-Feldlinien koppeln jedoch auch zu den vier Patchelementen. Erst von dort greifen die Feldlinien zur Massefläche unter dem Substrat. Ein Simulationsergebnis der elektrischen Feldlinien in der Schnittfläche C ist in Bild 6.13(b) dargestellt und verdeutlicht das Funktionsprinzip der Antenne.

Im Vergleich zu zwei Dipolen ohne zusätzliche Patchelemente zeigt sich eine deutliche Verbesserung in Bezug auf die Abhängigkeit der Antenne gegenüber Änderungen der Substratgröße und gegenüber Verschiebungen der Antenne auf dem Substrat. Dies deutet auf eine merkliche Reduktion der Oberflächenwellen hin. Ein Nachteil der Antennenart ist, dass die Anpassung vom Abstand der Patchelemente in y-Richtung abhängt. Dadurch kann nicht die optimale Konfiguration bzgl. der Unterdrückung von Oberflächenwellen ausgewählt werden. Als Kompromiss wurde ein Abstand in y-Richtung von 1,0 mm gewählt. Da sowohl der Dipol als auch die Patchelemente Oberflächenwellen hauptsächlich in Richtung der y-Achse erzeugen [Poz83], und da die Anpassung relativ unabhängig vom Abstand der Patch-Elemente in x-Richtung ist, konnte dieser Abstand frei gewählt werden. Er wurde auf den höchsten Wert gesetzt, für den

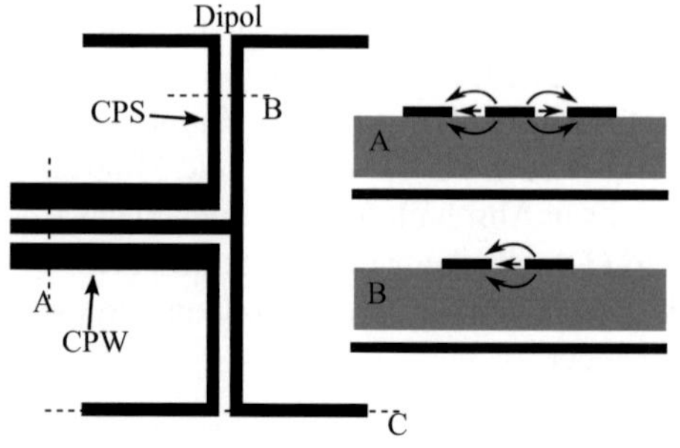

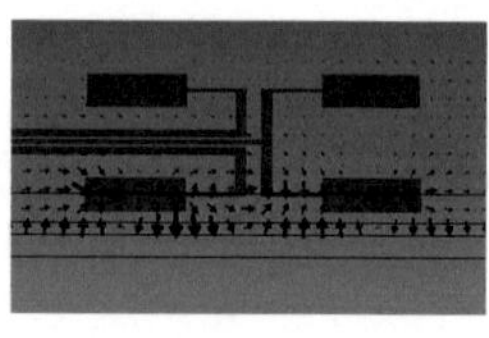

(a) Detailansicht des Speisenetzwerks der Antenne aus Bild 6.12 und Verlauf der elektrischen Feldlinien in den Schnittflächen A und B

(b) Verlauf der elektrischen Feldlinien in der Schnittfläche C

Bild 6.13.: Funktionsprinzip der Antenne

noch keine Nebenkeulen durch Grating Lobes entstehen, um den größtmöglichen Antennengewinn zu erzielen. Ein Vorteil des Speisenetzwerks ist, dass beim Einkleben der Antenne das Substrat nicht perfekt gegenüber der Kavität positioniert werden muss. Zudem hat die Antenne eine höhere Bandbreite als typische Antennen mit Mikrostreifenleitungsspeisungen und es wird ebenfalls kein Übergang von der CPW-Leitung im Bereich der Bondkontaktflächen benötigt.

Simulations- und Messergebnisse der integrierten Antenne mit und ohne Deckel

Bild 6.14(a) zeigt den simulierten und gemessenen Reflexionsfaktor der Antenne aus Bild 6.12. Das Antennendesign wurde ursprünglich mit dem Permittivitätswert 9,9 optimiert. In der Messung dieser Antenne [6] sowie auch in den Messungen weiterer Antennen auf dem selben Substratmaterial [28], [27], [33] zeigt sich jedoch jeweils eine Frequenzverschiebung zu höheren Frequenzen. Dies deutet auf einen geringeren Permittivitätswert im Bereich 9,5 hin. Im Vergleich zwischen der Messung und der Simulation mit diesem Wert zeigt sich eine gute Übereinstimmung. Die noch bestehenden Abweichungen können durch Fertigungstoleranzen enstehen. Die Kavitätstiefe z.B. konnte mit der verwendeten Fräsmaschine nur mit 5 µm Genauigkeit realisiert werden. In der Messung ergibt sich eine -10 dB-Bandbreite von 119,4 GHz bis 132,5 GHz, was einer relativen Bandbreite von 10,5% entspricht. In Verbindung mit der selbstkompensierenden Halbwellenverbindung kann somit mit einer Standardgehäusetechnik und mit kostengünstiger Bonddrahtverbindungstechnik ein integrierter Radarsensor oder ein Kommunikationsmodul mit über 10% Bandbreite realisiert werden. Auch für die integrierte Antenne mit Luftkavität wurden geeignete Deckelmaterialien untersucht. Eine Gewinnerhöhung durch den Resonanzfall kann in diesem Fall nicht realisiert werden. Dies liegt vermutlich an dem Querschnitt aus zwei Luftkavitäten und zwei hochpermittiven und dadurch stark reflektierenden Materialien. Mit dem Halbwellendeckel aus Alumina dagegen zeigt auch diese Antenne ein nahezu unverändertes Verhalten. Bild 6.14(b) zeigt den Vergleich der beiden Messkurven des Reflexionsfaktors mit und ohne Halbwellendeckel. Die beiden Kurven sind dabei fast identisch. Somit wird die hohe Bandbreite der Antenne durch den Deckel nicht beeinflusst.

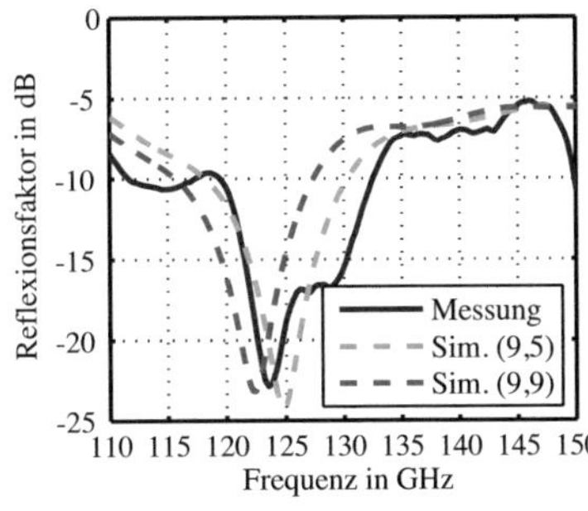

(a) Simulation mit zwei Permittivitätswerten und Messung (jeweils ohne Deckel)

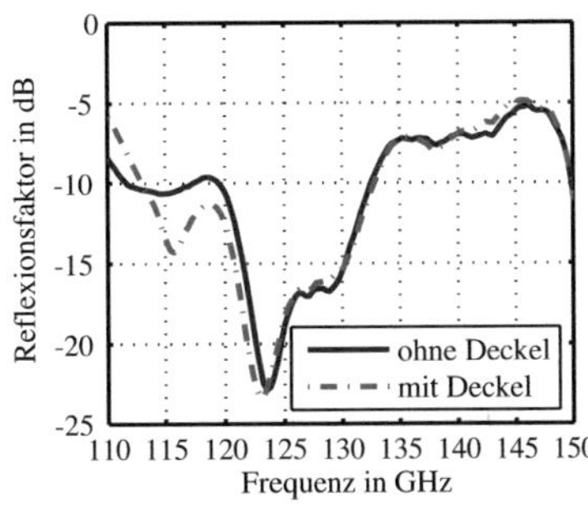

(b) Messung ohne und mit Halbwellendeckel

Bild 6.14.: Simulierter und gemessener Reflexionsfaktor der Antenne aus Bild 6.12 in Bezug auf 50 Ω

Ein Vergleich der simulierten Richtdiagramme sowie der Messungen mit und ohne Deckel ist in Bild 6.15 dargestellt. Es zeigt sich eine extrem gute Übereinstimmung. In beiden Ebenen wurde eine symmetrische Hauptkeule erzielt, die nur in der E-Ebene minimal geneigt ist. Der gemessene Antennengewinn beträgt 11,5 dBi. Die einzige Nebenkeule tritt in der E-Ebene in Richtung der Speiseleitung auf und kann deswegen mit dem Messsystem nicht verifiziert werden. Die simulierte Antenneneffizienz beträgt 85%. Berücksichtigt man einen zusätzlichen Verlust von 0,5 dB durch die Halbwellenverbindung, so ergibt sich eine Antenneneffizienz inkl. der Chip-Verbindung von 75%. Auch die Richtdiagramme werden durch den Deckel nicht negativ beeinflusst. Der Gewinn in Hauptstrahlrichtung erhöht sich sogar leicht auf 12,5 dBi.

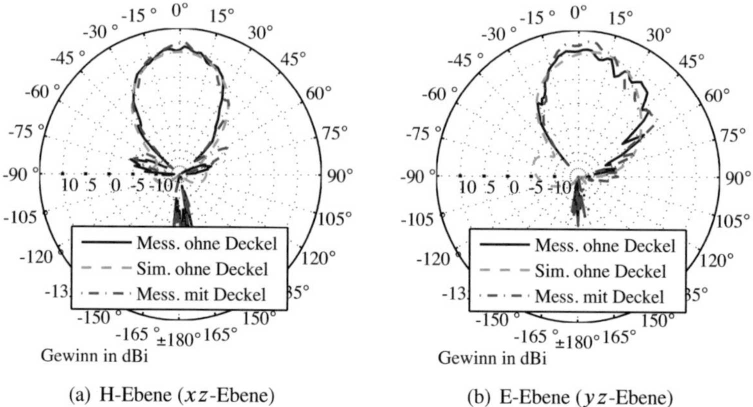

(a) H-Ebene (xz-Ebene)   (b) E-Ebene (yz-Ebene)

Bild 6.15.: Simulierter (ohne Deckel) und gemessener (ohne/mit Deckel) Gewinn der
Antenne aus Bild 6.12 bei 122,5 GHz, aufgetragen über dem Elevationswinkel θ

6.2. Antennen für Aufbautechnikvarianten mit Flip-Chip-Technik

Die neuartigen Aufbautechnikvarianten 5 und 6 aus den Bildern 2.14 und 2.15
basieren auf einer Luftkavität innerhalb der mittigen Massekontaktfläche des
Gehäuses. Diese Kavität ermöglicht gleichzeitig eine effiziente Wärmeableitung vom IC zur Leiterplatte sowie eine Verbindung zwischen IC und Antenne
mittels Flip-Chip-Technologie. Für diese Verbindung kann eine extrem hohe
Bandbreite von beispielsweise 0 GHz bis 170 GHz erzielt werden. In diesem
Fall ist somit die Antenne das Bandbreite begrenzende Element. Die attraktive
Konfiguration einer Antenne direkt oberhalb einer Luftkavität ermöglicht dabei jedoch eine höhere Bandbreite im Vergleich zu typischen Streifenleitungsantennen. Im Folgenden werden zwei Antennendesigns vorgestellt. Die erste
Variante (passend zu Bild 2.14) nutzt dabei ein sehr dünnes, flexibles Substratmaterial sowie eine zusätzliche Kappe, um das Gehäuse zu verschließen. Die
zweite Antenne (passend zu Bild 2.15) ist auf einem dickeren, starren Material realisiert, das gleichzeitig als Gehäusedeckel genutzt werden könnte. Vorab
wird der Fertigungsprozess des neuartigen Aufbautechnikkonzepts beschrieben.

6.2.1. Fertigungsprozess des neuartigen Aufbautechnikkonzepts

Das im Rahmen dieser Arbeit vorgeschlagene Gehäusekonzept [8], [22] weist einige Besonderheiten auf, die während des Fertigungsprozesses beachtet werden müssen. Der MMIC muss gleichzeitig durch thermisch leitfähigen Kleber an die Massefläche des Gehäuses und durch eine Flip-Chip-Verbindung an das Antennensubstrat angebunden sein. Zudem muss das Antennensubstrat gleichzeitig auf den MMIC sowie auf das Gehäuse optimal ausgerichtet sein, um die Flip-Chip-Verbindung an beiden Kontaktstellen zu ermöglichen. Dies erfordert außerdem, dass sich die Oberflächen des MMICs und der Kontaktflächen des Gehäuses auf der selben Höhe befinden. Um dies zu ermöglichen, wurde in dieser Arbeit ein passender Fertigungsprozess neu konzipiert sowie durch Herstellen von Prototypen demonstriert. Für den Prototypenbau wurden dabei Gehäuse in LTCC-Technologie verwendet. Bild 6.16 zeigt die Aufbautechnikvariante 5 aus Bild 2.14 unter Berücksichtigung des neuen Gehäusematerials, sowie ein Foto des LTCC-Gehäuses. Dieses hat eine Grundfläche von 8 mm × 8 mm und ist insgesamt 0,7 mm hoch. Mittig im Gehäuse befindet sich eine 5 mm × 5 mm große und 0,3 mm tiefe Kavität. Auf dem Boden der Kavität wurde eine ausgedehnte Metallfläche realisiert, die mit thermischen Durchkontaktierungen mit der Unterseite des Gehäuses verbunden ist. Am Rand des Gehäuses befinden sich, verteilt auf alle vier Seiten, 48 Kontaktflächen, die mit Durchkontaktierungen mit der Unterseite des Gehäuses elektrisch verbunden sind, um so ein QFN ähnliches SMD-Gehäuse zu realisieren. Obwohl LTCC für diese Prototypen verwendet wurde, könnte auch ein durch Ätztechnik hergestelltes, Leadframe-basiertes QFN-Gehäuse [ZFLN05], [SW10] oder ein Gehäuse aus organischen Mehrlagenleiterplatten [ACCP12], [Pha11] genutzt werden. Für die Verbindung zwischen Gehäuse und Antennensubstrat wurde ein anisotrop leitfähiger Klebefilm (ACF) verwendet, der es ermöglicht, das Gehäuse komplett abzuschließen, falls keine zusätzliche Kappe verwendet werden soll.

Der neu konzipierte Fertigungsprozess verwendet die folgenden Prozessschritte:

1. Im ersten Schritt wird das Antennensubstrat mit der Metallisierung nach oben auf dem Substrattisch eines Flip-Chip-Bonders platziert. Je nach verwendeter Bondvariante wird das Substrat auf die nötige Temperatur vorgeheizt (Bild 6.17(a)).

2. Anschließend wird der IC auf das Antennensubstrat gebondet (Bild 6.17(b)).

3. Danach wird thermisch leitfähiger Kleber auf die Rückseite des ICs aufgebracht (Bild 6.17(c)).

4. Im vierten Schritt wird das Gehäuse auf das Antennensubstrat gebondet. Dabei wird das Gehäuse erhitzt, wodurch auch der thermisch leitfähige Kleber zwischen IC und Gehäuse aushärtet. (Fig. 6.17(d))

5. Anschließend kann das komplette Gehäuse umgedreht werden. Falls nötig, wird dann die Kappe aufgeklebt.

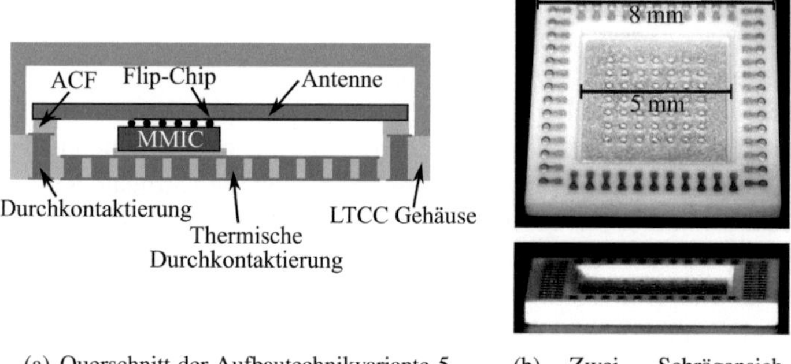

(a) Querschnitt der Aufbautechnikvariante 5

(b) Zwei Schrägansichten des LTCC-basierten Gehäuses

Bild 6.16.: Aufbautechnikvariante 5 bei Verwendung eines LTCC-basierten Gehäuses und einer zusätzlichen Kappe

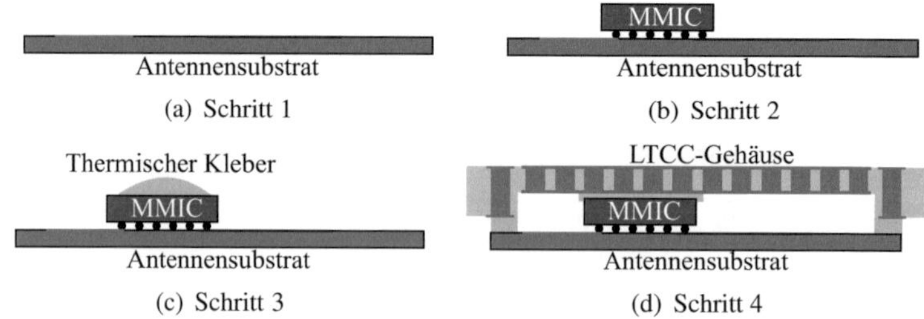

(a) Schritt 1

(b) Schritt 2

(c) Schritt 3

(d) Schritt 4

Bild 6.17.: Prozessablauf der Flip-Chip-Gehäusevariante

Durch diesen Prozessablauf sind der IC, die Antenne und das Gehäuse jeweils optimal aufeinander ausgerichtet. Der Prozessablauf benötigt zudem keine speziellen Werkstücke oder ungewöhnliche Maßnahmen und kann mit typischen

Bondmaschinen durchgeführt werden. Ein weiterer Vorteil ist, dass ein sehr dünnes Antennensubstrat genutzt werden kann. Die Machbarkeit dieses Prozessablaufs und somit die Machbarkeit der gesamten Aufbautechnikvariante wird im folgenden Abschnitt demonstriert.

6.2.2. Doppeldipolantenne auf flexiblem Trägersubstrat mit Flip-Chip-Kompensationsschaltung

Bild 6.18(a) zeigt eine Detailzeichnung der Doppeldipolantenne auf einem 14 µm dünnen, flexiblen Polyimidsubstrat [8]. In die CPW-Speiseleitung der Antenne ist eine Kompensationsschaltung für die Flip-Chip-Verbindung integriert. Ein Foto des Antennensubstrats ist in Bild 6.18(b) dargestellt. Auf dem Antennensubstrat befinden sich auch die metallischen Verbindungsleitungen, die die Kontaktflächen des ICs mit denen des Gehäuses verbinden sollen. Die Antenne wurde optimiert für eine gemeinsame Integration von Antenne und MMIC (bzw. MMIC Dummy) in das in Bild 6.16 gezeigte LTCC-Gehäuse. Der Abstand des Antennensubstrats zur reflektierenden Massefläche des Gehäuses beträgt somit 0,32 mm. Das Antennensubstrat hat einen Ausschnitt, der es ermöglicht, die Antenne zusammen mit einer Flip-Chip-Verbindung von einem Chip-Dummy aus messtechnisch zu charakterisieren. In den folgenden Abschnitten werden Details zu dieser Antenne dargelegt.

Auswahl der Antennenstruktur und des Substratmaterials

Das Hauptaugenmerk bei der Auswahl einer geeigneten Antennenstruktur liegt auf einem optimalen Antennenverhalten für den gegebenen Querschnitt einer Streifenleitungsantenne im Abstand von ca. 0,32 mm zu einem metallischen Reflektor. Unter den CPW-gespeisten Antennen in der Literatur finden sich hauptsächlich Schlitzantennen [RDK$^+$08], [LLCH08], [QSE00]. Problematisch für diese Antennen ist jedoch ein zusätzlicher metallischer Reflektor, da die Antenne selbst schon in einer metallischen Massefläche realisiert ist. Durch die beiden Metallflächen kommt es zur Anregung von Parallelplattenmoden [LLCH08], die die Antenneneffizienz deutlich reduzieren [QSE00]. Im Vergleich dazu haben Dipolantennen den Vorteil, dass durch den zusätzlichen Reflektor lediglich der erwünschte Effekt einer unidirektionalen Abstrahlung entsteht. Da Dipolantennen jedoch symmetrische Antennen sind und somit eine Symmetrierung [KJL$^+$02] notwendig ware, um diese mit der unsymmetrischen

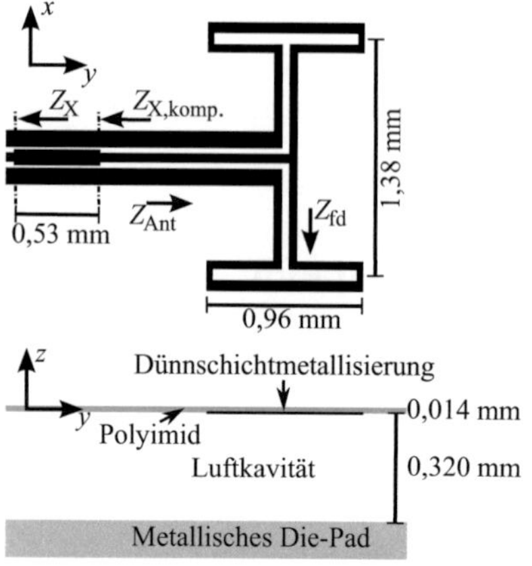

(a) Draufsicht und Querschnitt der Antenne mit Flip-Chip-Kompensationsschaltung

(b) Antenne und Verbindungsleitungen zwischen IC und Gehäuse auf einem Polyimidsubstrat

Bild 6.18.: Doppeldipolantenne auf einem ultradünnen, flexiblen Polyimidsubstrat mit Flip-Chip-Kompensationsschaltung

CPW-Leitung zu verbinden, wurde auch in diesem Fall ein Speisenetzwerk ähnlich zu Bild 6.13 verwendet. Dieses orientiert sich an der in [ZLG06] vorgestellten Doppeldipolantenne, bei der die CPW-Leitung in zwei CPS-Leitungen aufgeteilt wird, die jeweils einen Dipol speisen. Ein weiterer Vorteil dieser Konfiguration ist, dass sich in der H-Ebene eine Antennengruppe ergibt, die zu einer stärkeren Richtwirkung in dieser Ebene führt. Dies führt zu ähnlichen Richtdiagrammen in beiden Ebenen. Eine Antenne, ähnlich zu der Struktur mit vier Patchelementen aus Bild 6.12, ist in diesem Fall durch den hohen Abstand zwischen Antennensubstrat und reflektierender Metallfläche nicht realisierbar. Dies erfordert eine Antennenstruktur, die bereits ohne Reflektor funktional ist. Die beiden Dipole wurden als gefaltete Dipole realisiert, da die Fußpunktimpedanz von gewöhnlichen Dipolen auf dem verwendeten Antennensubstrat maximal 40 Ω beträgt, während die realisierbaren Wellenwiderstände der CPS-Leitung oberhalb von 90 Ω liegen. Gefaltete Dipole haben eine höhere Fußpunktimpedanz, die sich durch verschiedene Parametervariationen gezielt beeinflussen lässt [Lam85].

Die Aufbautechnikvariante 5 ist die einzige, für die keinerlei Einschränkungen an die Auswahl des Antennensubstratmaterials bestehen. Durch den entwickelten Fertigungsprozess können auch flexible Materialien verwendet werden. Zudem bestimmt die Substratdicke in diesem Fall nicht die Antennenbandbreite. Ein wichtiges Kriterium bei der Auswahl des Antennenmaterials besteht in der Abhängigkeit der Antennenperformanz von der Tiefe der Gehäusekavität. Dieses Gehäuse wurde für ICs der Dicke 0,25 mm entwickelt. Durch die 0,30 mm tiefe Kavität und die Höhe der Flip-Chip-Kugeln ergibt sich ein Abstand des Antennensubstrats zur reflektierenden Massefläche des Gehäuses von ca. 0,32 mm. Die Doppeldipolantenne soll somit für diesen Wert das optimale Abstrahlverhalten (hoher Gewinn, keine Nebenkeulen, hohe Bandbreite) zeigen sowie unempfindlich gegenüber einer gewissen auftretenden Toleranz in Bezug auf diesen Abstand sein. Dies ist für dünne Materialien geringer Permittivität der Fall. Bild 6.19 zeigt den simulierten Reflexionsfaktor einer Doppeldipolantenne ohne Flip-Chip-Übergang auf einem 14 μm Polyimidsubstrat ($\epsilon_\mathrm{r} = 3{,}1$) für verschiedene Abstände zwischen Substrat und metallischem Reflektor. Es zeigt sich, dass nur eine sehr geringe Abweichung der Resonanzfrequenz von 3 GHz pro 50 μm Abstandsänderung entsteht. Der Reflexionsfaktor im Zielfrequenzbereich von 122 GHz bis 123 GHz bleibt unterhalb von -15 dB, selbst für große Abstandsabweichungen von 270 μm bis 370 μm. Bild 6.20 zeigt die dazugehörenden Richtdiagramme, die nahezu identisch sind. Die Diagramme zeigen das erwünschte Verhalten mit einer unidirektionalen Charakteristik ohne jegliche Nebenkeulen bei einem Gewinn von 10,8 dBi.

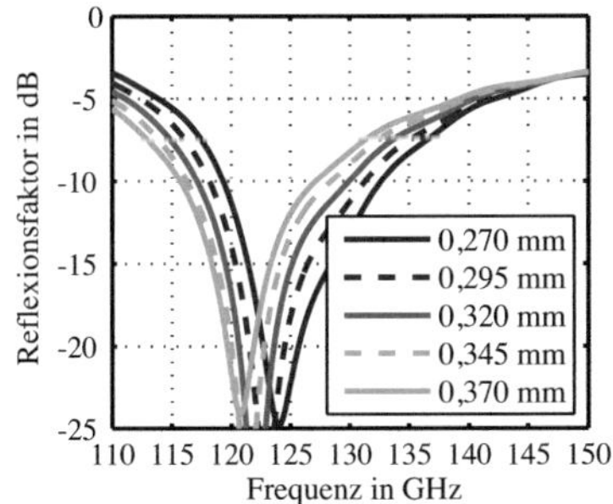

Bild 6.19.: Simulierter Reflexionsfaktor der Doppeldipolantenne auf 14 μm dickem Polyimidsubstrat für verschiedene Abstände zwischen Substrat und Reflektor, in Bezug auf $Z_\mathrm{Ant} = 80\,\Omega$

Das ausgewählte Substratmaterial ist das im HiCoFlex®-Prozess der Firma Hightec verwendete Polyimid Dupont PI-2611. Mit dem verwendeten Prozess können ultradünne (hier: 14 μm) und flexible Schaltungen unter Verwendung einer hochpräzisen Dünnschichttechnik realisiert werden [BKL09]. Die elektrischen Eigenschaften von Dupont PI-2611 wurden bis zu 110 GHz charakte-

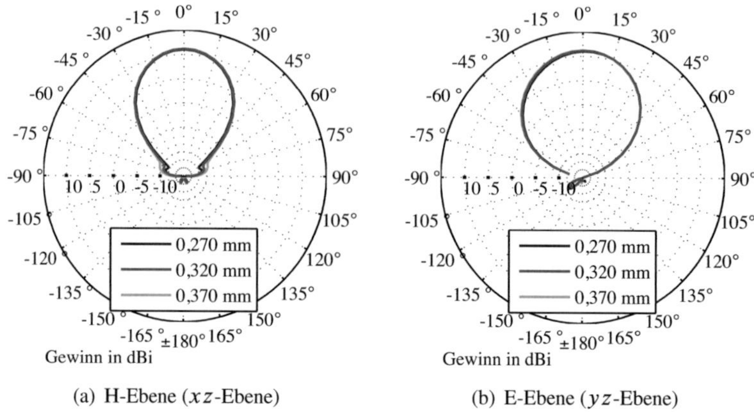

Bild 6.20.: Simulierte 122,5 GHz Richtdiagramme der Doppeldipolantenne auf 14 µm dickem Polyimidsubstrat für verschiedene Abstände zwischen Substrat und Reflektor

risiert und weisen eine sehr konstante Permittivität von 3,1 und geringe Verluste (tan δ = 0,006) auf [PD98]. Die auf das Substrat aufgebrachte Metallisierung hat insgesamt eine Dicke von 3 µm und besteht aus einer Haftschicht, einer Kupferschicht und einer Goldschicht. Ein Vorteil des verwendeten Materials ist, dass es durchsichtig ist, wodurch die Flip-Chip-Verbindungen optisch kontrolliert werden können. Alternative Substratmaterialien mit ähnlichen Eigenschaften sind das von der Firma Dupont erhältliche Kapton oder das LCP Material der Firma Rogers.

Gehäuseintegration und Kompensation der Flip-Chip-Verbindung

Um die Machbarkeit der Aufbautechnikvariante sowie des Fertigungsprozesses zu demonstrieren und um das Verhalten der integrierten Antenne inklusive des Flip-Chip-Übergangs messtechnisch zu verifizieren, wurde ein Prototyp gefertigt, der einen Chip-Dummy in das LTCC Gehäuse integriert. Der Chip-Dummy ist in Bild 6.21(a) dargestellt. Auf den Kontaktflächen sowie auf einem Ende der CPW-Leitung befinden sich Goldkugeln. Diese wurden mit einem vollautomatischen Drahtbonder unter Verwendung eines speziellen Stud-Bumping-Programms platziert und haben einen Durchmesser von ca. 60 µm bei einer Höhe von 30 µm. Bild 6.21(b) zeigt eine Schrägansicht des kompletten Prototyps. Dieser wurde mit dem manuellen Flip-Chip-Bonders Finetech

Fineplacer® pico-ma am IHE und dem in Bild 6.17 skizzierten Prozessablauf realisiert. Für Schritt 2 wurde dabei ein Flip-Chip-Prozess mit Hitze, Druck und Ultraschall genutzt. Die Verbindung zwischen dem Antennensubstrat und dem LTCC-Gehäuse in Schritt 4 besteht aus ACF und wird folglich mit Hitze und Druck realisiert. Die bereits angesprochene Transparenz des Antennensubstrats ermöglicht die visuelle Inspektion der Flip-Chip-Übergänge sowie eine Kontrolle der Ausrichtung des Chip-Dummys gegenüber dem Antennensubstrat. Der Ausschnitt im Antennensubstrat befindet sich über dem zweiten Ende der CPW-Leitung, so dass diese mit Messspitzen kontaktiert werden kann.

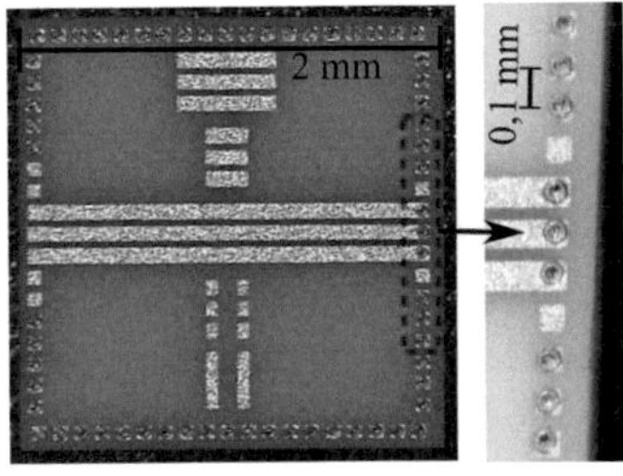

(a) Chip-Dummy mit Goldkugeln auf den Kontaktflächen

(b) Vollständig integrierter Prototyp

Bild 6.21.: Prototyp der zusammen mit einem Chip-Dummy integrierten Doppeldipolantenne

Um eine perfekte Anpassung für die Antenne inklusive des Flip-Chip-Übergangs zu realisieren, ist eine Anpasschaltung in die CPW-Speiseleitung integriert (siehe Bild 6.18). Die zwei gefalteten Dipole haben dabei eine Fußpunktimpedanz von $Z_{fd} = 160\,\Omega$. Die CPS-Leitungen sind so dimensioniert, dass ihr Wellenwiderstand ebenfalls $160\,\Omega$ beträgt. Durch die beiden parallelgeschalteten CPS-Leitungen ergibt sich für die CPW-Leitung ein Wellenwiderstand von $80\,\Omega$. Dies entspricht gleichzeitig der Fußpunktimpedanz $Z_{Ant} = 80\,\Omega$ der Doppeldipolantenne. Diese Impedanz muss an die Ausgangsimpedanz des MMICs ($Z_{MMIC} = 50\,\Omega$) – unter Berücksichtigung der durch den Flip-Chip-Übergang erzeugten Transformation – angepasst werden. Für den beschriebenen Prototyp ergibt sich durch den größtenteils kapazitiven Einfluss der Flip-Chip-Verbindung am Ende der Bondkontaktflächen eine Impedanz von $Z_X = (43\text{-j}4)\,\Omega$. Diese Impedanz wird mit einer einzigen CPW-Leitung auf $Z_{X,komp.} = Z_{Ant}^* = 80\,\Omega$ transformiert. Für optimale Anpassung ergibt sich eine Länge dieser Leitung von 0,53 mm bei einem Wellenwiderstand von 63 Ω. Auf den ersten 50 µm befindet sich diese CPW-Leitung noch oberhalb des Chip-Dummys und hat deshalb in diesem Bereich einen geringeren Wellenwiderstand von 58 Ω.

In Bild 6.21(b) ist erkennbar, dass der Abstand zwischen der Antenne und den Verbindungsleitungen zwischen IC und Gehäuse gering ist. Der Einfluss dieser Leitungen wurde mit Hilfe von Feldsimulationen überprüft. Dabei zeigt sich, dass der Einfluss gering ist, so lange ein gewisser Sicherheitsabstand eingehalten wird. Der Reflexionsfaktor bleibt unterhalb von -20 dB, so lange der Abstand größer als 0,4 mm ist. Bezüglich der Abstrahlung ergibt sich eine Reduktion des Gewinns um 0,5 dB bzw. 1 dB bei Abständen von 0,5 mm und 0,2 mm. Für den Prototyp aus Bild 6.21(b) wurde eine Fläche von 2,5 mm × 2,9 mm um die Antenne herum freigehalten, was einem Abstand von Antenne zu Verbindungsleitung von 0,77 mm entspricht.

Bild 6.22 zeigt den Vergleich des gemessenen und simulierten Reflexionsfaktors der integrierten Antenne inklusive des Flip-Chip-Übergangs aus Bild 6.21(b). Es zeigt sich eine hervorragende Übereinstimmung mit einer -10 dB–Bandbreite zwischen 118 GHz und 136 GHz. Dies entspricht einer relativen Bandbreite von 14%. Im Vergleich zur Antenne ohne Flip Chip Übergang (Bild 6.19) wurde durch Optimieren des Übergangs sogar eine leicht höhere Bandbreite realisiert. Die gemessenen und simulierten Richtdiagramme der integrierten Antenne sind in Bild 6.23 dargestellt. Die Messungen zeigen die typischen Abweichungen mit einer leichten Welligkeit und einer Abschattung im Winkelbereich unterhalb -15° in der E-Ebene durch den Absorber auf dem Hohlleiter der Messspitze. In der H-Ebene zeigt sich eine leichte Unsymmetrie. Ansonsten wurde eine sehr gute Übereinstimmung erzielt, die die erwünschte Antennenperformanz verifiziert. Der gemessene Gewinn beträgt 9,7 dBi, während in der Simulation ein Gewinn von 10,4 dBi erzielt wurde. Der Unterschied ist auf die Dämpfung der CPW-Leitung auf dem Chip-Dummy zurückzuführen. Die gute Übereinstimmung dieser Werte lässt darauf schließen, dass die simulierte Antenneneffizienz von 80% (einschließlich des Flip-Chip-Übergangs) einen realistischen Wert darstellt. Zudem bestätigt der Vergleich den geringen Verlust der Flip-Chip-Verbindung an sich. Vergleicht man die Richtdiagramme mit denen der Antenne selbst (Bild 6.20) so zeigt sich zudem, dass der Einfluss des Gehäuses und des hochpermittiven Chip-Dummys extrem gering ist und die Antenne somit kaum beeinflusst wird. Der Prototyp demonstriert somit gleichzeitig die Machbarkeit des neuartigen Aufbautechnikkonzepts und die des neu erarbeiteten Prozessablaufs und bestätigt die hervorragende Antennenperformanz mit großer Bandbreite und nahezu idealen Richtdiagrammen.

Da das Antennensubstrat flexibel ist, wird eine zusätzliche Kappe benötigt,

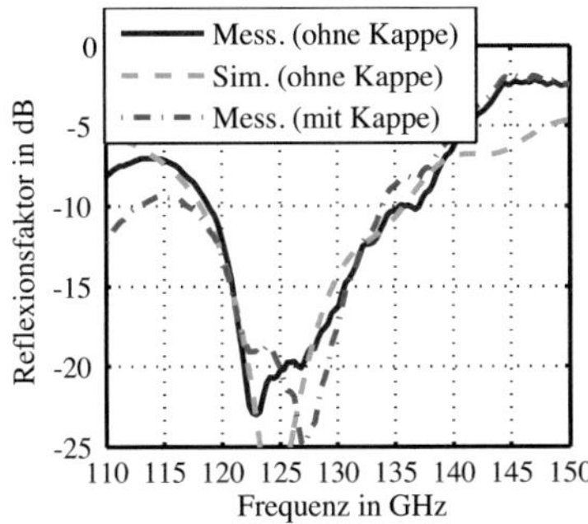

Bild 6.22.: Vergleich des gemessenen und simulierten Reflexionsfaktor der integrierten Antenne mit Flip-Chip-Verbindung aus Bild 6.21(b) in Bezug auf 50 Ω

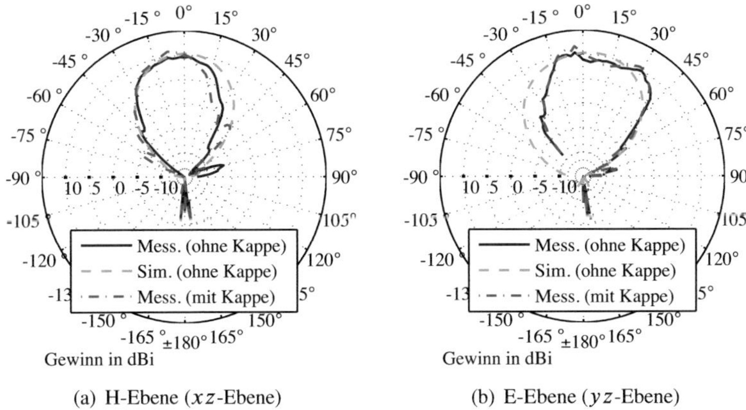

(a) H-Ebene (xz-Ebene)   (b) E-Ebene (yz-Ebene)

Bild 6.23.: Simulierter und gemessener Gewinn der integrierten Antenne mit Flip-Chip-Verbindung aus Bild 6.21(b) bei 122,5 GHz, aufgetragen über dem Elevationswinkel θ

um den IC sowie die Antenne selbst vor Umwelteinflüssen zu schützen. Eine solche Kappe wurde aus dem Thermoplast Polyetherimid (PEI) gefertigt. Dessen dielektrische Eigenschaften sind sehr konstant über der Frequenz mit einer Permittivität von 3,02 bei 114 GHz [RCK$^+$08]. Die Gesamthöhe der Kappe mit Seitenwänden beträgt 1,6 mm, während die Dicke des Deckels selbst 0,7 mm entspricht, um so für 123,3 GHz ein Halbwellenradom zu erhalten. Die Messungen des Reflexionsfaktors sowie der Richtdiagramme mit Kappe sind ebenfalls in den Bildern 6.22 und 6.23 gezeigt. Es zeigt sich erneut, dass der Einfluss vernachlässigbar ist. Durch den Resonanzfall kann für diese Antennenkonfiguration ebenfalls keine zuverlässige Verbesserung erzielt werden. Hierbei zeigt sich eine merkliche Beeinflussung der Abstrahlrichtung durch den Chip-Dummy, die zu einem starken Kippen des Richtdiagramms in der E-Ebene führt [8]. Ein Foto der integrierten Antenne inklusive der PEI Kappe ist in Bild 6.24 dargestellt.

Bild 6.24.: Vollständig integrierter Prototyp neben der Halbwellenkappe aus PEI und einem Streichholz als Größenvergleich

6.2.3. Doppeldipolantenne mit parasitär gespeisten Elementen, integriert in den Gehäusedeckel

Bild 6.25(a) zeigt eine Draufsicht sowie den Querschnitt der Doppeldipolantenne mit parasitär gespeisten Elementen auf einem 0,127 mm Aluminasubstrat, das gleichzeitig als Gehäusedeckel genutzt werden kann [20, 22]. Die Antenne befindet sich auf der Unterseite des Substrats und wurde mit Dünnschichttechnik prozessiert. Das Substrat wird dabei im Abstand von 80 µm zur reflektierenden Metallfläche des Gehäuses positioniert. Dies erfordert im Vergleich zur Antenne im vorigen Abschnitt ein komplexeres Gehäuse mit Stufen oder einen ausgedünnten IC. Bild 6.25(b) zeigt ein Foto der strukturierten Unterseite des Aluminasubstrats. Im Folgenden wird das Funktionsprinzip der Antenne erläutert, bevor die Simulations- und Messergebnisse der Antenne dargestellt werden.

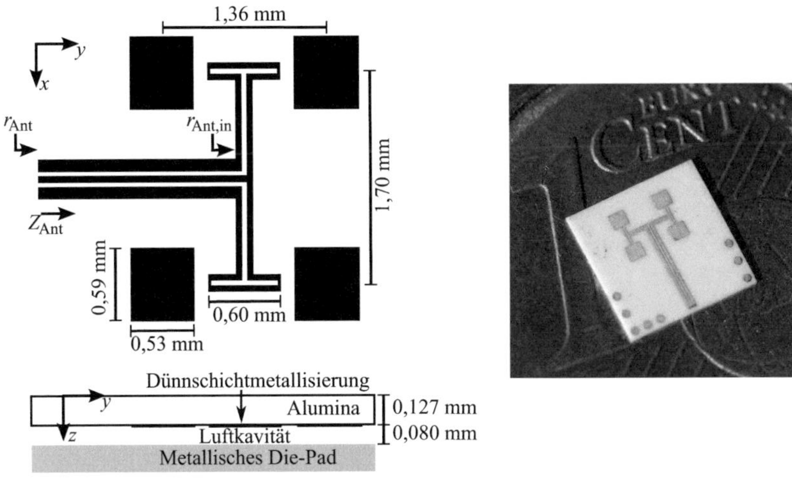

(a) Draufsicht und Querschnitt   (b) Bild der Antenne auf einer Cent-Münze

Bild 6.25.: Doppeldipolantenne mit parasitär gespeisten Elementen auf 0,127 mm Aluminasubstrat

Materialauswahl und Funktionsprinzip der Antenne

Um gleichzeitig als Gehäusedeckel genutzt werden zu können, wie in der Aufbautechnikvariante 6 aus Bild 2.15 skizziert, muss das Antennensubstrat starr sein. Analog zur Antenne aus Bild 6.12 wurde deswegen Alumina in einer Dicke von 0,127 mm ausgewählt. Im Vergleich zur Doppeldipolantenne auf dem dünnen Polyimidsubstrat ergeben sich hierdurch jedoch stark abweichende Umgebungsvariablen für die Antenne. So zeigt sich in Simulationen, dass eine Doppeldipolantenne selbst merklich unter der Anregung von Oberflächenwellen leidet. Es kann in diesem Fall kein optimales Antennenverhalten erzielt werden, da die Abstrahlkeule schielt und da die Antennenperformanz stark abhängig von der Position auf dem Substrat ist. Eine Möglichkeit besteht darin, eine Antennenstruktur analog zu Bild 6.12 – jedoch mit gespiegeltem Querschnitt – zu nutzen. Eine solche Struktur wird in [LS08], [23] vorgestellt. Der Nachteil, dass der Abstand der Patchelemente in y-Richtung die Antennenimpedanz beeinflusst und somit nicht frei wählbar ist, besteht jedoch auch in diesem Fall. Ein neuartiges Konzept, das im Vergleich mehr Freiheitsgrade und somit mehr Optimierungsparameter bietet, besteht darin, die Patchelemente nicht kapazitiv an die Dipole anzuschließen, sondern ohne elektrisch leitende Verbindung neben die Dipole zu positionieren [20, 22]. Dadurch kann der in diesem Fall verwendete Doppeldipol für eine optimale Anpassung ausgelegt werden, wohingegen die Position der Patchelemente maßgeblich das Abstrahlverhalten bestimmt. Durch eine abweichende Resonanzlänge von Dipol und Patch kann sogar die Bandbreite erhöht werden. Die Funktionsweise des Speisenetzwerks ist die selbe wie im Fall von Bild 6.13. Die CPW-Leitung teilt sich in zwei CPS-Leitungen auf, die die gefalteten Dipole speisen. Ein Querschnitt der elektrischen Feldlinien in einer Schnittfläche durch einen Dipol und zwei Patchelemente ist in Bild 6.26(b) skizziert. Dieser verdeutlicht die parasitäre Anregung der Patchelemente durch die vom Dipol abgestrahlten Felder. Die parasitären Patchelemente reduzieren die Abhängigkeit der Antennenperformanz von der Position auf dem Substrat deutlich. Auch in diesem Fall ergibt sich somit eine Reduktion der Oberflächenwellen durch eine Gruppenanordnung von Einzelstrahlern, die in diesem Fall aus zwei Dipolen und vier Patchantennen besteht. Die geometrischen Parameter der Antenne wurden wie folgt gewählt:

- Die Dipollänge (0,60 mm) und die Länge der Patchelemente (0,53 mm) bestimmen die Resonanzfrequenz. Durch die Wahl von zwei leicht abweichenden Resonanzlängen wurde die Bandbreite der Gesamtstruktur im Vergleich zum Doppeldipol ohne parasitäre Elemente erhöht.

- Der Abstand der Patchelemente in y-Richtung (1,36 mm) wurde optimiert für eine geringstmögliche Abhängigkeit der Antennenperformanz von der Position auf dem Substrat.

- Der Abstand der Patchelemente in x-Richtung (1,70 mm) kann relativ frei gewählt werden. In diesem Fall wurde er möglichst groß gewählt, um den Gewinn zu erhöhen, unter der Bedingung, dass keine Nebenkeulen in der H-Ebene auftreten.

Der Wellenwiderstand der CPW-Leitung und somit auch die Eingangsimpedanz Z_{Ant} der Antenne beträgt 50 Ω.

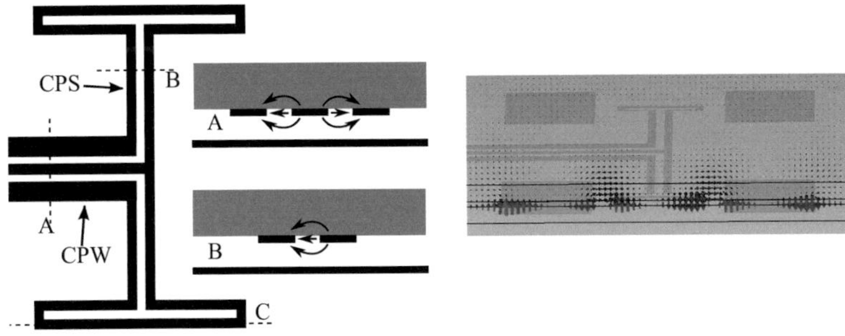

(a) Detailansicht des Speisenetzwerks der Antenne aus Bild 6.25 und Verlauf der elektrischen Feldlinien in den Schnittflächen A und B

(b) Verlauf der elektrischen Feldlinien in der Schnittfläche C

Bild 6.26.: Funktionsprinzip der Doppeldipolantenne mit parasitär gespeisten Elementen aus Bild 6.25

Simulations- und Messergebnisse der Antenne inklusive Reflektor

Um die Antenne ohne Flip-Chip-Übergang messtechnisch zu charakterisieren, ist eine andere Befestigungsart im Vergleich zu den Antennen in den vorherigen Abschnitten notwendig. In diesem Fall strahlt die Antenne im Messsystem nach unten (in Richtung $-z$) und somit kann sie nicht mit der metallischen Vakuumhalterung fixiert werden. Während der Messung wurde die Antenne an eine metallische Halterung angebracht, die gleichzeitig den notwendigen Reflektor im Abstand von 80 µm darstellt. Für ein reproduzierbares und zuverlässiges Kontaktieren mit den Messspitzen wurden die Antenne und die metallische Halterung auf einem Hartschaumstoff fixiert. Dies ist notwendig, da die Messspitzen die Antennen ansonsten vom Reflektor wegdrücken. Die Antenne strahlt somit durch den Hartschaumstoff hindurch. Drei Abbildungen dieser Halterung sind in Bild 6.27 dargestellt.

Durch geeignete Wahl der Resonanzlängen der Dipol- und Patchelemente wurde die Antenne auf eine maximale -10 dB-Bandbreite optimiert. Bild 6.28(a) zeigt die Kurve des simulierten Reflexionsfaktors $r_{\mathrm{Ant,in}}$ direkt am Eingang der Antenne, wo sich die CPW-Leitung aufteilt (siehe Bild 6.25(a)). Es sind deutlich zwei Resonanzschleifen erkennbar, die mittig über dem Anpasspunkt positioniert wurden, um so eine möglichst große Bandbreite zu erzielen. In Bild 6.28(b) ist der simulierte Reflexionsfaktor r_{Ant} am Eingang der CPW-Leitung dargestellt, jedoch nur im messbaren Frequenzbereich. Durch die Lei-

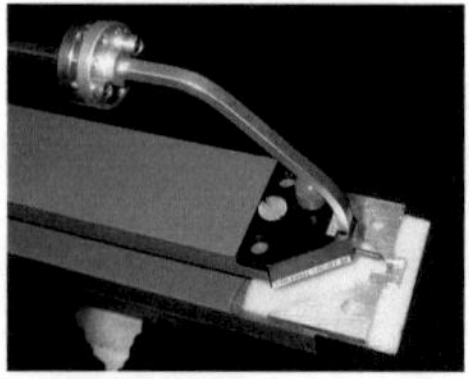  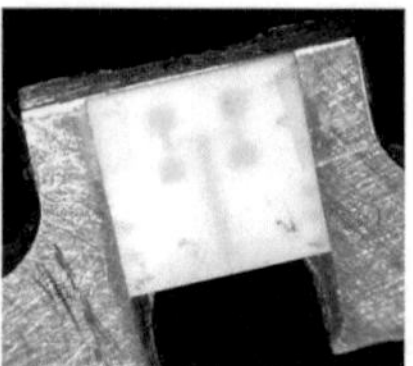

(a) Befestigung der Antenne mit Reflektor auf Hartschaumstoff

(b) Kontaktieren der Antenne von der Rückseite des Reflektors

(c) Fixierung der Antenne am Reflektor

Bild 6.27.: Befestigung der Doppeldipolantenne mit parasitären Elementen während der Messung

tungstransformation ergibt sich hier eine Kurve, die sich häufiger um den Anpasspunkt dreht. Der dazugehörende gemessene Reflexionsfaktor r_{Ant} in Bild 6.28(d) zeigt eine sehr große Ähnlichkeit. Die abweichende Position des Start- und Endpunkts ist auf eine abweichende effektive Permittivität der CPW-Leitung zurückzuführen. Die hervorragende Übereinstimmung aus Messung und Simulation sowie die erwünscht hohe -10 dB-Bandbreite ist auch in Bild 6.28(c) dokumentiert. Die -10 dB-Bandbreite beträgt in der Simulation 92 GHz bis 139 GHz, wobei die obere Grenze in der Messung 147 GHz beträgt. Es ist davon auszugehen, dass ein zusätzlicher Flip-Chip-Übergang diese Antennenbandbreite nicht verringert.

Für breitbandige Antennen genügt es nicht, nur den Reflexionsfaktor zu betrachten. Es ist ebenso wichtig, dass über die komplette Bandbreite eine möglichst konstante Abstrahlung erzielt wird. Bild 6.29 zeigt den gemessenen Gewinn der Antenne im messbaren Bereich der beiden Ebenen für den kompletten Frequenzbereich von 110 GHz bis 150 GHz. Es zeigt sich in der H-Ebene eine extrem konstante und symmetrische Abstrahlung im gesamten Frequenzbereich, wobei der Gewinn zwischen 115 GHz bis 140 GHz oberhalb von 10 dBi liegt. Auch in der E-Ebene zeigt sich ein sehr konstantes Richtdiagramm, das über der Frequenz gesehen nur minimal schielt. Ein Vergleich zwischen Messung und Simulation für die Frequenz 122,5 GHz ist in Bild 6.30 dargestellt. In der H-Ebene zeigt sich eine exzellente Übereinstimmung, bei der sogar die minimalen Nebenkeulen verifiziert werden konnten. Dadurch, dass diese Antenne durch die Halterung im verwendeten Messsystem nach unten strahlt, ist der messbare Bereich der Hauptkeule in der E-Ebene geringer im Vergleich zu den anderen, nach oben abstrahlenden Antennen. Im messbaren Bereich konnte jedoch eine sehr gute Übereinstimmung erzielt werden. Optimierungspotential besteht in diesem Fall für die leicht unsymmetrische Form des Richtdiagramms in der E-Ebene. Der Gewinn in Simulation und Messung beträgt 12,1 dBi und 11,5 dBi, bei einer simulierten Effizienz von 62%.

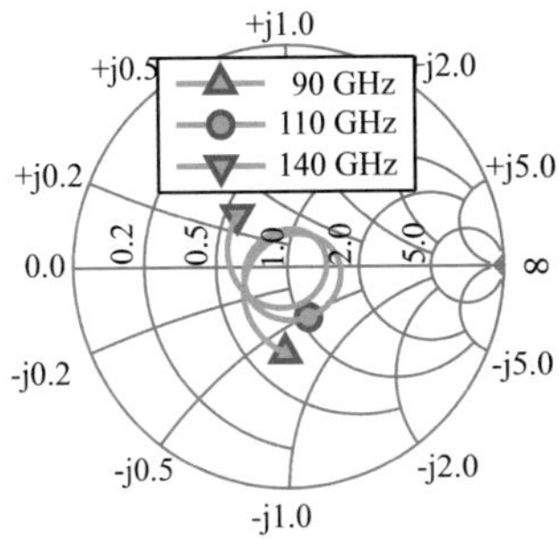

(a) Simulierter Reflexionsfaktor $r_{\mathrm{Ant,in}}$ im Smith-Diagramm

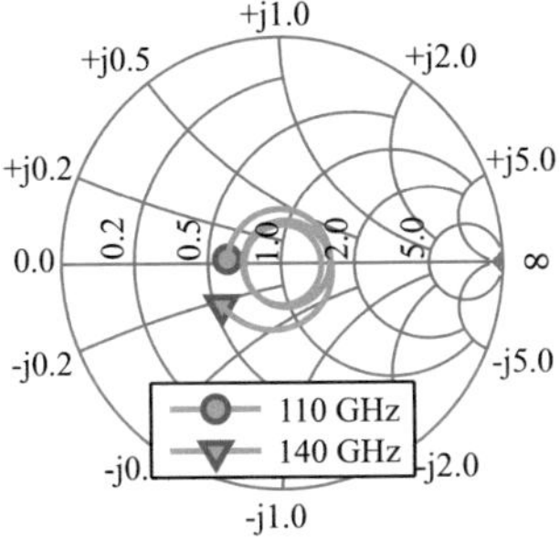

(b) Simulierter Reflexionsfaktor r_{Ant} im Smith-Diagramm

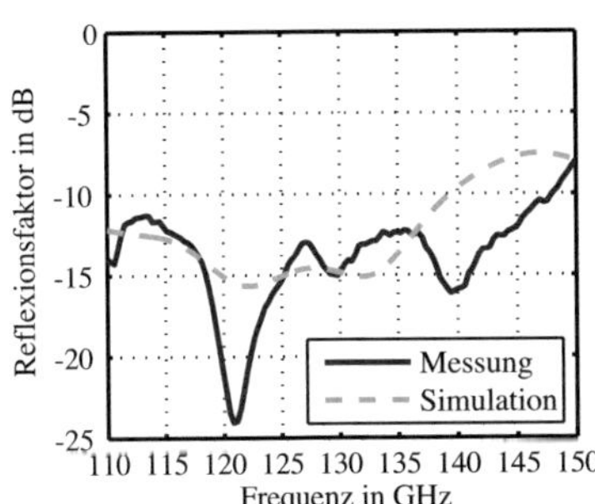

(c) Betrag des simulierten und gemessenen Reflexionsfaktors in dB

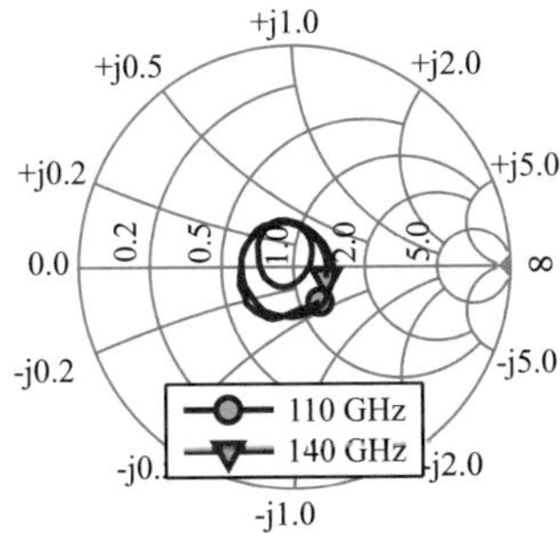

(d) Gemessener Reflexionsfaktor r_{Ant} im Smith-Diagramm

Bild 6.28.: Vergleich des gemessenen und simulierten Reflexionsfaktor der Doppeldipolantenne mit parasitären Elementen aus Bild 6.25 in Bezug auf 50 Ω

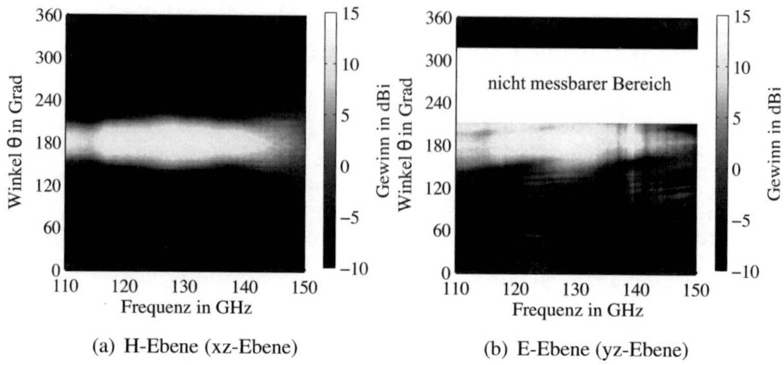

Bild 6.29.: Gemessener Gewinn der Doppeldipolantenne mit parasitären Elementen aus
Bild 6.25, aufgetragen über der Frequenz und dem Elevationswinkel θ

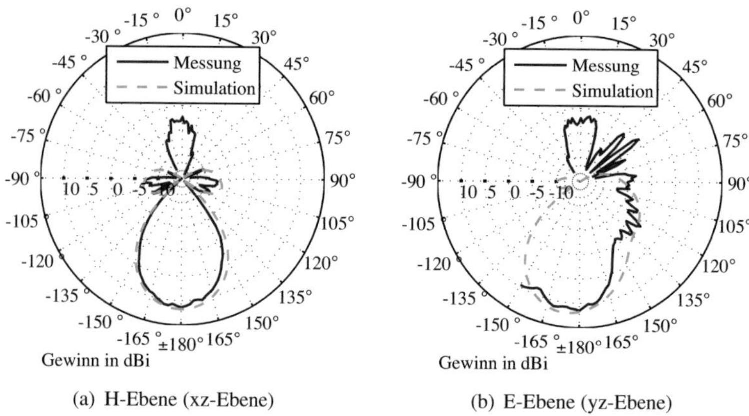

Bild 6.30.: Simulierter und gemessener Gewinn der Doppeldipolantenne mit parasitären
Elementen aus Bild 6.25 bei 122,5 GHz, aufgetragen über dem Elevationswinkel θ

6.3. Vergleich und Bewertung

Mit den vorgestellten Antennendesigns wurden für alle Aufbautechnikvarianten funktionale Antennen mit hervorragenden Eigenschaften entwickelt. Diese beruhen auf neuartigen Konzepten, wie der Unterdrückung von Oberflächenwellen durch eine Gruppenanordnung von gleichphasig gespeisten Elementen sowie GCPW- bzw. CPW-Speisenetzwerken, die die Antennenbandbreite nicht reduzieren und die platzsparende Integration von Kompensationsschaltungen für Chip-Verbindungen ermöglichen. Durch die gelungenen Antennendesigns ist der Einfluss des Gehäuses, der Chip-Verbindungen und des hochpermittivem MMICs in allen Fällen gering. Die Wahl eines Gehäusedeckels, der ein Halbwellenradom darstellt, reduziert den Einfluss des Deckels auf ein Minimum, so dass die entwickelten Antennen selbst im geschlossenen Gehäuse in ihrer vollen Bandbreite ohne Beeinträchtigung der Abstrahlung genutzt werden können.

Ein Überblick über die erzielten Kenndaten der vier vorgestellten Antennendesigns ist in Tabelle 6.2 gegeben. Der angegebene minimale Flächenbedarf berücksichtigt bei den Antennen in Flip-Chip-Aufbautechnik außer der Speiseleitung und der Kompensation auch die Substratfläche, die frei von metallischen Verbindungsleitungen sein sollte, um die Antenne nicht zu beeinflussen. Alle Werte, die nicht messtechnisch verifiziert wurden, sind grau markiert. Durch die gesammelten Erfahrungen in dieser Arbeit kann jedoch davon ausgegangen werden, dass diese Werte schlüssig sind und somit einen Vergleich ermöglichen. Die Bandbreite der Antenne aus Kapitel 6.2.3 ist grau dargestellt, da die untere Grenze nicht messtechnisch verifiziert wurde. Insgesamt zeigt sich, dass mit allen Varianten ein Gewinn in der Größenordnung von 10 dBi erzielt wurde, wobei auch der Flächenbedarf der Antennen vergleichbar ist. Diese Tatsache entsteht natürlich maßgeblich aus dem Zusammenhang zwischen Antennenwirkfläche und Gewinn und ist somit nicht überraschend. In Zusammenhang mit einer Antenneneffizienz im Bereich von 75 % (inkl. der Chip-Verbindung) zeigt sich jedoch ein großer Vorteil von Gehäuse-integrierten Antennen gegenüber monolithisch integrierten Antennen, bei denen sowohl die Antenneneffizienz als auch die Bandbreite für vergleichbare Antennen deutlich geringer ist. In diesem Fall kann die Tatsache ausgenutzt werden, dass innerhalb der Gehäuses im Vergleich zu einem Halbleiterchip selbst mehr Fläche zur Verfügung steht, die als Antennenapertur genutzt werden kann. Zudem führen die verwendeten Antennenmaterialien durch ihre geringeren Verluste zu den höheren Effizienzwerten.

Antenne (Kap.)	6.1.1	6.1.2	6.2.2	6.2.3
Aufbautechnikvar.	1	2	5	6
Verbindungstechnik	Bonddraht	Bonddraht	Flip-Chip	Flip-Chip
Fläche der strahlenden Elemente	1,91 mm x 1,91 mm	1,43 mm x 1,77 mm	1,50 mm x 0,96 mm	2,29 mm x 1,89 mm
Fläche inkl. Speiseleitung / Kompens.	2,80 mm x 2,80 mm	2,50 mm x 2,70 mm	2,50 mm x 2,90 mm	2,80 mm x 3,20 mm
-10 dB-Bandbreite der Antenne	5,4 %	10,5 %	12,0 %	40,0 %
-10 dB-Bandbreite inkl. Chip-Verb.	5,0 %	10,0 %	14,0 %	40,0 %
Gewinn inkl. Chip-Verb.	10,2 dBi	11,0 dBi	9,7 dBi	11,2 dBi
Effizienz inkl. Chip-Verb.	74 %	75 %	80 %	60 %

Tabelle 6.2.: Vergleich der vier vorgestellten Antennen

Das Hauptmerkmal, nach dem sich die in dieser Arbeit entwickelten Antennenvarianten unterscheiden lassen, ist die erzielte Bandbreite. Diese steht in direktem Zusammenhang mit der jeweiligen Aufbautechnikvariante und somit mit der Dicke des Antennensubstrats und der jeweiligen Anordnung des Substrats gegenüber dem metallischen Reflektor. Im Fall der Doppeldipolantenne auf dem flexiblen Poyimidsubstrat ist zu erwarten, dass die Bandbreite durch ein anderes Antennendesign noch erhöht werden kann, wie das Beispiel der Antenne mit parasitär gekoppelten Elementen zeigt. Sehr erfreulich ist, dass im jeweiligen Fall die Antennenbandbreite durch den Chip-Übergang nicht negativ beeinflusst wurde. Dies führt im Endeffekt dazu, dass sich die einzelnen Varianten nach der verwendeten Verbindungstechnik klassifizieren lassen:

– Aufbautechnikvarianten in Bonddrahttechnik mit mäßiger Bandbreite

– Aufbautechnikvarianten in Flip-Chip-Technik mit hoher Bandbreite

Vielversprechend an den erzielten Ergebnissen ist dabei die Tatsache, dass es gelungen ist, selbst für die Aufbautechnikvarianten in Bonddrahttechnik eine Bandbreite zu erzielen, die diejenige des 122,5 GHz ISM-Bands deutlich übersteigt und somit Raum lässt für Fertigungstoleranzen. Dieses sowie die Tatsache, dass trotz der Bonddrahtverbindung eine Effizienz von 75 % erzielt wurde, konnte so zu Beginn der Arbeit keinesfalls erwartet werden. Hier zahlen sich vor allem die gelungene Modellierung der Bonddrahtverbindung sowie die neuartigen Speisenetzwerke der Antennengruppen, die die Bandbreite nicht einschränken, aus. Da die Aufbautechnikvariante 1 komplett auf Standardherstellungstechniken beruht, bietet sich in diesem Fall das größte Potential für eine kostengünstige Produktion von Sensoren für das ISM-Band.

Für alle Anwendungen, die eine höhere Bandbreite benötigen, bietet die neuartige Aufbautechnikvariante in Flip-Chip-Technik eine sehr attraktive Alternative. Die komplexere Aufbautechnik, die jedoch durch den erarbeiteten Prozessablauf auch nur auf Standardverarbeitungstechniken beruht, führt in diesem Fall zu einer höheren Bandbreite bei gleichzeitig hoher Effizienz. Da die Abweichungen von Flip-Chip-Prozessen im Vergleich zur Bonddrahttechnologie deutlich geringer sind, kann in diesem Fall auch davon ausgegangen werden, dass die komplette Bandbreite zuverlässig und reproduzierbar genutzt werden kann.

7. Realisierungsbeispiele vollintegrierter, SMD-lötbarer Radarsensoren

Die in dieser Arbeit vorgestellten Methoden und Techniken wurden zu einem Teil im Rahmen des von der EU (Europäische Union) geförderten Forschungsprojekts SUCCESS [SUC12] erarbeitet. Die neun Partner (IHP, Robert Bosch GmbH, Silicon Radar GmbH, Selmic, Hightec, ST, die Universität Toronto, Evatronix und das KIT) verfolgten in diesem Projekt das Ziel der Realisierung von vollintegrierten 122 GHz Radarsensoren auf Basis von SiGe-ICs. Während sich das IHP, die Silicon Radar GmbH, ST und die Universität Toronto mit den ICs selbst beschäftigten, die Robert Bosch GmbH als Anwender fungierte und Evatronix eine Basisbandverarbeitung implementierte, wurde am KIT in Zusammenarbeit mit Selmic und Hightec die Integration der ICs mit passenden Antennen in SMD-lötbare Gehäuse verfolgt.

Auf Grundlage der in dieser Arbeit entwickelten Aufbautechnikvarianten 1 und 5 aus Kapitel 2.4 gelang es verschiedene der in diesem Projekt entwickelten Radar-ICs erfolgreich zu integrieren. Diese wurden jeweils mittels der koplanaren Verbindungstechnik aus Kapitel 3 mit den hochintegrierten Antennen aus den Abschnitten 6.1.1 und 6.2.2 verbunden. Die realisierten Sensoren sind komplett in SMD-lötbare Gehäuse integriert, die bei einer Gesamtgröße von 8 mm × 8 mm ein komplettes HF-Front-End inkl. Antennen beinhalten. In den folgenden Abschnitten werden einige Kenndaten zu diesen vollintegrierten Sensoren sowie Besonderheiten in Bezug auf die integrierten Antennen erläutert. Die Sensoren werden zudem genutzt, um die Richtdiagramme der Sendeantennen zu messen. Dabei wird der jeweilige Sensor in der Mitte des Antennenmesssystems aus Kapitel 4 platziert und als Sender betrieben. Das gesendete Signal wird von der rotierenden Messantenne empfangen und für alle Winkelrichtungen mit dem Netzwerkanalysator aufgenommen. Dabei wird nur der Empfänger des Netzwerkanalysators ausgelesen, während dessen interne Quellen abgeschaltet sind. Abschließend werden in diesem Kapitel erste erfolgreiche Radarmessungen der Sensoren vorgestellt, die bei SUCCESS-Projektpartnern durchgeführt wurden.

7.1. Bistatischer 122 GHz Sensor in Bonddrahttechnik

Bild 7.1(a) zeigt einen 122 GHz IC, der zusammen mit zwei der Antennen aus Bild 6.6 in ein 8 mm × 8 mm großes QFN-Gehäuse integriert ist. Für die Verbindungen zwischen IC und Antennen wurden jeweils Aluminiumdrähte mit einem Durchmesser von 25 µm im Wedge-Wedge-Verfahren verwendet. Bild 7.1(b) zeigt eine Detailansicht des ICs und der Golddrähte, die den IC und das Gehäuse verbinden, sowie der Aluminiumdrähte, die den IC und die Antennen verbinden. Der IC, der aus dem analogen Teil des in [DWS⁺12] vorgestellten Sendeempfängers besteht, ist 1,4 mm×0,9 mm groß und 0,25 mm hoch. Er beinhaltet einen spannungsgesteuerten Oszillator mit einem Abstimmbereich zwischen 120,6 GHz und 124,3 GHz. Dieses Signal wird einerseits über einen Leistungsverstärker zu den Anschlusskontaktflächen für die Sendeantenne geführt und zudem zur Abwärtsmischung des Empfangssignals in einem IQ-Mischer (Inphase-Quadratur) genutzt. Durch einen auf dem IC integrierten Frequenzteiler mit einem Teilerverhältnis von 1/32 kann der VCO mit einer externen Phasenregelschleife stabilisiert werden. Der IC beeinhaltet zudem Temperatursensoren und Leistungsdetektoren, die zur Kalibration des Sensors dienen. Insgesamt benötigt der IC 530 mW Versorgungsleistung. Er hat 22 Anschlüsse, die über Bonddrähte mit Kontaktflächen des QFN-Gehäuses verbunden sind.

(a) Draufsicht des gesamten Gehäuses

(b) Detailansicht des ICs und der Bonddrähte

Bild 7.1.: 8 mm × 8 mm QFN-Gehäuse mit integriertem 122 GHz IC, Sendeantenne (links) und Empfangsantenne (rechts), verbunden mittels koplanarer Bonddrahttechnik

Die Anschlüsse des Senders (obere Chip-Kante) und des Empfängers (rechte Chip-Kante) sind jeweils mit den beiden integrierten Antennen verbunden. Da auf dem IC eine Kompensation der Anschlusskontaktflächen realisiert ist, die für eine ideale Ausgangsimpedanz von $50\,\Omega$ sorgt, wurde die gleiche Kompensationsschaltung der Antenne aus Bild 6.6 verwendet. Die Antennen unterscheiden sich lediglich in der $90°$-Kurve der Speiseleitung der Empfangsantenne und der teilweise schiefen Speiseleitung der Sendeantenne. Die simulierten Reflexionsparameter der beiden Antennen inklusive der Bondverbindung sind nahezu identisch zu den in Bild 6.7 gezeigten. Hervorzuheben ist in diesem Fall die geringe Antennenverkopplung, die in Simulationen bei offenem Gehäuse unterhalb von -35 dB und selbst bei einem mit einem Halbwellendeckel verschlossenen Gehäuse unterhalb von -30 dB liegt. In diesem Fall zeigt sich erneut der Vorteil von fokussierenden Antennengruppen und eines Halbwellendeckels, der zur Auslöschung der reflektierten Wellen führt, sowie ein Vorteil von nicht monolithisch integrierten Antennen.

Bild 7.2 zeigt eine im Rahmen des SUCCESS-Projekts von Projektpartnern entwickelte Testplatine, die zur Ansteuerung und Auswertung des Sensors dient [43]. Diese beinhaltet eine Phasenregelschleife und eine Versorgungsspannungsschaltung. Zudem kann auf die Platine eine FPGA-Platine (Field Programmable Gate Array) der Firma Opal Kelly aufgesteckt werden. Bild 7.2(a) zeigt zudem eine Detailansicht des aufgelöteten Sensors und Bild 7.2(b) den mit einem Halbwellendeckel verschlossenen Sensor.

Um das Antennendiagramm der Sendeantenne zu messen, wurde die Testplatine im Zentrum des Antennenmesssystems aus Kapitel 4 platziert. Der Sensor wurde dabei unter Verwendung der Phasenregelschleife als Sender genutzt und der Netzwerkanalysator bei abgeschalteten internen Signalquellen als Empfänger. Dies erlaubt die Aufzeichnung des relativen Richtdiagramms unter der Annahme, dass sich die Antennenperformanz in dem Frequenzbereich, in dem der VCO während der Messung schwingt, nicht ändert. Durch die aktivierte Phasenregelschleife variierte die Oszillatorfrequenz während der Messung von beiden Richtdiagrammen lediglich in einem Bereich von 121,103 GHz bis 121,110 GHz und kann somit als konstant betrachtet werden. Die während diesen Messungen aufgezeichneten Richtdiagramme der Sendeantenne bei einem mit einem Halbwellendeckel verschlossenen Gehäuse sind in Bild 7.3 dargestellt. Es zeigt sich eine hervorragende Übereinstimmung zu den Simulationsergebnissen. Zudem wird damit erneut die exzellente Antennenperformanz verifiziert, die trotz des Einflusses von IC, Gehäuse und Deckel eine unidirektionale Abstrahlcharakteristik ohne Nebenkeulen aufweist.

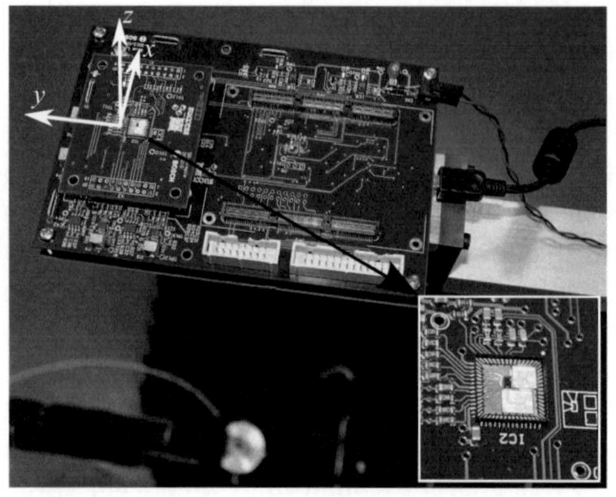

(a) Komplette Platine und deren Positionierung im Messsystem sowie eine Detailansicht des aufgelöteten Sensors

(b) Ansicht des mit einem Halbwellendeckel verschlossenen Sensorgehäuses

Bild 7.2.: Im Antennenmesssystem angebrachte Testplatine mit aufgelötetem Sensor

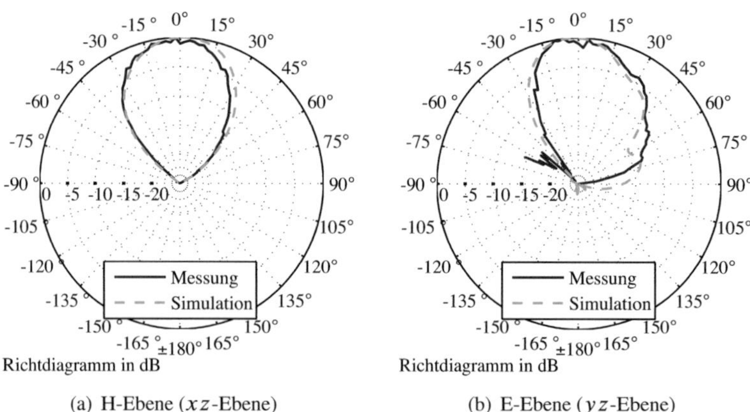

(a) H-Ebene (xz-Ebene)

(b) E-Ebene (yz-Ebene)

Bild 7.3.: Simulierte und gemessene Richtdiagramme der Sendeantenne des mit einem Halbwellendeckel verschlossenen Sensors aus Bild 7.1 bei 121,1 GHz, aufgetragen über dem Elevationswinkel θ

Als Verifikationsmessung des kompletten Sensors wurde eine FMCW-Messung (Frequency Modulated Continuous Wave) durchgeführt. Dabei wurde der VCO mit einem Sägezahnsignal moduliert, das in Bild 7.4(a) dargestellt ist. Das Sägezahnsignal variiert den Spannungspegel in einem Zeitraum von 7,5 ms um 800 mV. In diesem Fall zeigt das Sägezahnsignal noch einen starken Überschwinger zu Beginn eines Durchlaufs. Dennoch kann bereits mit diesem Modulationssignal, unter Verwendung eines statischen Ziels in Form eines metallischen Reflektors im Abstand von ca. 0,5 m zum Radar, am Inphasenausgang des Sensors eine deutliche Sinuswelle beobachtet werden (siehe Bild 7.4(b)). Diese Sinuswelle stellt das erwartete Empfangssignal eines FMCW-Radars in Form einer Schwingung mit der Beatfrequenz dar. Somit ist die Funktionalität des Sensors und damit sowohl des ICs als auch der Antennen und der Verbindung zwischen IC und Antennen verifiziert.

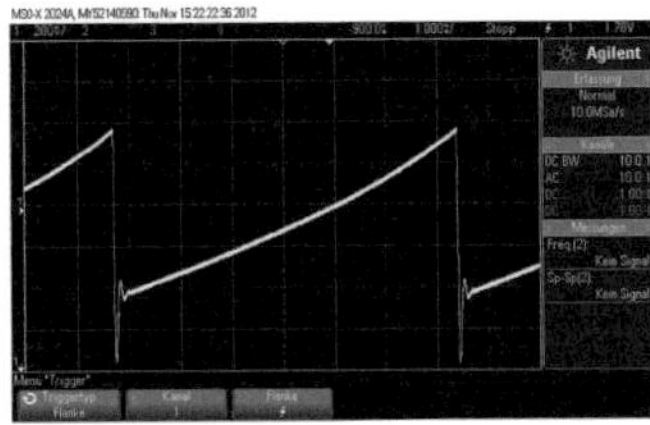

(a) An einem Oszilloskop aufgenommenes Sägezahnsignal mit dem der VCO des Sensors moduliert wird

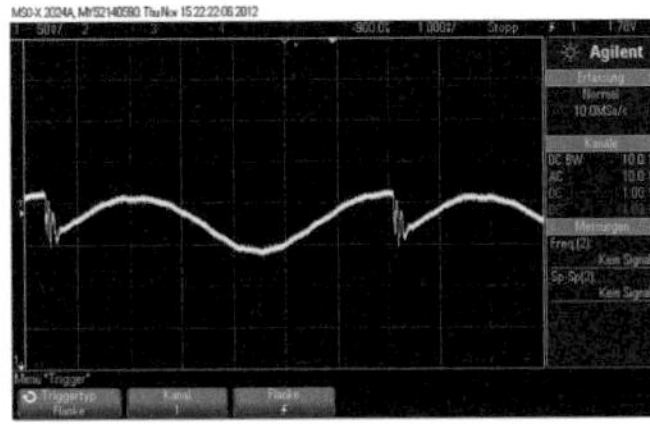

(b) Ausgangssignal am Inphasenausgang des Sensors bei Modulation des VCOs mit einem Sägezahnsignal

Bild 7.4.: FMCW-Verifikationsmessung des 122 GHz Sensors in Bonddrahttechnik

7.2. Bistatischer 122 GHz Sensor in Flip-Chip-Technik

Bild 7.5 zeigt einen 122 GHz IC [53], der zusammen mit zwei Doppeldipolantennen in ein 8 mm × 8 mm großes Gehäuse in LTCC-Technologie integriert wurde. Das Gehäuse ist dabei baugleich zu dem in Abschnitt 6.2.1 beschriebenen, verwendet jedoch ein anderes LTCC-Material (DuPont 943). Der IC wurde mit dem in Bild 6.17 dargestellten, neuartigen Prozessablauf gehäust. Die einzige Abweichung ist dabei die Verbindung zwischen der Polyimidfolie und dem LTCC-Gehäuse. Anstelle von ACF wurde in diesem Fall Silberleitkleber lokal auf die Kontaktflächen aufgebracht. Der IC ist 1,8 mm × 2,2 mm groß und 0,25 mm hoch und hat 70 Anschlüsse in einem Abstand von 0,1 mm. Die hohe Anzahl von Anschlüssen ist der Tatsache geschuldet, dass der IC nicht nur eine Radarschaltung beinhaltet, sondern zudem digitale Steuerschaltungen. Diese ermöglichen beispielweise eine Frequenzmessung des auf dem Chip selbst geteilten VCO-Signals und eine FMCW-Rampenerzeugung direkt auf dem IC [53]. Der VCO hat einen Abstimmbereich zwischen 118,3 GHz und 120,8 GHz und der komplette IC einen Leistungsverbrauch von 450 mW.

(a) Draufsicht

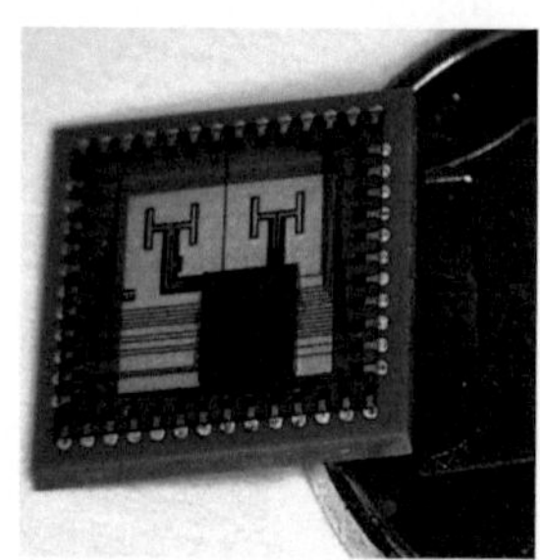

(b) Schrägansicht

Bild 7.5.: 8 mm × 8 mm QFN-Gehäuse in LTCC-Technologie mit integriertem 122 GHz IC, Sendeantenne (rechts) und Empfangsantenne (links), verbunden mittels Flip-Chip-Technologie

Die Anschlüsse des ICs sind über metallische Leitungen auf dem Antennensubstrat mit den Kontaktflächen des Gehäuses verbunden. Dabei wurden, soweit dies mit einer Metalllage möglich ist, Anschlüsse gleichen Potentials auf die selben Kontaktflächen geführt. Die integrierten Antennen verwenden die Kompensationsschaltung aus Bild 6.18, da der Einfluss der Kontaktflächen auf dem IC selbst kompensiert wurde. Ein Unterschied zur Antenne aus Bild 6.18 ist der reduzierte Abstand der beiden gefalteten Dipole der jeweiligen Doppeldipole von 0,98 mm statt 1,38 mm. Dies ist aufgrund der begrenzten Fläche innerhalb des Gehäuses notwendig. Die Speiseleitung der Empfangsantenne (links) hat zudem einen 90°-Knick, der zu einem Wegunterschied des äußeren Spalts der CPW-Leitung führt. Dieser Wegunterschied wird nach dem 90°-Knick ausgeglichen, um eine gleichphasige Speisung beider Faltdipole zu garantieren. Die simulierten Reflexionsfaktoren beider Antennen inklusive der Flip-Chip-Übergänge zeigen ein nahezu identisches Verhalten zu den in Bild 6.22 dargestellten. Der geringere Abstand der beiden Faltdipole zueinander beeinflusst den Reflexionsfaktor somit nicht. Die simulierte Antennenverkopplung liegt für ein unverschlossenes Gehäuse unterhalb von -30 dB und für ein mit einer PEI-Kappe verschlossenes Gehäuse bei -24 dB. Eine merkliche Änderung durch den reduzierten Abstand der Faltdipole ergibt sich für das Abstrahlverhalten der Antenne. Durch die geringere Antennenwirkfläche sinkt der Antennengewinn um ca. 2 dB.

Auch die Funktionalität des Sensors in Flip-Chip-Technik wurde mit einer Testplatine verifiziert. Diese beinhaltet in diesem Fall hauptsächlich die notwendigen Ansteuerschaltung für den digitalen Teil des ICs und eine Versorgungsspannungsschaltung. Auf der Platine befindet sich zudem ein Testsockel, in den das Gehäuse des Sensors eingesetzt wird. Die Anschlusskontaktflächen auf der Unterseite des Gehäuses werden dabei auf die Platine gedrückt, um so die elektrischen Kontakte zwischen Sensor und Platine herzustellen. Auf diese Weise können mehrere Gehäuse getestet werden ohne diese auf die Platine löten zu müssen. Die komplette Platine und eine Detailansicht des Sensors im Testsockel sind in Bild 7.6 gezeigt. Zur Charakterisierung des Richtdiagramms der Sendeantenne wurde die Platine mittig im Antennenmesssystem platziert und der Sensor als Sender benutzt. Trotz fehlender Phasenregelschleife variierte die VCO-Frequenz während der Messung der beiden Richtdiagramme lediglich zwischen 119,320 GHz und 119,335 GHz und kann somit ebenfalls als stabil angesehen werden. Ein Vergleich der gemessenen Richtdiagramme mit den Simulationsergebnissen ist in Bild 7.7 gezeigt. Deutlich erkennbar ist dabei der Einfluss des Testsockels. Aufgrund der Position der Sendeantenne (in Bild 7.6(b) links oben) kommt es in beiden Ebenen zu einer Abschattung der Abstrahlung in einem Winkelbereich ab ca. $\theta > 15°$. Zudem führen die Reflexionen und Beugungen am Testsockel zu einer Welligkeit der Messkurve. Abgesehen davon zeigen die Messungen eine gute Übereinstimmung mit den Simulationsergebnissen und verifizieren damit erneut die erwünschte Abstrahlcharakteristik der integrierten Antenne.

Abschließend wurde mit dem Sensor eine Dopplermessung durchgeführt [38], [53]. Der Sensor sendet dabei ein Signal im CW-Modus (Continuous Wave). Bei statischen Zielen erhält man somit am I- und Q-Ausgang des Empfängers eine Gleichspannung. Bei Zielen mit einer relativen Bewegung zum Radarsensor entsteht an diesen Ausgängen jedoch eine Schwingung mit der Dopplerfrequenz. Bild 7.8 zeigt ein simples Experiment bei dem der I-Ausgang des Sensors auf einem Oszilloskop beobachtet wird, während sich eine Hand oberhalb des Sensors bewegt. Auf dem Oszilloskop ist dabei deutlich ein Dopplersignal erkennbar. Ein weiteres Dopplersignal am I-Ausgang des Sensors ist in Bild 7.9(a) gezeigt. Der Messbereich umfasst 200 ms und 3,2 V. Dabei muss jedoch beachtet werden, dass das Ausgangssignal zwischen Sensor und Oszilloskop mit einem Verstärker um 20 dB verstärkt wurde. Ein Messergebnis der I- und Q-Ausgänge bei einer relativen Bewegung eines Ziels vor dem Sensor

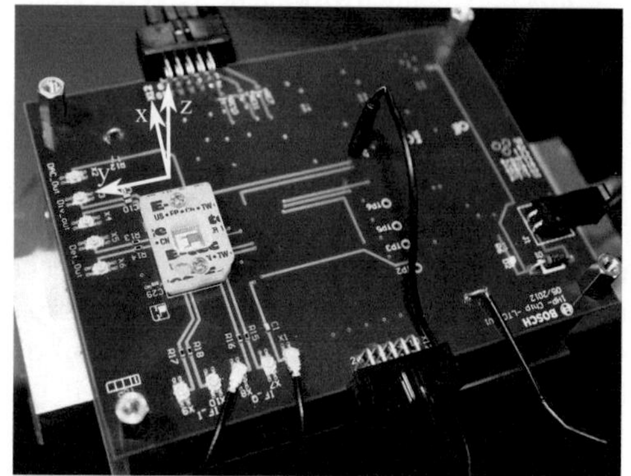

(a) Komplette Platine und deren Positionierung im Messsystem

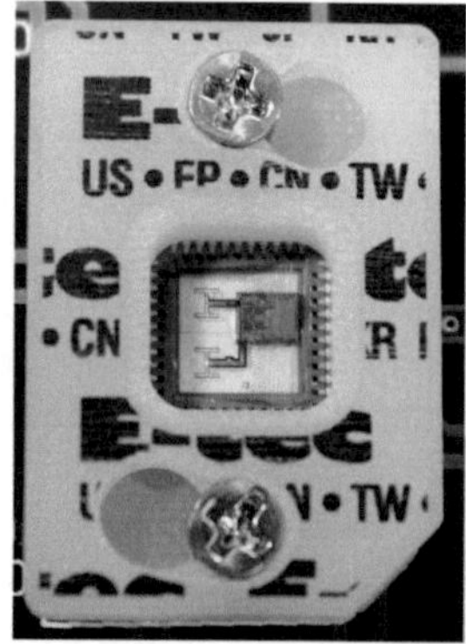

(b) Detailansicht des Sensors im Testsockel

Bild 7.6.: Im Antennenmesssystem angebrachte Testplatine mit dem Sensor in einem Testsockel

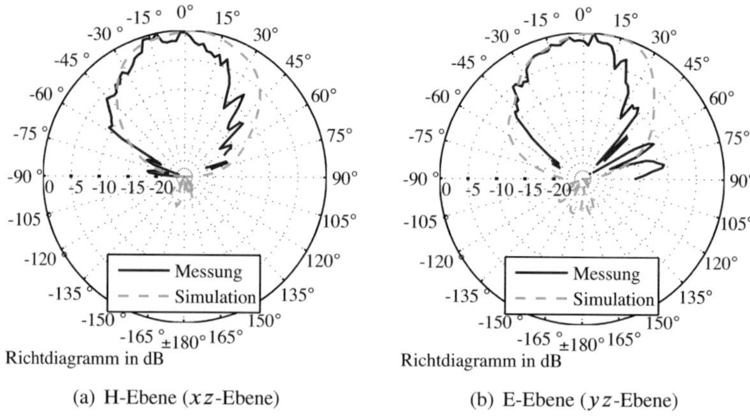

(a) H-Ebene (xz-Ebene)

(b) E-Ebene (yz-Ebene)

Bild 7.7.: Simulierte und gemessene Richtdiagramme der Sendeantenne des Sensors aus Bild 7.5 bei 119,3 GHz, aufgetragen über dem Elevationswinkel θ

ist in Bild 7.9(b) dargestellt. Der Messbereich beträgt 13,6 ms und 0,4 V. Eine Phasenverschiebung der beiden Signale im Bereich des gewünschten Werts von 90° kann dabei deutlich beobachtet werden. Die gezeigten Messungen verifizieren somit die Funktionalität des Sensors und damit sowohl des ICs als auch der Antennen sowie der Verbindung zwischen IC und Antennen.

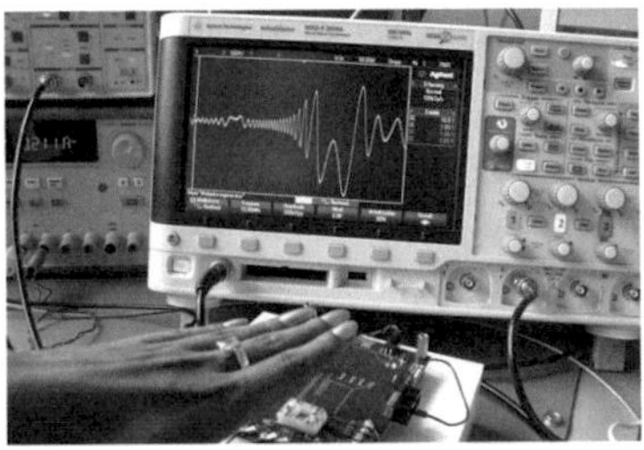

Bild 7.8.: Dopplerexperiment des 122 GHz Sensors in Flip-Chip-Technik, bei dem der Inphasenausgang des Sensors auf einem Oszilloskop betrachtet wird, während sich eine Hand oberhalb des Sensors bewegt

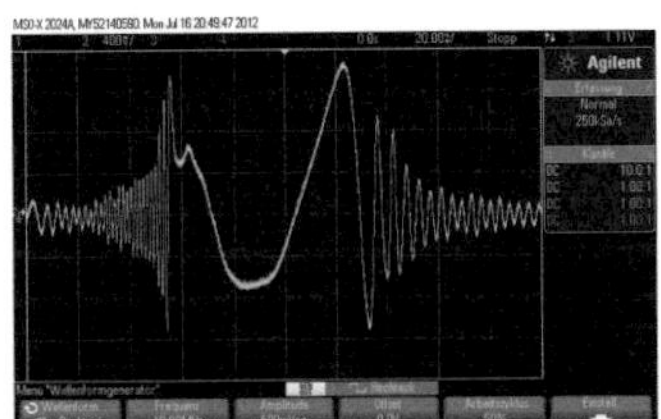

(a) Ausgangssignal am Inphasenausgang des Sensors bei einer relativen Bewegung oberhalb des Sensors

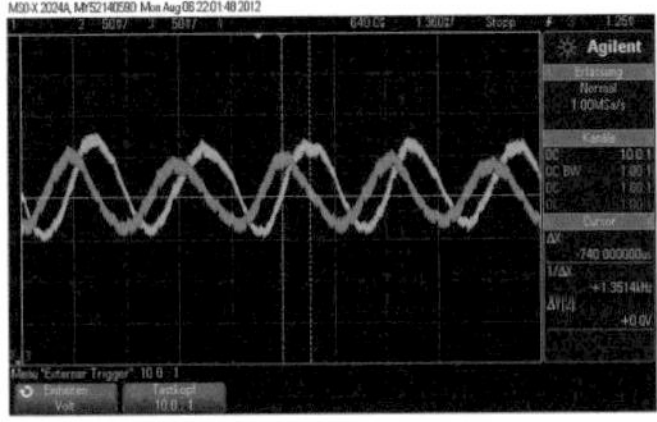

(b) Ausgangssignale am Inphasen- und Quadraturausgang des Sensors bei einer relativen Bewegung oberhalb des Sensors

Bild 7.9.: CW-Verifikationsmessung des 122 GHz Sensors in Flip-Chip-Technik

Die dargestellten Ergebnisse demonstrieren die Machbarkeit und die Funktionalität der in dieser Arbeit entstandenen Techniken und Methoden. Sowohl mit Bonddrahttechnik als auch mit Flip-Chip-Technik konnten erfolgreich Silizium-MMICs integriert werden, was zu den aktuell einzigen vollintegrierten Hochfrequenzsystemen mit nicht monolithisch integrierten Antennen oberhalb von 100 GHz führte. Die Funktionalität dieser Sensoren wurde mit simplen Experimenten verifiziert. Aufbauend darauf können diese Sensoren nun mit komplexeren Messungen auf ihre Leistungsfähigkeit überprüft werden. Dabei müssen sowohl notwendige Kalibrationsmaßnahmen als auch eine ausführlichere Signalanalyse und -auswertung vorgenommen werden.

8. Schlussfolgerungen

Durch den stetigen Fortschritt der Halbleitertechnologie sind heutzutage bereits komplette Hochfrequenzsysteme mit Trägerfrequenzen oberhalb von 100 GHz auf einem einzelnen Chip realisierbar. Es ist zu erwarten, dass die Grenzfrequenzen der Halbleiterprozesse in den nächsten Jahren weiter erhöht werden können. Dies wird einerseits zu Systemen mit noch höheren Trägerfrequenzen und andererseits zu effizienteren Chips im Bereich von 100 GHz führen. Durch die geringe Wellenlänge im Millimeterbereich ist es möglich, auch die Antenne(n) in das Chip-Gehäuse zu integrieren, um so vollintegrierte Hochfrequenzsysteme zu schaffen. Dadurch, dass dem Gehäuse in diesem Fall lediglich niederfrequente Steuersignale und Versorgungsspannungen zugeführt werden müssen, können kostengünstige, SMD-lötbare Gehäuse genutzt werden. Dies stellt die Grundlage für sowohl neuartige, miniaturisierte Module zur drahtlosen Datenübertragung, für die durch die im Millimeterwellenbereich verfügbare Bandbreite extrem hohe Datenraten von bis zu 100 Gbps erzielbar sind, als auch für universell einsetzbare Abstands- und Geschwindigkeitssensoren auf Basis von Radartechnik. Durch die hohe Trägerfrequenz sind solche Radarsensoren für Reichweiten von wenigen Metern geeignet, können jedoch je nach verwendeter Modulationsart und genutzter Bandbreite eine Genauigkeit von wenigen Mikrometern erreichen. Im Falle einer kostengünstigen Herstellung werden diese Sensoren dazu führen, dass die Radartechnik in eine Vielzahl von neuen Anwendungsfeldern im industriellen, im medizinischen sowie selbst im Konsumgüterbereich vordringt. Die Grundlage hierfür stellt, neben einem funktionalen und effizienten Design der ICs, vor allem die verwendete Aufbautechnik, der zusätzlich die Aufgabe zu Teil kommt, die Antenne in einer Art und Weise in das Gehäuse zu integrieren, so dass eine reflexionsarme und dämpfungsfreie Signalübertragung vom IC zur Antenne sowie eine effiziente Abstrahlung der Antenne mit der gewünschten Richtcharakteristik gewährleistet ist. Diese Arbeit beschäftigte sich folglich mit Methoden und Techniken, mit denen sich Antennen oberhalb von 100 GHz unter den gegebenen Voraussetzungen möglichst funktional in ein IC-Gehäuse integrieren lassen.

In Kapitel 2 wurden die Grundlagen der Aufbautechnik sowie die Anforderungen an IC-Gehäuse erläutert. Die Integration der Antenne in das Gehäuse

wurde dabei als wesentlicher Schritt identifiziert, der MMICs im Millimeterwellenbereich für kostengünstige Anwendungen nutzbar macht. Ein Vergleich
verschiedener Integrationsansätze führte zu der Erkenntnis, dass die Integration
des MMICs und einer Antenne in Dünnschichttechnik in ein Standardgehäuse den vielversprechendsten Ansatz liefert. Entscheidende Punkte sind dabei
eine freie Materialauswahl für die Antenne, eine Herstellung mit hoher Präzision, die auch eine zuverlässige und reproduzierbare Verbindung zum MMIC
ermöglicht, sowie genügend Freiheitsgrade für das Antennendesign. Es wurden dabei verschiedene Anordnungsmöglichkeiten von MMIC und Antenne
innerhalb des Gehäuses aufgezeigt, die auf Verbindungen mittels Bonddraht-
oder Flip-Chip-Technik beruhen. Eine Variante mit Bonddrahttechnik, die der
COB-Anordnung ähnelt, sowie ein neuartiges Konzept mit Flip-Chip-Technik
und einer Luftkavität im Gehäuse, wurden dabei als vielversprechendste Konzepte ausgewählt.

Das elektromagnetische Verhalten der beiden Verbindungstechniken Bonddraht und Flip-Chip im Millimeterwellenbereich wurde in Kapitel 3 aufbauend
auf deren mechanischen Eigenschaften analysiert und modelliert. Dies führte
zu der Erkenntnis, dass eine koplanare Bonddrahtverbindung eine hochohmige Leitung darstellt, die nur für geringe Längen wie meist üblich als serielle Induktivität beschrieben werden kann. Eine Verbindung mit drei parallelen Drähten ermöglicht so eine selbstkompensierende Halbwellenverbindung
mit einer Bandbreite von 13 %, die in dieser Arbeit vorgeschlagen und demonstriert wurde. Zudem konnte auf Basis einer möglichst kurzen, koplanaren
Bonddrahtverbindung mit einer asymmetrischen Kompensationsschaltung eine Bandbreite von 8 % sowie ein höchst reproduzierbares Verhalten unter den
typischen Toleranzen der Aufbau- und Verbindungstechnik erzielt werden. Die
Flip-Chip-Technik eignet sich im Vergleich dazu, durch ihre wesentlich kürzere elektrische Länge, für Systeme, die eine deutlich höhere Bandbreite erfordern. Es zeigt sich jedoch, dass auch diese Verbindungstechnik oberhalb von
70 GHz kompensiert werden sollte, falls eine Anpassung unterhalb von -15 dB
erforderlich ist. Die Eigenschaften aller untersuchten Verbindungen wurden
mit Hilfe von Teststrukturen messtechnisch verifiziert.

Die speziellen Anforderungen an ein Messsystem von hochintegrierten Streifenleitungsantennen im Millimeterwellenbereich wurden in Kapitel 4 erläutert.
Es wird ersichtlich, dass eine Messung mit Hilfe von Messspitzen der einzige
Weg ist, um die Antenne exakt an der Verbindungsstelle zum IC zu charakterisieren. Dies erfordert jedoch einen neuartigen Aufbau, in dem sich die von
der Messspitze kontaktierte AUT nicht bewegt. Ein solches System, das im
Rahmen dieser Arbeit konzipiert und realisiert wurde, ermöglicht die Charak-

terisierung von Antennen in mehreren Frequenzbändern zwischen 50 GHz und 325 GHz. Die vorgestellten Kalibrationsmethoden erlauben dabei die Bestimmung der komplexen Impedanz, der Richtdiagramme, sowie des Gewinns der AUT. Die Bedingung hierfür sind vektorielle Messgeräte sowie eine Kalibration auf die Enden der Messspitzen direkt im Messaufbau. Durch die durchdachte Anordnung der beiden Drehmotoren wurde im D-Band-Aufbau ein Antennenabstand von 75 cm erreicht, der selbst die Messung von Antennen inklusive Linsen oder Reflektoren erlaubt. Die in der Arbeit dargestellten Messungen verifizieren die hervorragende Funktionalität des Messsystems, die einzig durch Reflexionen am metallischen Hohlleiter der Messspitze leicht beeinflusst wird.

In Kapitel 5 wurde der Einfluss von Oberflächenwellen auf Antennen analysiert. Es zeigt sich, dass eine 122 GHz-Patchantenne auf einem 122 µm dünnen Substrat je nach Permittivität nur zwischen 40 % und 80 % der eingespeisten Leistung direkt in Luft abstrahlt, während die restliche Leistung in die TM_0-Mode koppelt. Diese Leistung wird anschließend an den Substratkanten abgestrahlt oder reflektiert und beeinflusst so das Antennenverhalten stark. Nach dem Vergleich verschiedener Methoden zur Oberflächenwellenunterdrückung wurde eine neuartige Methode vorgeschlagen, die auf einer Gruppenanordnung von gleichphasig gespeisten Einzelelementen beruht. Für eine optimale Anordnung kann die Leistung in der Oberflächenwelle auf unter ein Zehntel reduziert werden. Ein attraktiver Nebeneffekt ist die höhere Antennendirektivität, die sich hervorragend für Radarsensoren eignet. Anschließend wurden verschiedene Formen von Gehäusedeckeln verglichen. Es zeigt sich dabei, dass sich für den Frequenzbereich um 122 GHz ein Halbwellendeckel am besten eignet, da er das Antennenverhalten nicht beeinflusst und so die Bandbreite und das Abstrahlverhalten konserviert. Auch die Antennenkopplung von bistatischen Systemen erhöht sich bei Nutzung eines Halbwellendeckels nur geringfügig.

Kapitel 6 zeigt Beispiele von Antennendesigns für miniaturisierte Radarsensoren. Drei der vier vorgestellten Antennen basieren auf dem erläuterten Prinzip der Oberflächenwellenunterdrückung. In allen Fällen wurden CPW-bzw. GCPW-Speisenetzwerke konzipiert, die die Antennenbandbreite nicht einschränken sowie eine optimale Integration der Bonddraht- und Flip-Chip-Kompensationsschaltungen ermöglichen. Alle realisierten Antennen, die messtechnisch verifiziert wurden, haben einen Gewinn im Bereich von 10 dBi. Die somit erzielte Direktivität führt dazu, dass das umliegende Gehäuse sowie der hochpermittive Chip die Antenne kaum beeinflussen. Sowohl unter Verwendung der Flip-Chip- als auch der Bonddrahttechnik wurde eine Antenneneffizienz, die auch den Übergang beinhaltet, von mindestens 75 % erreicht, was die Antennen in Zusammenhang mit dem hohen Gewinn deutlich von typischen monolithisch integrierten Antennen abhebt. Es zeigt sich, dass für die Aufbautechnikvarianten in Bonddrahttechnik Bandbreiten im Bereich zwischen 5 % und 10 % erzielt werden können, die die Bandbreite des 122 GHz ISM-Bands deutlich übersteigen und somit Raum lassen für Fertigungstoleranzen. Da die Aufbautechnikvariante 1 komplett auf Standardherstellungstechniken und -verarbeitungstechniken beruht, bietet sich in diesem Fall das größte Potential für eine kostengünstige Produktion von Sensoren für das ISM-Band. Für alle Anwendungen, die eine höhere Bandbreite benötigen, ist die neuartige Aufbautechnikvariante in Flip-Chip-Technik eine sehr attraktive Alternative. In diesem Fall sind Bandbreiten von bis zu 40 % erzielbar. Da die Toleranzen von Flip-Chip-Prozessen gering sind, kann in diesem Fall auch davon ausgegangen werden, dass die komplette Bandbreite zuverlässig und reproduzierbar genutzt werden kann. Die Aufbautechnikvarianten 5 und 6 bieten somit durch die Anordnung einer Antenne oberhalb einer Luftkavität und durch den Flip-Chip-Übergang ein deutlich größeres Potential. Der neu erarbeitete Prozessablauf garantiert dabei die optimale Ausrichtung der einzelnen Komponenten zueinander.

Kapitel 7 zeigt zwei Beispiele vollintegrierter, SMD-lötbarer Radarsensoren, die auf Grundlage der in dieser Arbeit beschriebenen Methoden und Techniken realisiert wurden. Sowohl für die Aufbautechnikvariante mit Bonddrähten, als auch für die Variante in Flip-Chip-Technologie konnten erfolgreich Silizium-MMICs integriert werden, was zu den aktuell einzigen vollintegrierten Hochfrequenzsystemen mit nicht monolithisch integrierten Antennen oberhalb von 100 GHz führte. Diese demonstrieren die Machbarkeit und die Funktionalität der in dieser Arbeit entstandenen Techniken und Methoden.

Durch die vorliegende Arbeit wurden wesentliche Schritte gegenüber dem Stand der Technik erzielt. Dabei sind die im Folgenden zusammengefassten Punkte hervorzuheben:

- Es wurde erstmals eine selbstkompensierende, koplanare Bonddrahtverbindung zwischen Schaltungsträgern vorgeschlagen sowie experimentell demonstriert. Die Halbwellenverbindung nutzt den Effekt, dass die koplanare Bonddrahtverbindung eine Dreidrahtluftleitung darstellt. Im Frequenzbereich über 100 GHz kann auf diese Weise ein Übergang mit einer Bandbreite von bis zu 13 % realisiert werden. Zusätzlich wurde eine höchst reproduzierbare Bonddrahtverbindung basierend auf einer möglichst kurzen koplanaren Bonddrahtverbindung entwickelt, die eine asymmetrische Kompensationsschaltung nutzt. Diese Übergangsart wurde bei der höchsten momentan bekannten Mittenfrequenz für eine kompensierte Bonddrahtverbindung (122 GHz) mit einer Bandbreite von 8 % demonstriert.

– In der Arbeit wurde der aktuell flexibelste und leistungsfähigste Messplatz für hochintegrierte Millimeterwellenantennen realisiert. Der Aufbau erlaubt die Charakterisierung von Antennen in mehreren Frequenzbändern zwischen 50 GHz und 325 GHz. Die Möglichkeit der Charakterisierung von verschiedenen Frequenzbändern und vor allem für Messungen oberhalb von 75 GHz ist aktuell ein Alleinstellungsmerkmal des Messsystems. Die verwendeten Messgeräte erlauben vektorielle Messungen. Somit kann eine Kalibration auf die Enden der Messspitze durchgeführt werden, die nicht nur eine exakte Bestimmung der Antennenimpedanz erlaubt, sondern zudem eine möglichst genaue Gewinnkalibration.

– Es wurde eine Methodik zur Unterdrückung von Oberflächenwellen erarbeitet, die auf einer Gruppenanordnung von gleichphasig gespeisten Einzelstrahlern beruht. Diese Methodik ermöglicht die Realisierung von optimal abstrahlenden Antennen selbst auf elektrisch dicken und hochpermittiven Materialien. Es werden keine Durchkontaktierungen durch das Substrat benötigt und somit können kostengünstige Herstellungstechniken mit nur einer Metalllage verwendet werden. Basierend auf der erarbeiteten Methodik wurden verschiedene Antennenanordnungen bei 122 GHz entwickelt, die optimale Eigenschaften für hochintegrierte Radarsensoren bieten. Diese Antennengruppen nutzen dabei teilweise neuartige Speisenetzwerke, die die Antennenbandbreite nicht einschränken, sowie eine optimale Integration der Bonddraht- und Flip-Chip-Kompensationsschaltungen ermöglichen.

– In der Arbeit wurde ein neuartiges Aufbautechnikkonzept entwickelt und demonstriert. Dieses basiert auf der Verwendung eines Gehäuses mit Kavität, in die der MMIC eingesetzt ist. Das Konzept ermöglicht gleichzeitig eine optimale Verbindung mit höchster Bandbreite zwischen MMIC und Antenne, eine effiziente Wärmeableitung vom MMIC sowie eine Antenne oberhalb einer Luftkavität für eine möglichst hohe Bandbreite bei gleichzeitig hoher Effizienz. Durch die Verwendung des Antennensubstrats als Träger für die Verbindungen zwischen MMIC und Gehäuse werden im gesamten Aufbau keine Bonddrähte benötigt. Dadurch wird ein deutlich vereinfachter Aufbautechnikprozess sowie eine verbesserte mechanische Stabilität im Vergleich zu früheren ähnlichen Konzepten erreicht. Durch einen neu entwickelten Prozessablauf, der nur auf

Standardverarbeitungsschritten beruht, wird die optimale Ausrichtung der einzelnen Teile zueinander garantiert.

— Auf Grundlage der in dieser Arbeit entstandenen Methoden wurden zwei Radarsensoren bei 122 GHz realisiert, die komplett in ein SMD-lötbares Gehäuse integriert sind. Mit einer Größe von lediglich 8 mm × 8 mm stellen diese die kleinsten aktuell bekannten Radarsensoren dar, bei denen die Antenne nicht monolithisch integriert ist.

Die in dieser Arbeit gewonnenen Erkenntnisse stellen die Grundlage für weitere Forschung auf dem Gebiet der vollintegrierten Hochfrequenzsysteme im Millimeterwellenbereich. Die entwickelten Methoden und Techniken im Bereich der Aufbau- und Verbindungstechnik, der integrierten Antennen und der Antennenmesstechnik können für verschiedenste Systemkonzepte angewendet werden. So können beispielsweise mit dem Messsystem nahezu alle Arten von Streifenleitungsantennen in einem Frequenzbereich zwischen 50 GHz und 325 GHz charakterisiert werden. Auch die Erkenntnisse im Bereich der Chip-Verbindungstechnik können sowohl auf höhere Frequenzen, als auch auf komplexere Systeme mit mehreren MMICs übertragen werden. Die Methodik der Oberflächenwellenunterdrückung durch eine Gruppenanordnung von gleichphasig gespeisten Antennenelementen bietet einen interessanten und flexiblen Ansatz für alle Antennenanordnungen, bei denen durch feststehende Parameter wie der Mindestdicke oder der Permittivität eines Substrats Oberflächenwellen zu stark angeregt werden. Dies beinhaltet z.B. auch monolithisch integrierte Antennen auf GaAs. Mit dem neuartigen Aufbautechnikkonzept wurde eine Technologievariante demonstriert, die für verschiedenste Anwendungen bis in den hohen Millimeterwellenbereich eine hohe Bandbreite und eine optimale Wärmeableitung vom MMIC garantiert. Auch dieses Konzept kann auf komplexere Systeme mit mehreren MMICs übertragen werden.

Als Anwendungsbeispiel führte diese Arbeit zu vollintegrierten, SMD-lötbaren Radarsensoren mit einer Gesamtgröße von lediglich 8 mm × 8 mm. Mit diesen universell einsetzbaren Sensoren könnte die Radartechnik in den nächsten Jahren in vielfältige, neue Anwendungsfelder vordringen. So kann ein solcher Sensor bei geringer Baugröße und geringen Herstellungskosten in verschiedensten Bereichen als berührungsloser Abstands- und Geschwindigkeitsmesser, der selbst bei Dunkelheit, Nebel und Feuchtigkeit funktioniert, eingesetzt werden. Dabei sind Applikationen im medizinischen, im industriellen und im Konsumgüterbereich vorstellbar.

A. Maxwell-Gleichungen und Helmholtz-Gleichung

Die Maxwell-Gleichungen beschreiben den Zusammenhang von zeit- und ortsabhängigen elektrischen und magnetischen Feldern. Sie lauten in differentieller Form

$$\nabla \times \vec{H} = \frac{\partial \vec{D}}{\partial t} + \vec{J} \tag{A.1}$$

$$\nabla \times \vec{E} = -\frac{\partial \vec{B}}{\partial t} \tag{A.2}$$

$$\nabla \cdot \vec{B} = 0 \tag{A.3}$$

$$\nabla \cdot \vec{D} = \rho. \tag{A.4}$$

In einem ladungsfreien ($\rho = 0$) und stromfreien ($\vec{J} = 0$) Raum sowie bei Annahme von Homogenität und Isotropie ($\vec{D} = \epsilon_0 \epsilon_\mathrm{r} \vec{E}$ und $\vec{B} = \mu_0 \mu_\mathrm{r} \vec{H}$) vereinfachen sich diese zu

$$\nabla \times \vec{H} = \epsilon_0 \epsilon_\mathrm{r} \frac{\partial \vec{E}}{\partial t} \tag{A.5}$$

$$\nabla \times \vec{E} = -\mu_0 \mu_\mathrm{r} \frac{\partial \vec{H}}{\partial t} \tag{A.6}$$

$$\nabla \cdot \vec{H} = 0 \tag{A.7}$$

$$\nabla \cdot \vec{E} = 0. \tag{A.8}$$

Bei Annahme von rein harmonischen Vorgängen, die zeitlich mit dem Term $e^{j\omega t}$ variieren, sowie einer Ausbreitung in $+z$-Richtung in einem dämpfungsfreien Medium ($\gamma = j\beta$) können die elektrischen und magnetischen Felder folgendermaßen dargestellt werden:

$$\vec{E}(x,y,z,t) = \vec{E}(x,y)e^{-j(\beta z - \omega t)} \tag{A.9}$$

$$\vec{H}(x,y,z,t) = \vec{H}(x,y)e^{-j(\beta z - \omega t)} \tag{A.10}$$

Mit diesen Annahmen können die ersten beiden der Maxwell-Gleichungen mittels $\frac{\partial}{\partial t} = j\omega$ und $\frac{\partial}{\partial z} = -j\beta$ weiter aufgetrennt werden zu

$$\frac{\partial H_z}{\partial y} + j\beta H_y = j\omega\epsilon_0\epsilon_\mathrm{r} E_x \tag{A.11}$$

$$-j\beta H_x - \frac{\partial H_z}{\partial x} = j\omega\epsilon_0\epsilon_\mathrm{r} E_y \tag{A.12}$$

$$\frac{\partial H_y}{\partial x} - \frac{\partial H_x}{\partial y} = j\omega\epsilon_0\epsilon_\mathrm{r} E_z \tag{A.13}$$

$$\frac{\partial E_z}{\partial y} + j\beta E_y = -j\omega\mu_0\mu_\mathrm{r} H_x \tag{A.14}$$

$$-j\beta E_x - \frac{\partial E_z}{\partial x} = -j\omega\mu_0\mu_\mathrm{r} H_y \tag{A.15}$$

$$\frac{\partial E_y}{\partial x} - \frac{\partial E_x}{\partial y} = -j\omega\mu_0\mu_\mathrm{r} H_z \tag{A.16}$$

Da eine Ausbreitung in $+z$-Richtung definiert wurde, ist es sinnvoll diese Gleichungen umzuschreiben und E_x, E_y, H_x und H_y in Abhängigkeit von E_z und H_z zu bestimmen. Es ergibt sich mit der Definition von $c = 1/\sqrt{\mu_0\mu_\mathrm{r}\epsilon_0\epsilon_\mathrm{r}}$ als Lichtgeschwindigkeit im Medium:

$$E_x\left(\frac{\omega^2}{c^2} - \beta^2\right) = -j\beta\frac{\partial E_z}{\partial x} - j\omega\mu_0\mu_\mathrm{r}\frac{\partial H_z}{\partial y} \tag{A.17}$$

$$E_y\left(\frac{\omega^2}{c^2} - \beta^2\right) = -j\beta\frac{\partial E_z}{\partial y} + j\omega\mu_0\mu_\mathrm{r}\frac{\partial H_z}{\partial x} \tag{A.18}$$

$$H_x\left(\frac{\omega^2}{c^2} - \beta^2\right) = -j\beta\frac{\partial H_z}{\partial x} + j\omega\epsilon_0\epsilon_\mathrm{r}\frac{\partial E_z}{\partial y} \tag{A.19}$$

$$H_y\left(\frac{\omega^2}{c^2} - \beta^2\right) = -j\beta\frac{\partial H_z}{\partial y} - j\omega\epsilon_0\epsilon_\mathrm{r}\frac{\partial E_z}{\partial x} \tag{A.20}$$

Diese Gleichungen erlauben die Bestimmung aller Feldkomponenten aus den beiden longitudinalen Komponenten. Im Fall von TE-Wellen gilt $E_z = 0$, und im Fall von TM-Wellen analog $H_z = 0$. Für TEM-Wellen liefern die Gleichungen jedoch keine Lösung, da in diesem Fall $E_z = H_z = 0$ sowie gleichzeitig $\frac{\omega^2}{c^2} = \beta^2$ gilt. Je nach Randbedingung eines Problems können somit alle Feldkomponenten eindeutig bestimmt werden, falls die beiden longitudinalen Komponenten bekannt sind.

Des Weiteren stellen (A.5) und (A.6) zwei Gleichungen mit zwei Unbekannten dar und können folglich entweder nach $\vec{E}$ oder nach $\vec{H}$ aufgelöst werden. Durch Bilden der Rotation von (A.5) und anschließendes Einsetzen von (A.6) ergibt sich unter Anwendung von $\frac{\partial}{\partial t} = j\omega$

$$\nabla \times \nabla \times \vec{H} = j\omega\epsilon_0\epsilon_{\mathrm{r}}\nabla \times \vec{E} = \frac{\omega^2}{c^2}\vec{H}. \tag{A.21}$$

Unter Anwendung der Operatoridentität $\nabla \times \nabla \times \vec{A} = \nabla(\nabla \cdot \vec{A}) - \nabla^2\vec{A}$ ergibt sich unter Berücksichtigung von (A.7)

$$\nabla^2\vec{H} = -\frac{\omega^2}{c^2}\vec{H}. \tag{A.22}$$

Analog lässt sich für das elektrische Feld herleiten:

$$\nabla^2\vec{E} = -\frac{\omega^2}{c^2}\vec{E} \tag{A.23}$$

Diese Gleichungen sind partielle Differentialgleichungen zweiter Ordnung, die als Wellengleichung oder Helmholtz-Gleichung bezeichnet werden. Alle kartesischen Feldkomponenten von $\vec{E}$ und $\vec{H}$ genügen dieser Gleichung. Je nach den Umgebungsvariablen einer elektromagnetischen Welle können somit die Feldkomponenten unter Berücksichtigung der passenden Randbedingungen bestimmt werden. Für die bereits definierte Ausbreitungsrichtung $+z$ gilt somit für die beiden longitudinalen Feldkomponenten

$$(\frac{\partial^2}{\partial x^2} + \frac{\partial^2}{\partial y^2} - \beta^2 + \frac{\omega^2}{c^2})H_z - (\frac{\partial^2}{\partial x^2} + \frac{\partial^2}{\partial y^2} - \beta^2 + k^2)H_z = 0 \tag{A.24}$$

$$\left(\frac{\partial^2}{\partial x^2} + \frac{\partial^2}{\partial y^2} - \beta^2 + \frac{\omega^2}{c^2}\right)E_z = \left(\frac{\partial^2}{\partial x^2} + \frac{\partial^2}{\partial y^2} - \beta^2 + k^2\right)E_z = 0. \quad \text{(A.25)}$$

$k = \frac{\omega}{c} = \frac{2\pi f}{c} = \frac{2\pi}{\lambda} = \sqrt{\epsilon_r \mu_r}k_0$ wird dabei als materialabhängige Wellenzahl bezeichnet, wobei k_0 die Wellenzahl im Vakuum ist.

B. Ausbreitungskonstanten von Oberflächenwellen

Bild B.1 zeigt ein in y- und z-Richtung unendlich ausgedehntes dielektrisches Substrat der Dicke $2d$ und der Permittivität ϵ_r. Als Ausbreitungsrichtung der Moden wird die $+z$-Richtung definiert. Das bedeutet, dass die Felder mit dem harmonischen Term $e^{-j\beta z}$ variieren. Definiert wird zudem, dass die Felder in y-Richtung konstant sind, so dass alle Felder die Eigenschaft $\partial/\partial y = 0$ erfüllen.

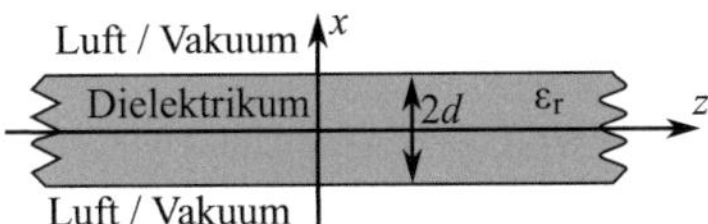

Bild B.1.: Ein dielektrisches Substrat der Dicke $2d$, auf dem sich Oberflächenwellen ausbreiten können

Für die vier transversalen Feldkomponenten ergibt sich dann in Abhängigkeit der beiden longitudinalen Komponenten aus (A.17) bis (A.20):

$$E_x\left(\frac{\omega^2}{c^2} - \beta^2\right) = -j\beta\frac{\partial E_z}{\partial x} \tag{B.1}$$

$$E_y\left(\frac{\omega^2}{c^2} - \beta^2\right) = j\omega\mu_0\mu_\mathrm{r}\frac{\partial H_z}{\partial x} \tag{B.2}$$

$$H_x\left(\frac{\omega^2}{c^2} - \beta^2\right) = -j\beta\frac{\partial H_z}{\partial x} \tag{B.3}$$

$$H_y\left(\frac{\omega^2}{c^2} - \beta^2\right) = -j\omega\epsilon_0\epsilon_\mathrm{r}\frac{\partial E_z}{\partial x} \tag{B.4}$$

Im Fall von TE-Wellen (Transversal Elektrisch) ($E_z = 0$) existieren somit nur die Komponenten E_y, H_x und H_z, während für TM-Wellen (Transversal Magnetisch) ($H_z = 0$) die Komponenten E_x, H_y und E_z existieren. Da der Querschnitt des Wellenleiters orthogonal zur Ausbreitungsrichtung nicht homogen ist, können sich keine TEM-Wellen (Transversal Elektromagnetisch) ausbreiten. Im Folgenden wird ergänzend zu der in Abschnitt 5.1.1 dargestellten Herleitung für die geraden TM-Moden von Oberflächenwellen die Helmholtz-Gleichung für die ungeraden TM-Moden und die TE-Moden gelöst.

B.1. Ungerade TM-Moden

Für die ungeraden TM-Moden müssen die tangentialen magnetischen Felder und damit H_y in der Symmetrieebene $x = 0$ verschwinden. In diesem Fall führt dies zu

$$E_z(x,y) = Ae^{hx}, \qquad\qquad -\infty \leq x \leq -d, \qquad \text{(B.5a)}$$

$$E_z(x,y) = C\cos(k_c x), \qquad\qquad -d \leq x \leq d, \qquad \text{(B.5b)}$$

$$E_z(x,y) = De^{-hx}, \qquad\qquad d \leq x \leq \infty. \qquad \text{(B.5c)}$$

und somit mittels (B.4)

$$H_y(x,y) = \frac{j\omega\epsilon_0}{h^2}hAe^{hx} \qquad\qquad -\infty \leq x \leq -d, \qquad \text{(B.6a)}$$

$$H_y(x,y) = \frac{j\omega\epsilon_0\epsilon_r}{k_c^2}k_c C\sin(k_c x), \qquad -d \leq x \leq d, \qquad \text{(B.6b)}$$

$$H_y(x,y) = \frac{j\omega\epsilon_0}{h^2}(-h)De^{-hx} \qquad\qquad d \leq x \leq \infty \qquad \text{(B.6c)}$$

und durch (B.1)

$$E_x(x,y) = \frac{j\beta}{h^2}hAe^{hx} \qquad\qquad -\infty \leq x \leq -d, \qquad \text{(B.7a)}$$

$$E_x(x,y) = \frac{j\beta}{k_c^2}k_c C\sin(k_c x), \qquad\qquad -d \leq x \leq d, \qquad \text{(B.7b)}$$

$$E_x(x,y) = \frac{j\beta}{h^2}(-h)De^{-hx} \qquad\qquad d \leq x \leq \infty \qquad \text{(B.7c)}$$

Die notwendige Kontinuität der tangentialen Felder E_z und H_y am Übergang von Luft zu Dielektrikum sowie die Symmetrie der Struktur führen auf

$$A = D, \tag{B.8}$$

$$C \cos(k_\mathrm{c}d) = De^{-hd}, \tag{B.9}$$

$$\frac{\epsilon_\mathrm{r}C}{k_\mathrm{c}} \sin(k_\mathrm{c}d) = -\frac{D}{h}e^{-hd}. \tag{B.10}$$

Teilen von (B.9) durch (B.10) führt auf die Gleichung

$$-k_\mathrm{c} \cot(k_\mathrm{c}d) = \epsilon_\mathrm{r}h, \tag{B.11}$$

die zusammen mit

$$k_\mathrm{c}^2 + h^2 = (\epsilon_\mathrm{r} - 1)k_0^2, \tag{B.12}$$

aus Gleichung (5.6) die Berechnung von k_c und h bei gegebenem k_0, ϵ_r und d erlaubt. Das bedeutet, dass durch Lösen dieser Gleichungen bei bekannter Frequenz, je nach Dielektrikum und Materialstärke, alle ausbreitungsfähigen Moden und ihre Ausbreitungsgeschwindigkeit berechnet werden können. Eine grafische Lösung dieser Gleichungen zeigt Bild B.2.

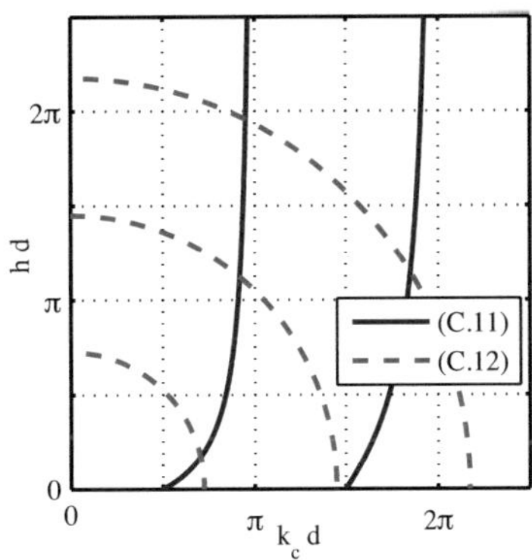

Bild B.2.: Grafische Lösung der Gleichungen (B.11) und (B.12) für die ungeraden TM-Oberflächenwellenmoden auf einem Substrat der Permittivität 3,1

Daraus ergeben sich die Cut-Off-Frequenzen der ungeraden TM-Moden in einem unendlich ausgedehnten dielektrischen Substrat zu

$$f_\mathrm{c} = \frac{(2n+1)c_0}{4d\sqrt{\epsilon_\mathrm{r}-1}},\tag{B.13}$$

mit $n = 0,1,2,\dots$.

Bei bekannten Cut-Off-Frequenzen müssen nun im jeweiligen Fall die Ausbreitungsgeschwindigkeiten der Moden bestimmt werden. Einsetzen von der
nach h aufgelösten Gleichung (B.12) in (B.11) ergibt

$$-\frac{k_\mathrm{c}}{k_0}\cot\left(\frac{k_\mathrm{c}}{k_0}2\pi\frac{d}{\lambda_0}\right) = \epsilon_\mathrm{r}\sqrt{(\epsilon_\mathrm{r}-1)-\frac{k_\mathrm{c}^2}{k_0^2}}.\tag{B.14}$$

B.2. TE-Moden

Die Helmholtz Wellengleichung einer TE-Mode lautet für die H_z-Komponente
aus (A.24) mit der Eigenschaft $\partial/\partial y = 0$ in den beiden Regionen des Wellenleiters

$$\left(\frac{\partial^2}{\partial x^2} + \epsilon_\mathrm{r}k_0^2 - \beta^2\right)H_z(x,y) = 0, \qquad 0 \le |x| \le d,\tag{B.15a}$$

$$\left(\frac{\partial^2}{\partial x^2} + k_0^2 - \beta^2\right)H_z(x,y) = 0, \qquad d \le |x| \le \infty.\tag{B.15b}$$

Die cut-off Wellenzahlen für die beiden Regionen werden wie bei den TM-
Moden definiert als

$$\begin{aligned} k_\mathrm{c}^2 &= \epsilon_\mathrm{r}k_0^2 - \beta^2,\\ h^2 &= \beta^2 - k_0^2. \end{aligned}\tag{B.16}$$

Die generelle Lösung zu (B.15a) ergibt sich dann als

$$H_z(x,y) = Ae^{hx}, \qquad\qquad -\infty \le x \le -d,\tag{B.17a}$$

$$H_z(x,y) = B\sin k_\mathrm{c}x + C\cos k_\mathrm{c}x, \qquad -d \le x \le d,\tag{B.17b}$$

$$H_z(x,y) = De^{-hx}, \qquad\qquad d \le x \le \infty.\tag{B.17c}$$

Es wurden dabei wiederum in x-Richtung bei steigendem Abstand zum Substrat abnehmende Felder angenommen. Die beiden Lösungen beschreiben die geraden und ungeraden Moden.

B.2.1. Ungerade Moden

Für die ungeraden Lösungen der TE-Mode gilt für die tangentialen elektrischen Feldanteile in der Symmetrieebene ($E_y(x = 0) = 0$), und somit folgt $B = 0$ und daraus

$$H_z(x,y) = Ae^{hx}, \qquad -\infty \leq x \leq -d, \qquad \text{(B.18a)}$$

$$H_z(x,y) = C\cos(k_c x), \qquad -d \leq x \leq d, \qquad \text{(B.18b)}$$

$$H_z(x,y) = De^{-hx} \qquad d \leq x \leq \infty \qquad \text{(B.18c)}$$

und somit mittels (B.2)

$$E_y(x,y) = -\frac{j\omega\mu_0}{h^2}hAe^{hx} \qquad -\infty \leq x \leq -d, \qquad \text{(B.19a)}$$

$$E_y(x,y) = \frac{j\omega\mu_0}{k_c^2}(-k_c)C\sin(k_c x), \qquad -d \leq x \leq d, \qquad \text{(B.19b)}$$

$$E_y(x,y) = -\frac{j\omega\mu_0}{h^2}(-h)De^{-hx} \qquad d \leq x \leq \infty \qquad \text{(B.19c)}$$

und durch (B.3)

$$H_x(x,y) = \frac{j\beta}{h^2}hAe^{hx} \qquad -\infty \leq x \leq -d, \qquad \text{(B.20a)}$$

$$H_x(x,y) = \frac{-j\beta}{k_c^2}(-k_c)C\sin(k_c x), \qquad -d \leq x \leq d, \qquad \text{(B.20b)}$$

$$H_x(x,y) = \frac{j\beta}{h^2}(-h)De^{-hx} \qquad d \leq x \leq \infty \qquad \text{(B.20c)}$$

Die Symmetrie sowie die notwendige Kontinuität der tangentialen Felder H_z und E_y am Übergang von Luft zu Dielektrikum führen auf

$$A = D, \qquad \text{(B.21)}$$

$$C \cos(k_\mathrm{c} d) = D e^{-hd}, \qquad (B.22)$$

$$-\frac{C}{k_\mathrm{c}} \sin(k_\mathrm{c} d) = \frac{D}{h} e^{-hd}. \qquad (B.23)$$

Teilen von (B.22) durch (B.23) führt auf die Gleichung

$$-k_\mathrm{c} \cot(k_\mathrm{c} d) = h, \qquad (B.24)$$

die zusammen mit

$$k_\mathrm{c}^2 + h^2 = (\epsilon_\mathrm{r} - 1)k_0^2, \qquad (B.25)$$

aus Gleichung (5.6) die Berechnung von k_c und h bei gegebenem k_0, ϵ_r und d erlaubt. Das bedeutet, dass durch Lösen dieser Gleichungen bei bekannter Frequenz, je nach Dielektrikum und Materialstärke, alle ausbreitungsfähigen Moden und ihre Ausbreitungsgeschwindigkeit berechnet werden können. Eine grafische Lösung dieser Gleichungen zeigt Bild B.3.

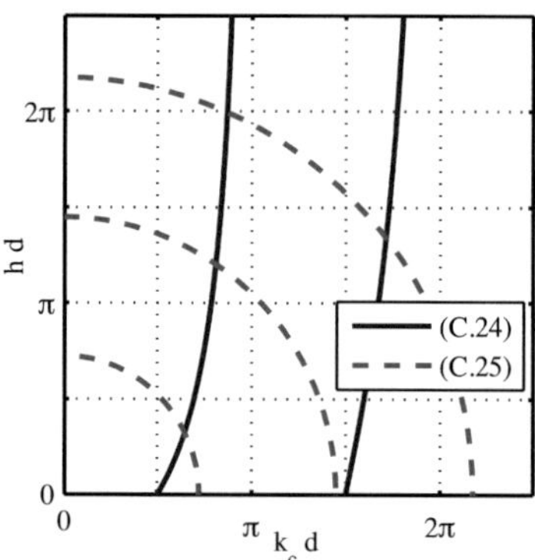

Bild B.3.: Grafische Lösung der Gleichungen (B.24) und (B.25) für die ungeraden TE-Oberflächenwellenmoden auf einem Substrat der Permittivität 3,1

Die Cut-Off-Frequenzen der ungeraden TE-Moden in einem unendlich ausgedehnten dielektrischen Substrat sind somit:

$$f_\mathrm{c} = \frac{(2n + 1)c_0}{4d \sqrt{\epsilon_\mathrm{r} - 1}}, \qquad (B.26)$$

mit $n = 0,1,2,...$.

Bei bekannten Cut-Off-Frequenzen müssen nun im jeweiligen Fall die Ausbreitungsgeschwindigkeiten der Moden bestimmt werden. Einsetzen von der nach h aufgelösten Gleichung (B.25) in (B.24) ergibt

$$-\frac{k_{\mathrm{c}}}{k_0} \cot\left(\frac{k_{\mathrm{c}}}{k_0} 2\pi \frac{d}{\lambda_0}\right) = \sqrt{(\epsilon_{\mathrm{r}} - 1) - \frac{k_{\mathrm{c}}^2}{k_0^2}}, \tag{B.27}$$

B.2.2. Gerade Moden

Für die geraden Lösungen der TE-Mode gilt für die tangentialen magnetischen Feldanteile in der Symmetrieebene ($H_z(x = 0) = 0$), und somit folgt $B = 0$ und daraus

$$H_z(x,y) = Ae^{hx} \qquad\qquad -\infty \le x \le -d, \tag{B.28a}$$
$$H_z(x,y) = B\sin(k_{\mathrm{c}}x), \qquad\qquad -d \le x \le d, \tag{B.28b}$$
$$H_z(x,y) = De^{-hx} \qquad\qquad d \le x \le \infty \tag{B.28c}$$

und somit mittels (B.2)

$$E_y(x,y) = -\frac{j\omega\mu_0}{h^2} hAe^{hx} \qquad\qquad -\infty \le x \le -d, \tag{B.29a}$$
$$E_y(x,y) = \frac{j\omega\mu_0}{k_{\mathrm{c}}^2} k_{\mathrm{c}} B\cos(k_{\mathrm{c}}x), \qquad\qquad -d \le x \le d, \tag{B.29b}$$
$$E_y(x,y) = -\frac{j\omega\mu_0}{h^2}(-h)De^{-hx} \qquad\qquad d \le x \le \infty \tag{B.29c}$$

und durch (B.3)

$$H_x(x,y) = \frac{j\beta}{h^2} hAe^{hx} \qquad\qquad -\infty \le x \le -d, \tag{B.30a}$$
$$H_x(x,y) = \frac{-j\beta}{k_{\mathrm{c}}^2} k_{\mathrm{c}} B\cos(k_{\mathrm{c}}x), \qquad\qquad 0 \le x \le d, \tag{B.30b}$$
$$H_x(x,y) = \frac{j\beta}{h^2}(-h)De^{-hx} \qquad\qquad d < x < \infty \tag{B.30c}$$

Die Symmetrie sowie die notwendige Kontinuität der tangentialen Felder H_z und E_y am Übergang von Luft zu Dielektrikum führen auf

$$A = -D, \tag{B.31}$$

$$B \sin(k_c d) = D e^{-hd}, \tag{B.32}$$

$$\frac{B}{k_c} \cos(k_c d) = \frac{D}{h} e^{-hd}. \tag{B.33}$$

Teilen von (B.32) durch (B.33) führt auf die Gleichung

$$k_c \tan(k_c d) = h, \tag{B.34}$$

die, zusammen mit

$$k_c^2 + h^2 = (\epsilon_r - 1)k_0^2, \tag{B.35}$$

aus Gleichung (5.6) die Berechnung von k_c und h bei gegebenem k_0, ϵ_r und d erlaubt. Das bedeutet, durch Lösen dieser Gleichungen können bei bekannter Frequenz, je nach Dielektrikum und Materialstärke, alle ausbreitungsfähigen Moden und ihre Ausbreitungsgeschwindigkeit berechnet werden. Eine grafische Lösung dieser Gleichungen zeigt Bild B.4.

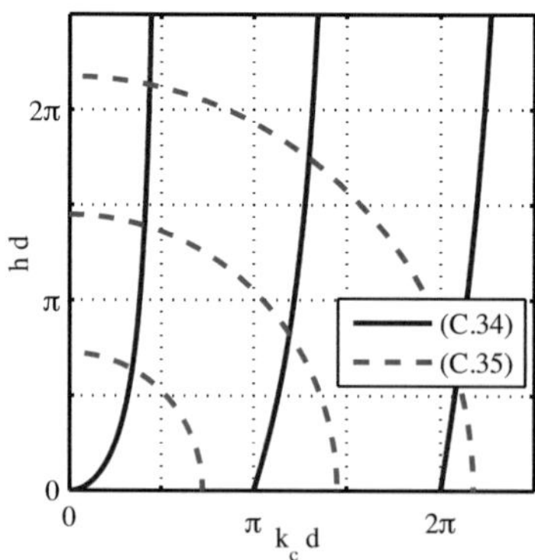

Bild B.4.: Grafische Lösung der Gleichungen (B.34) und (B.35) für die geraden TE-Oberflächenwellenmoden auf einem Substrat der Permittivität 3,1

Die Cut-Off-Frequenzen der geraden TE-Moden in einem unendlich ausgedehnten dielektrischen Substrat sind somit:

$$f_\mathrm{c} = \frac{nc_0}{2d\sqrt{\epsilon_\mathrm{r} - 1}}, \tag{B.36}$$

mit $n = 0,1,2,\dots$

Bei bekannten Cut-Off-Frequenzen müssen nun im jeweiligen Fall die Ausbreitungsgeschwindigkeiten der Moden bestimmt werden. Einsetzen von der nach h aufgelösten Gleichung (B.35) in (B.34) ergibt

$$\frac{k_\mathrm{c}}{k_0} \tan\left(\frac{k_\mathrm{c}}{k_0} 2\pi \frac{d}{\lambda_0}\right) = \sqrt{(\epsilon_\mathrm{r} - 1) - \frac{k_\mathrm{c}^2}{k_0^2}}, \tag{B.37}$$

Die Cut-Off-Frequenzen der geraden und ungeraden TE-Moden können mit der folgenden Gleichung kombiniert werden.

$$f_\mathrm{c} = \frac{mc_0}{4d\sqrt{\epsilon_\mathrm{r} - 1}}, \tag{B.38}$$

In diesem Fall gehören die $m = 0,2,4,\dots$ zu den geraden Moden und die $m = 1,3,5,\dots$ zu den ungeraden.

C. Bestimmung der Dielektrizitätskonstante von Rogers Ultralam 3850

Die Materialeigenschaften im Millimeterwellenbereich des Rogers LCP wurden von verschiedenen Gruppen sowie vom Hersteller gemessen. Da diese Messungen jedoch teilweise voneinander abweichen (siehe Tabelle 6.1) und da bislang keine Messwerte oberhalb von 110 GHz bekannt sind, wurde die Permittivität in diesem Frequenzbereich mittels der Messung von Ringresonatoren bestimmt. Bild C.1(a) zeigt das Layout der in Dünnschichttechnik auf dem 0,1 mm dickem Rogers Ultram 3850 hergestellten Ringresonatoren. Auf der Unterseite des Substrats befindet sich eine Kupferschicht. Zur Kontaktierung mittels koplanaren Messspitzen wurde ein Übergang zwischen der Mikrostreifenleitung (MS) und der GCPW-Leitung genutzt. Da im genutzten Herstellungsprozess keine Durchkontaktierungen zur Verfügung standen, wurde dieser Übergang jeweils mit $\lambda_g/4$ langen offenen Stichleitungen realisiert.

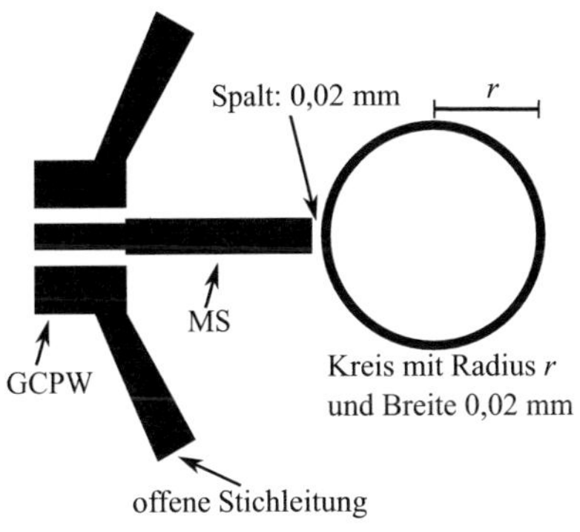

(a) Detailzeichnung der linken Seite

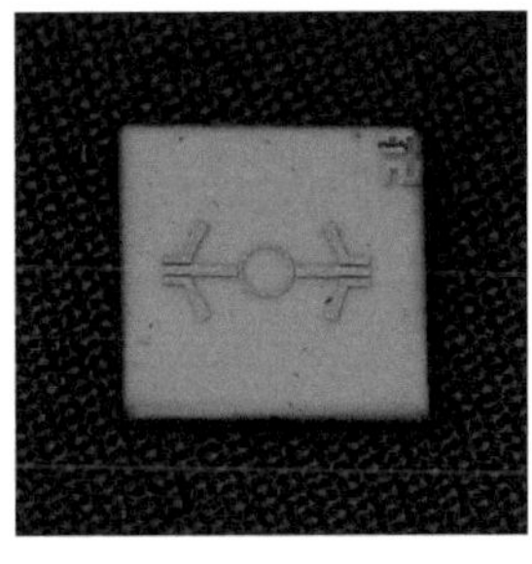

(b) Ringresonator mit dem Radius 0,23 mm

Bild C.1.: Ringresonator, gefertigt in Dünnschichttechnik auf 0,1 mm dickem Rogers Ultram 3850

Für das Design von Ringresonatoren gibt es verschiedene Empfehlungen [CH04], die für dieses Design teilweise nicht eingehalten werden konnten. Für eine hohe Güte ist es von Vorteil, wenn der Durchmesser des Rings mindestens fünf Wellenlängen beträgt. Dies war in diesem Fall nicht möglich, da das Substrat in kleine Stücke der Größe 2,8 mm×2,8 mm vereinzelt wurde, um die gleichen Abmessungen wie die Antennen zu haben (siehe Bild C.1(b)). Drei der hergestellten Resonatoren arbeiten deswegen im D-Band mit der ersten Harmonischen des Resonators ($r = 0,21$ mm, $0,23$ mm, $0,25$ mm), einer mit der zweiten ($r = 0,49$ mm) und einer mit der dritten Harmonischen ($r = 0,64$ mm). Eine zweite Empfehlung, die nicht eingehalten werden konnte, ist die eines möglich breiten Spalts zwischen der Zuleitung und dem Resonator. Ein schmalerer Spalt hat eine höhere Kopplung, beeinflusst jedoch die Resonanzfrequenz des Resonators durch eine kapazitive Belastung [CH04], [BR03]. Es zeigt sich jedoch, dass eine hohe Kopplung und somit ein schmaler Spalt notwendig ist, um im Zielfrequenzbereich sinnvolle Messungen durchführen zu können.

Die geringere Güte der Resonatoren erschwert es jedoch eine exakte Resonanzfrequenz abzulesen. Zudem verschiebt der Einfluss des kurzen Koppelspalts die Resonanzfrequenz und verfälscht somit das Ergebnis einer analytischen Berechnung der effektiven Permittivität. Aus diesen Gründen wurde für die gezeigten Resonatoren die Permittivität des Substrats mittels eines Vergleichs von 3D-Feldsimulationen und Messungen bestimmt. Bild C.2 zeigt den Vergleich des gemessenen Reflexions- und Transmissionsparameters mit Simulationsergebnissen für eine variierende Permittivität. Die beste Übereinstimmung für alle Resonatoren wurde für den Wert 3,02 erzielt.

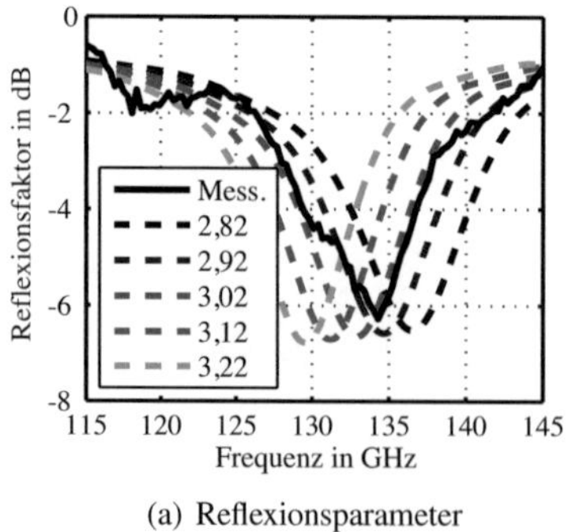

(a) Reflexionsparameter

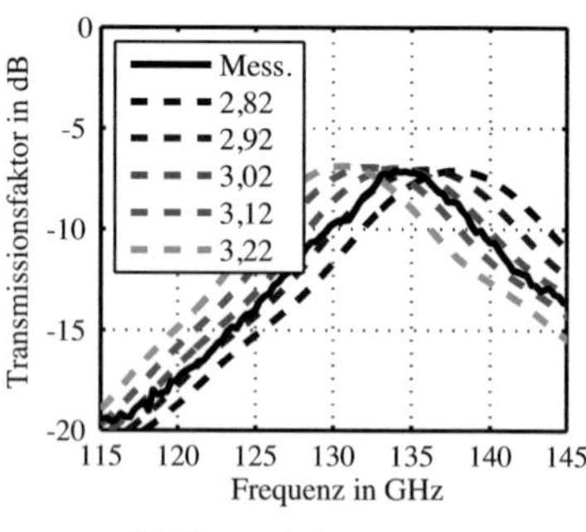

(b) Transmissionsparameter

Bild C.2.: Vergleich zwischen der Messung des Ringresonators mit dem Radius 0,23 mm und Simulationen mit verschiedenen Permittivitätswerten

Der Vergleich der Messergebnisse von allen fünf Resonatoren mit den Simulationsergebnissen bei einer Permittivität von 3,02 in Bild C.3 bestätigt diese
gute Übereinstimmung in einem Frequenzbereich von 120 GHz bis 155 GHz.
Es zeigt sich auch, dass die beiden Resonatoren, die nicht auf der ersten Harmonischen basieren, wie erwartet eine höhere Güte haben. Die Genauigkeit der
bestimmten Permittivität liegt unter Berücksichtigung der möglichen Toleranzen und Messungenauigkeiten in einem Bereich von ±0,05.

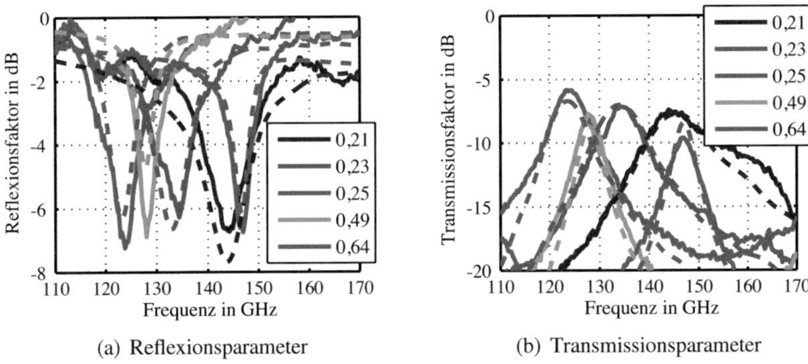

(a) Reflexionsparameter   (b) Transmissionsparameter

Bild C.3.: Vergleich zwischen Messung (durchgezogene Linien) und Simulation mit einem $\epsilon_r = 3{,}02$ (gestrichelte Linien) von Ringresonatoren mit verschiedenen
Radien (gegeben in der Legende in mm)

Eigene Veröffentlichungen

Journalartikel

[1] G. Adamiuk, S. Beer, W. Wiesbeck, and T. Zwick. Dual-orthogonal polarized antenna for UWB-IR technology. *IEEE Antennas and Wireless Propagation Letters*, 8:981 –984, 2009.

[2] S. Beer, G. Adamiuk, and T. Zwick. Novel antenna concept for compact millimeter-wave automotive radar sensors. *IEEE Antennas and Wireless Propagation Letters*, 8:771 –774, 2009.

[3] A. Lambrecht, S. Beer, and T. Zwick. True-time-delay beamforming with a Rotman-lens for ultrawideband antenna systems. *IEEE Transactions on Antennas and Propagation*, 58(10):3189 –3195, Oct. 2010.

[4] A. Lambrecht, P. Laskowski, S. Beer, and T. Zwick. Frequency invariant beam steering for short-pulse systems with a Rotman lens. *International Journal of Antennas and Propagation*, pages 1–8, 2010.

[5] D. Ahbe, S. Beer, T. Zwick, Yang Wang, and M.M. Tentzeris. Dual-band antennas for frequency-doubler-based wireless strain sensing. *IEEE Antennas and Wireless Propagation Letters*, 11:216 –219, 2012.

[6] S. Beer, H. Gulan, C. Rusch, and T. Zwick. Coplanar 122-GHz antenna array with air cavity reflector for integration in plastic packages. *IEEE Antennas and Wireless Propagation Letters*, 11:160 –163, 2012.

[7] C. Rusch, S. Beer, and T. Zwick. LTCC endfire antenna with housing for 77-GHz short-distance radar sensors. *IEEE Antennas and Wireless Propagation Letters*, 11:998 –1001, 2012.

[8] S. Beer, H. Gulan, C. Rusch, and T. Zwick. Integrated 122-GHz antenna on a flexible polyimide substrate with flip chip interconnect. *IEEE Transactions on Antennas and Propagation*, 61(4):1564–1572, 2013.

Konferenzbeiträge

[9] S. Beer, G. Adamiuk, and T. Zwick. Design and probe based measurement of 77 GHz antennas for antenna in package applications. In *Joint 5th ESA Workshop on Millimetre Wave Technology and Applications and 31st ESA Antenna Workshop*, pages 1–8, May 2009.

[10] S. Beer, G. Adamiuk, and T. Zwick. Design and probe based measurement of 77 GHz antennas for antenna in package applications. In *European Microwave Conference*, pages 524 –527, Oct. 2009.

[11] A. Lambrecht, M. Pauli, S. Beer, and T. Zwick. Frequency invariant beam steering for HPEM anti-electronics systems with a Rotman-lens. In *European Wireless Technology Conference*, pages 21 –24, Sept. 2009.

[12] G. Adamiuk, L. Zwirello, S. Beer, L. Reichardt, and T. Zwick. Extension of monopulse-radar-technique to UWB-systems. In *COST 2100 TD(10)12089*, Nov. 2010. (no review).

[13] G. Adamiuk, L. Zwirello, S. Beer, and T. Zwick. Omnidirectional, dual-orthogonal, linearly polarized UWB antenna. In *European Microwave Conference*, pages 854 –857, Sept. 2010.

[14] S. Beer, G. Adamiuk, and T. Zwick. Planar Yagi-Uda antenna array for W-band automotive radar applications. In *IEEE Antennas and Propagation Society International Symposium*, pages 1 –4, July 2010.

[15] S. Beer, C. Rusch, G. Adamiuk, and T. Zwick. Probe based measurement of millimeter-wave end-fire antennas. In *COST 2100 TD(10)10024*, pages 1–8, Feb. 2010. (no review).

[16] S. Beer and T. Zwick. Probe based radiation pattern measurements for highly integrated millimeter-wave antennas. In *European Conference on Antennas and Propagation*, pages 1 –5, April 2010.

[17] A. Lambrecht, P. Laskowski, S. Beer, and T. Zwick. Measurement results of a Rotman-lens prototype for transient waveform based HPEM-systems. In *German Microwave Conference*, pages 67 –69, March 2010.

[18] A. Lambrecht, P. Laskowski, S. Beer, and T. Zwick. Transient analysis of a Rotman lens for HPEM systems. In *IEEE Antennas and Propagation Society International Symposium*, pages 1 –4, July 2010.

[19] S. Beer, H. Gulan, B. Ripka, P. Pahl, and T. Zwick. Packaging and interconnect solutions for a low cost surface-mountable millimeter-wave radar sensor. In *Semiconductor Conference*, pages 1 –4, Sept. 2011.

[20] S. Beer, H. Gulan, C. Rusch, G. Adamiuk, and T. Zwick. A double-dipole antenna with parasitic elements for 122 GHz system-in-package radar sensors. In *European Conference on Antennas and Propagation*, pages 1903 –1906, April 2011.

[21] S. Beer, B. Ripka, S. Diebold, H. Gulan, C. Rusch, P. Pahl, and T. Zwick. Design and measurement of matched wire bond and flip chip interconnects for D-band system-in-package applications. In *IEEE International Microwave Symposium Digest*, pages 1 –4, June 2011.

[22] S. Beer and T. Zwick. 122 GHz antenna-integration in a plastic package based on a flip chip interconnect. In *IEEE International Microwave Workshop Series on Millimeter Wave Integration Technologies*, pages 37 –40, Sept. 2011.

[23] H. Gulan, S. Beer, C. Rusch, S. Diebold, P. Pahl, and T. Zwick. Coplanar waveguide fed antenna arrays on Alumina for D-Band sensing applications. In *IEEE International Symposium on Antennas and Propagation*, pages 2063 –2066, July 2011.

[24] J. Pontes, G. Adamiuk, S. Beer, L. Zwirello, Xuyang Li, and T. Zwick. Novel design method for frequency agile beam scanning antenna arrays. In *International Workshop on Antenna Technology*, pages 424 –427, March 2011.

[25] C. Rusch, J. Schafer, T. Kleiny, S. Beer, and T. Zwick. W-band vivaldi antenna in LTCC for CW-radar nearfield distance measurements. In *European Conference on Antennas and Propagation*, pages 2124 –2128, April 2011.

[26] J.C. Scheytt, Y. Sun, S. Beer, T. Zwick, and M. Kaynak. mm-Wave system-on-chip & system-in-package design for 122 GHz radar sensors. In *International Symposium on RF MEMS and RF Microsystems*, Aug. 2011. (no review).

[27] S. Beer, B. Göttel, H. Gulan, C. Rusch, and T. Zwick. A 122 GHz four element patch array fed by electromagnetic coupling. In *IEEE International Microwave Workshop Series on Millimeter Wave Wireless Technology and Applications*, pages 1 –4, Sept. 2012.

[28] S. Beer, H. Gulan, M. Pauli, C. Rusch, G. Kunkel, and T. Zwick. 122-GHz chip-to-antenna wire bond interconnect with high repeatability. In *IEEE MTT-S International Microwave Symposium Digest*, pages 1 –3, june 2012.

[29] S. Beer, L. Pires, C. Rusch, C. Heine, J. Paaso, and T. Zwick. Microstrip slot antenna array in LTCC technology for a 122 GHz system-in-package. In *IEEE Antennas and Propagation Society International Symposium*, pages 1–2, July 2012.

[30] S. Beer, L. Pires, C. Rusch, J. Paaso, and T. Zwick. A 122 GHz microstrip slot antenna with via-fence resonator in LTCC technology. In *European Conference on Antennas and Propagation*, pages 1329 –1332, March 2012.

[31] S. Beer and T. Zwick. Hochintegrierte Millimeterwellen Antennen für Radarsensorik in der Automobiltechnik. In *2. Workshop Automotive Antennen des VDE*, Sept. 2012. (no review).

[32] S. Beer and T. Zwick. Potential packaging solutions for integrated single-chip transceivers above 100 GHz. In *IEEE Asia-Pacific Conference on Antennas and Propagation*, pages 207 –208, Aug. 2012.

[33] H. Gulan, S. Beer, S. Diebold, P. Pahl, B. Goettel, and T. Zwick. CPW fed 2 x 2 patch array for D-band system-in-package applications. In *IEEE International Workshop on Antenna Technology*, pages 64 –67, March 2012.

[34] C. Rusch, C. Karcher, S. Beer, and T. Zwick. Planar beam switched antenna with Butler matrix for 60-GHz WPAN. In *European Conference on Antennas and Propagation*, pages 2794 –2797, March 2012.

[35] C. Rusch, J. Schafer, S. Beer, and T. Zwick. W-band short distance CW-radar antenna optimized by housing design. In *International Workshop on Antenna Technology*, pages 104 –107, March 2012.

[36] R. Wang, Y. Sun, M. Kaynak, S. Beer, J. Borngraber, and J. C. Scheytt. A micromachined double-dipole antenna for 122-140 GHz applications based on a SiGe BiCMOS technology. In *IEEE MTT-S International Microwave Symposium Digest*, pages 1 –3, June 2012.

[37] T. Zwick and S. Beer. QFN based packaging concepts for millimeter-wave transceivers. In *International Workshop on Antenna Technology*, pages 335 –338, March 2012.

[38] S. Beer, M.G. Girma, Y. Sun, W. Winkler, W. Debski, J. Passo, G. Kunkel, J.C. Scheytt, J. Hasch, and T. Zwick. Flip-chip package with integrated antenna on a polyimide substrate for a 122-GHz bistatic radar IC. In *European Conference on Antennas and Propagation*, Apr. 2013.

[39] S. Beer, B. Goettel, C. Rusch, H. Gulan, and T. Zwick. Off-chip antenna designs for fully integrated, low-cost millimeter-wave transceivers. In *International Workshop on Antenna Technology*, pages 199–202, March 2013.

[40] S. Beer, C. Rusch, B. Goettel, H. Gulan, M. Zwyssig, G. Kunkel, and T. Zwick. A self-compensating 130-GHz wire bond interconnect with 13% bandwidth. In *IEEE Antennas and Propagation Society International Symposium*, pages 1–2, July 2013.

[41] S. Beer, C. Rusch, B. Göttel, H. Gulan, and T. Zwick. D-band grid-array antenna integrated in the lid of a surface-mountable chip-package. In *European Conference on Antennas and Propagation*, Apr. 2013.

[42] S. Beer, C. Rusch, H. Gulan, W. Winkler, G. Kunkel, and T. Zwick. A surface-mountable 116-GHz transmitter with chip-to-antenna wire bond interconnect. In *International Workshop on Antenna Technology*, pages 75–78, March 2013.

[43] M.G. Girma, S. Beer, J. Hasch, W. Debski, W. Winkler, Y. Sun, T. Zwick, and M. Gonser. Miniaturized 122 GHz system-in-package(SiP) short range radar sensor. In *European Microwave Conference*, Oct. 2013.

[44] B.. Goettel, S. Beer, H. Gulan, and T. Zwick. Ultra broadband millimeter-wave antenna fabricated on flexible substrate. In *IEEE Antennas and Propagation Society International Symposium*, pages 1–2, July 2013.

[45] B. Goettel, S. Beer, M. Pauli, and T. Zwick. Ultra wideband D-band antenna integrated in a LTCC based QFN package using a flip-chip interconnect. In *European Microwave Conference*, Oct. 2013.

[46] H. Gulan, S. Beer, S. Diebold, C. Rusch, A. Leuther, I. Kallfass, and T. Zwick. Probe based antenna measurements up to 325 GHz for upcoming millimeter-wave applications. In *International Workshop on Antenna Technology*, pages 228–231, March 2013.

[47] H. Gulan, C. Rusch, S. Beer, T. Zwick, M. Kuri, and A. Tessmann. Lens coupled broadband slot antenna for W-Band imaging applications. In

IEEE Antennas and Propagation Society International Symposium, pages 1–2, July 2013.

[48] C. Heine, S. Beer, C. Rusch, and T. Zwick. Via-fence antennas on LTCC for radar applications at 122 GHz. In *European Microwave Conference*, Oct. 2013.

[49] L. Reichardt, S. Beer, T. Deissler, R. Salman, R. Zetik, and T. Zwick. A dual-polarized UWB antenna system for the demonstration of autonomous localization and object recognition with mobile sensors. In *International Workshop on Antenna Technology*, pages 137–140, March 2013.

[50] C. Rusch, S. Beer, H. Gulan, and T. Zwick. Holographic antenna with antipodal feed for frequency-scanning radar. In *IEEE Antennas and Propagation Society International Symposium*, pages 1–2, July 2013.

[51] C. Rusch, S. Beer, P. Pahl, H. Gulan, and T. Zwick. Electronic beam scanning in two dimensions with holographic phased array antenna. In *International Workshop on Antenna Technology*, pages 23–26, March 2013.

[52] C. Rusch, S. Beer, P. Pahl, and T. Zwick. Multilayer holographic antenna with beam scanning in two dimensions at W-Band. In *European Conference on Antennas and Propagation*, Apr. 2013.

[53] Y. Sun, M. Marinkovic, G. Fischer, W. Winkler, W. Debski, S. Beer, T. Zwick, M.G. Girma, J. Hasch, and C.J. Scheytt. A low-cost miniature 120-GHz SiP FMCW/CW radar sensor with software linearization and millimeter wave BIST. In *International Solid-State Circuits Conference*, pages 148–149, Feb. 2013.

Literaturverzeichnis

[AB85]   M.N. Afsar and K.J. Button. Millimeter-wave dielectric measurement of materials. *Proceedings of the IEEE*, 73(1):131 – 153, 1985.

[ACCP12]   K. Aihara, M.J. Chen, Cheng Chen, and A.-V.H. Pham. Reliability of liquid crystal polymer air cavity packaging. *IEEE Transactions on Components, Packaging and Manufacturing Technology*, 2(2):224 –230, Feb. 2012.

[Agi12]   Agilent Technologies, Inc. *http://www.home.agilent.com*, 2012.

[AGS95]   F. Alimenti, U. Goebel, and R. Sorrentino. Quasi static analysis of microstrip bondwire interconnects. In *IEEE MTT-S International Microwave Symposium Digest*, pages 679 –682, May 1995.

[AHS11]   M. Al Henawy and M. Schneider. Integrated antennas in eWLB packages for 77 GHz and 79 GHz automotive radar sensors. In *European Microwave Conference*, pages 1312 –1315, Oct. 2011.

[AMRS98]   F. Alimenti, P. Mezzanotte, L. Roselli, and R. Sorrentino. Multiwire microstrip interconnections: a systematic analysis for the extraction of an equivalent circuit. In *IEEE MTT-S International Microwave Symposium Digest*, pages 1929 –1932, May 1998.

[AMRS99]   F. Alimenti, P. Mezzanotte, L. Roselli, and R. Sorrentino. An equivalent circuit for the double bonding wire interconnection. *IEEE MTT-S International Microwave Symposium Digest*, 2:633 –636, May 1999.

[AMRS01]   F. Alimenti, P. Mezzanotte, L. Roselli, and R. Sorrentino. Modeling and characterization of the bonding-wire interconnection. *IEEE Transactions on Microwave Theory and Techniques*, 49:142 –150, Jan. 2001.

[ASY+97]   S. Aoki, H. Someta, S. Yokokawa, K. Ono, T. Hirose, and Y. Ohashi. A flip chip bonding technology using gold pillars for millimeter-wave applications. In *IEEE MTT-S International Microwave Symposium Digest*, pages 731 –734, 1997.

[ATHC09] P.F. Alleaume, C. Toussain, T. Huet, and M. Camiade. Millimeter-wave SMT low cost plastic packages for automotive radar at 77 GHz and high data rate E-band radios. In *IEEE MTT-S International Microwave Symposium Digest*, pages 789 –792, June 2009.

[AvDH07] J.A.G. Akkermans, R. van Dijk, and M.H.A. Herben. Millimeter-wave antenna measurement. In *European Microwave Conference*, pages 83 –86, Oct. 2007.

[Bah09] Inder J. Bahl. *Fundamentals of RF and microwave transistor amplifiers*. Wiley, Hoboken, NJ, 2009.

[Bal05] Constantine A. Balanis. *Antenna theory : analysis and design*. Wiley-Interscience, Hoboken, N.J., 3. ed. edition, 2005.

[BGK+06] A. Babakhani, Xiang Guan, A. Komijani, A. Natarajan, and A. Hajimiri. A 77-GHz phased-array transceiver with on-chip antennas in silicon: Receiver and antennas. *IEEE Journal of Solid-State Circuits*, 41(12):2795–2806, Dec. 2006.

[BKL09] H. Burkard, W. Kapischke, and J. Link. Large panel, highly flexible multilayer thin film boards. In *European Microelectronics and Packaging Conference*, pages 1 –6, June 2009.

[BQCT06] E. Byk, P. Quentin, M. Camiade, and S. Tranchant. Plastic packaged high linearity low noise amplifier for 12-30 GHz multi-band telecom applications. In *IEEE MTT-S International Microwave Symposium Digest*, pages 1903 –1906, June 2006.

[BR03] J.R. Bray and L. Roy. Microwave characterization of a microstrip line using a two-port ring resonator with an improved lumped-element model. *IEEE Transactions on Microwave Theory and Techniques*, 51(5):1540 – 1547, May 2003.

[BRB+95] G. Baumann, H. Richter, A. Baumgartner, D. Ferling, R. Heilig, D. Hollmann, H. Muller, H. Nechansky, and M. Schlechtweg. 51 GHz frontend with flip chip and wire bond interconnections from GaAs MMICs to a planar patch antenna. In *IEEE MTT-S International Microwave Symposium Digest*, pages 1639 –1642, 1995.

[Bro01]   Bronstein. *Taschenbuch der Mathematik.* Deutsch, 2001.

[Bud01]   T.P. Budka. Wide-bandwidth millimeter-wave bond-wire inter-connects. *IEEE Transactions on Microwave Theory and Techniques*, 49(4):715 –718, Apr. 2001.

[Cal12]   Caltex Systems. *http://caltexsystems.com*, 2012.

[CCL$^+$03]   K.T. Chan, A. Chin, Y.D. Lin, C.Y. Chang, C.X. Zhu, M.F. Li, D.L. Kwong, S. McAlister, D.S. Duh, and W.J. Lin. Integrated antennas on Si with over 100 GHz performance, fabricated using an optimized proton implantation process. *IEEE Microwave and Wireless Components Letters*, 13(11):487–489, Nov. 2003.

[CH04]   K. Chang and L.H. Hsieh. *Microwave ring circuits and related structures.* Wiley series in microwave and optical engineering. Wiley-Interscience, 2. ed. edition, 2004.

[Col91]   R. E. Collin. *Field theory of guided waves.* The IEEE Press series on electromagnetic wave theory. IEEE Press, Piscataway, NJ, 2. ed. edition, 1991.

[CPC$^+$11]   C. Calvez, C. Person, J. Coupez, F. Gallee, R. Pilard, F. Gianesello, D. Gloria, D. Belot, and H. Ezzeddine. Miniaturized hybrid antenna combining Si and IPD technologies for 60 GHz WLAN applications. In *IEEE Antennas and Propagation Society International Symposium*, pages 1357 –1359, July 2011.

[CRS99]   J.S. Colburn and Y. Rahmat-Samii. Patch antennas on externally perforated high dielectric constant substrates. *IEEE Transactions on Antennas and Propagation*, 47(12):1785 –1794, Dec. 1999.

[CST12]   CST - Computer Simulation Technology AG. *http://www.cst.com*, 2012.

[CT09]   M.J. Chen and S.A. Tabatabaei. Broadband, thin-film, liquid crystal polymer air-cavity quad flat no-lead (QFN) package. In *IEEE Compound Semiconductor Integrated Circuit Symposium*, pages 1 –4, Oct. 2009.

[DB92]   K.E. Dudeck and L.J. Buckley. Dielectric material measurement of thin samples at millimeter wavelengths. *IEEE Transactions on Instrumentation and Measurement*, 41(5):723 –725, Oct. 1992.

[DWS⁺12]   W. Debski, W. Winkler, Y. Sun, M. Marinkovic, J. Börngräber, and J.C. Scheytt. 120 GHz Radar mixed-signal transceiver. In *European Microwave Integrated Circuits Conference*, Oct. 2012.

[Fin12]   Finetech GmbH & Co. KG. *http://www.finetech.de*, 2012.

[Fra12]   Fraunhofer IZM. *http://www.izm.fraunhofer.de*, 2012.

[FTH⁺11]   A. Fischer, Ziqiang Tong, A. Hamidipour, L. Maurer, and A. Stelzer. A 77-GHz antenna in package. In *European Microwave Conference*, pages 1316 –1319, Oct. 2011.

[FZS⁺98]   Z. Feng, W. Zhang, B. Su, K.C. Gupta, and Y.C. Lee. RF and mechanical characterization of flip-chip interconnects in CPW circuits with underfill. *IEEE Transactions on Microwave Theory and Techniques*, 46(12):2269 –2275, Dec. 1998.

[GdMS99]   R. Gonzalo, P. de Maagt, and M. Sorolla. Enhanced patch-antenna performance by suppressing surface waves using photonic-bandgap substrates. *IEEE Transactions on Microwave Theory and Techniques*, 47(11):2131 –2138, Nov. 1999.

[GGB12]   GGB Industries, Inc. *http://www.ggb.com*, 2012.

[Goe94]   U. Goebel. DC to 100 GHz chip-to-chip interconnects with reduced tolerance sensitivity by adaptive wirebonding. *IEEE Meeting on Electrical Performance of Electronic packaging*, pages 182 –185, 1994.

[Goo99]   K.W. Goossen. On the design of coplanar bond wires as transmission lines. *IEEE Microwave and Guided Wave Letters*, 9(12):511 –513, Dec. 1999.

[Goo02]   K. Goossen. US Patent 6434726: System and method of transmission using coplanar bond wires, 2002.

[Her12]   Heraeus Materials Technology. *http://heraeus-materials-technology.de*, 2012.

[Hes12]   Hesse und Knipps. *http://www.hesse-knipps.com*, 2012.

[HHK11]   M.D. Huang, M.H. Herben, and M.I. Kazim. Design of cylindrically bent antenna array on LCP substrate with large coverage at 60 GHz. In *European Conference on Antennas and Propagation*, pages 1117 –1121, April 2011.

[Hig12]   Hightec MC AG. *http://www.hightec.ch*, 2012.

[Hil08]   U. Hilleringmann. *Silizium-Halbleitertechnologie*. Vieweg + Teubner, 2008.

[HJB98]   W. Heinrich, A. Jentzsch, and G. Baumann. Millimeter-wave characteristics of flip-chip interconnects for multichip modules. *IEEE Transactions on Microwave Theory and Techniques*, 46(12):2264–2268, Dec. 1998.

[HML08]   S. Harkness, J. Meirhofer, and B.J. LaMeres. Controlled impedance chip-to-chip interconnect using coplanar wire bond structures. In *IEEE Electrical Performance of Electronic Packaging*, pages 267 –270, Oct. 2008.

[HS08a]   P. Herrero and J. Schoebel. Planar antenna array at D-Band fed by rectangular waveguide for future automotive radar systems. In *European Microwave Conference*, pages 1030 –1033, Oct. 2008.

[HS08b]   P. Herrero and J. Schoebel. A WR-6 rectangular waveguide to microstrip transition and patch antenna at 140 GHz using low-cost solutions. In *IEEE Radio and Wireless Symposium*, pages 355 –358, Jan. 2008.

[HS09]   P. Herrero and J. Schoebel. Microstrip patch array antenna technology for 122 GHz ISM sensing applications. In *German Microwave Conference*, pages 1 –4, 2009.

[HTS+12]   J. Hasch, E. Topak, R. Schnabel, T. Zwick, R. Weigel, and C. Waldschmidt. Millimeter-wave technology for automotive radar sensors in the 77 GHz frequency band. *IEEE Transactions on Microwave Theory and Techniques*, 60(3):845 –860, March 2012.

[HWGH10]   J. Hasch, U. Wostradowski, S. Gaier, and T. Hansen. 77 GHz radar transceiver with dual integrated antenna elements. In *German Microwave Conference, 2010*, pages 280 –283, march 2010.

[IIK96]   N. Iwasaki, F. Ishitsuka, and T. Kato. High performance flip-chip technique for wide-band modules. *IEEE Electrical Performance of Electronic Packaging*, pages 207 –209, Oct. 1996.

[ITO+09]   T. Ito, Y. Tsutsumi, S. Obayashi, H. Shoki, and T. Morooka. Radiation pattern measurement system for millimeter-wave anten na fed by contact probe. In *European Microwave Conference*, pages 1543 –1546, Oct. 2009.

[JA85]   D. Jackson and N. Alexopoulos. Gain enhancement methods for printed circuit antennas. *IEEE Transactions on Antennas and Propagation*, 33(9):976 – 987, Sept. 1985.

[JH99]   A. Jentzsch and W. Heinrich. Optimization of flip-chip interconnects for millimeter-wave frequencies. In *IEEE MTT-S International Microwave Symposium Digest*, volume 2, pages 637 –640, 1999.

[JH01]   A. Jentzsch and W. Heinrich. Theory and measurements of flip-chip interconnects for frequencies up to 100 GHz. *IEEE Transactions on Microwave Theory and Techniques*, 49(5):871–878, May 2001.

[JNS95]   K. Jayaraj, T.E. Noll, and D. Singh. RF characterization of a low cost multichip packaging technology for monolithic microwave and millimeter wave integrated circuits. In *URSI International Symposium on Signals, Systems, and Electronics*, pages 443 – 446, Oct. 1995.

[JRYF06]   D. Jahn, R. Reuter, Y. Yin, and Jorg Feige. Characterization and modeling of wire bond interconnects up to 100 GHz. In *IEEE Compound Semiconductor Integrated Circuit Symposium*, pages 111 –114, Nov. 2006.

[KHMR96]   T. Krems, W. Haydl, H. Massler, and J. Rudiger. Millimeter-wave performance of chip interconnections using wire bonding and flip chip. In *IEEE MTT-S International Microwave Symposium Digest*, pages 247 –250, June 1996.

[KHV+95]   T. Krems, W. Haydl, L. Verweyen, M. Schlechtweg, H. Massler, and J. Rudiger. Coplanar bond wire interconnections for millimeter-wave applications. In *Electrical Performance of Electronic Packaging*, pages 178 –180, Oct. 1995.

[KJL+02]   S. Kim, S. Jeong, Y.T. Lee, D.-H. Kim, J.-S. Lim, K.-S. Seo, and S. Nam. Ultra-wideband (from DC to 110 GHz) CPW to CPS transition. *IEE Electronics Letters*, 38(13):622–623, June 2002.

[KLLC00]   J.Y. Kim, H.Y. Lee, J.H. Lee, and D.P. Chang. Wideband characterization of multiple bondwires for millimeter-wave applications. In *Asia Pacific Microwave Conference*, pages 1265–1268, 2000.

[KLN⁺10] D.G. Kam, D. Liu, A. Natarajan, S. Reynolds, and B.A. Floyd. Low-cost antenna-in-package solutions for 60-GHz phased-array systems. In *IEEE Conference on Electrical Performance of Electronic Packaging and Systems*, pages 93 –96, Oct. 2010.

[KLN⁺11] D.G. Kam, D. Liu, A. Natarajan, S. Reynolds, Ho-Chung Chen, and B.A. Floyd. LTCC packages with embedded phased-array antennas for 60 GHz communications. *IEEE Microwave and Wireless Components Letters*, 21(3):142 –144, March 2011.

[Koz97] D. J. Kozakoff. *Analysis of radome enclosed antennas*. Artech House, Boston, 1997.

[Kre99] T. Krems. *Verbindungs- und Aufbautechniken für koplanare Millimeterwellenschaltkreise*. PhD thesis, 1999.

[KTS⁺12] H. Knapp, M. Treml, A. Schinko, E. Kolmhofer, S. Matzinger, G. Strasser, R. Lachner, L. Maurer, and J. Minichshofer. Three-channel 77 GHz automotive radar transmitter in plastic package. In *IEEE Radio Frequency Integrated Circuits Symposium (RFIC)*, pages 119 –122, June 2012.

[LACF11] D. Liu, J.A.G. Akkermans, H.C. Chen, and B. Floyd. Packages with integrated 60-GHz aperture-coupled patch antennas. *IEEE Transactions on Antennas and Propagation*, 59(10):3607 –3616, Oct. 2011.

[Lam85] R. Lampe. Design formulas for an asymmetric coplanar strip folded dipole. *IEEE Transactions on Antennas and Propagation*, 33(9):1028–1031, Sept. 1985.

[Lau96] J.H. Lau. *Flip chip technologies*. Electronic packaging and interconnection series. McGraw-Hill, 1996.

[Lau00] J.H. Lau. *Low Cost Flip Chip Technologies: For DCA, WLCSP, and PBGA Assemblies*. Professional Engineering Series. McGraw-Hill, 2000.

[LBL⁺07] B. Lefebvre, D. Bouw, J. Lhortolary, C. Chang, S. Tranchant, and M. Camiade. A K-band low cost plastic packaged high linearity power amplifier with integrated ESD protection for multi-band telecom applications. In *IEEE MTT-S International Microwave Symposium Digest*, pages 825 –828, June 2007.

[LCH10] J. Lee, Y. Chen, and Y. Huang. A low-power low-cost fully-integrated 60-GHz transceiver system with OOK modulation and on-board antenna assembly. *IEEE Journal of Solid-State Circuits*, 45(2):264 –275, Feb. 2010.

[LDP$^+$10] J. Lanteri, L. Dussopt, R. Pilard, D. Gloria, S. D. Yamamoto, A. Cathelin, and H. Hezzeddine. 60 GHz antennas in HTCC and glass technology. *European Conference on Antennas and Propagation*, pages 1 –4, Apr. 2010.

[LDT$^+$05] R.L. Li, G. DeJean, M.M. Tentzeris, J. Papapolymerou, and J. Laskar. Radiation-pattern improvement of patch antennas on a large-size substrate using a compact soft-surface structure and its realization on LTCC multilayer technology. *IEEE Transactions on Antennas and Propagation*, 53(1):200 – 208, Jan. 2005.

[LH04] Y.-L. Lai and C.Y. Ho. Electrical modeling of quad flat no-lead packages for high-frequency IC applications. In *IEEE Region 10 Conference*, pages 344 – 347, Nov. 2004.

[LHT$^+$08] Y.L. Lu, Y.P. Huang, K.C. Teo, N.M. Sankara, W.L. Lee, and B.H. Pan. Characterization of dielectric constants and dissipation factors of liquid crystal polymer in 60-80 GHz band. In *IEEE Antennas and Propagation Society International Symposium*, pages 1 –4, July 2008.

[LKP$^+$06] J.H. Lee, N. Kidera, S. Pinel, J. Laskar, and M.M. Tentzeris. 60 GHz high-gain aperture-coupled microstrip antennas using soft-surface and stacked cavity on LTCC multilayer technology. *IEEE Antennas and Propagation Society International Symposium*, pages 1621 –1624, July 2006.

[LLCH08] C.H. Lee, I.C. Lan, S.Y. Chen, and P. Hsu. Coplanar waveguide-fed twin slot antenna with and without back conductor. In *IEEE Antennas and Propagation Society International Symposium*, pages 1 –4, July 2008.

[LPGG09] D. Liu, U. Pfeiffer, J. Grzyb, and B. Gaucher. *Advanced Millimeter-wave Technologies: Antennas, Packaging and Circuits*. Wiley, 2009.

[LR94]   J.-F. Luy and P. Russer. *Silicon based millimeter wave devices.* Springer, 1994.

[LS08]   D. Liu and R. Sirdeshmukh. A patch array antenna for 60 GHz package applications. In *IEEE Antennas and Propagation Society International Symposium*, pages 1 –4, July 2008.

[LSV08]   A. Lamminen, J. Saily, and A.R. Vimpari. 60-GHz patch antennas and arrays on LTCC with embedded-cavity substrates. *IEEE Transactions on Antennas and Propagation*, 56(9):2865 –2874, Sept. 2008.

[LTUS11]   G. Liu, A. Trasser, A. Ulusoy, and H. Schumacher. Low-loss, low-cost, IC-to-board bondwire interconnects for millimeter-wave applications. In *IEEE MTT-S International Microwave Symposium Digest*, pages 1–4, June 2011.

[LVS09]   A. Lamminen, A. Vimpari, and J. Saily. UC-EBG on LTCC for 60-GHz frequency band antenna applications. *IEEE Transactions on Antennas and Propagation*, 2009.

[MABE+11]   K. Mohammadpour-Aghdam, S. Brebels, A. Enayati, R. Faraji-Dana, G. A. E. Vandenbosch, and W. DeRaedt. RF probe influence study in millimeter-wave antenna pattern measurements. *International Journal of RF and Microwave Computer-Aided Engineering*, 21:413 420, 2011.

[Mat12]   MathWorks. *http://www.mathworks.de*, 2012.

[Men97]   W. Menzel. Interconnects and packaging of millimeter wave circuits. *Topical Symposium on Millimeter Waves*, pages 55–58, July 1997.

[Mil12]   Millitech, Inc. *http://www.millitech.com*, 2012.

[Mir12]   Mirror Semiconductor. *http://www.mirrorsemi.com*, 2012.

[MOB+08]   T. Meyer, G. Ofner, S. Bradl, M. Brunnbauer, and R. Hagen. Embedded wafer level Ball Grid Array (eWLB). In *Electronics Packaging Technology Conference*, pages 994 –998, Dec. 2008.

[NMP+03]   D. Neculoiu, A. Muller, P. Pons, L. Bary, M. Saadaoui, C. Buiculescu, O. Andrei, R. Enachescu, D. Dubuc, K. Grenier, D. Vasilache, I. Petrini, and R. Plana. The design of membrane-supported millimeter-wave antennas. *International Semiconductor Conference*, 1:65–68, Sept. 2003.

[NPS+04]   D. Neculoiu, P. Pons, M. Saadaoui, L. Bary, D. Vasilache, K. Grenier, D. Dubuc, A. Muller, and R. Plana. Membrane supported yagi-uda antennae for millimetre-wave applications. *IEE Proceedings on Microwaves, Antennas and Propagation*, 151(4):311–314, Aug. 2004.

[OBG+04]   E. Ojefors, F. Bouchriha, K. Grenier, A. Rydberg, and R. Plana. Compact micromachined dipole antenna for 24 GHz differential SiGe integrated circuits. *European Microwave Conference*, 2:1081–1084, Oct. 2004.

[OML12]   OML, Inc. *http://www.omlinc.com*, 2012.

[OR11]   Y.C. Ou and G.M. Rebeiz. On-chip slot-ring and high-gain horn antennas for millimeter-wave wafer-scale silicon systems. *IEEE Transactions on Microwave Theory and Techniques*, 59(8):1963–1972, Aug. 2011.

[OR12]   Y.C. Ou and G.M. Rebeiz. Differential microstrip and slot-ring antennas for millimeter-wave silicon systems. *IEEE Transactions on Antennas and Propagation*, 60(6):2611–2619, June 2012.

[OSC+05]   E. Ojefors, E. Sonmez, S. Chartier, P. Lindberg, A. Rydberg, and H. Schumacher. Monolithic integration of an antenna with a 24 GHz image-rejection receiver in SiGe HBT technology. *European Microwave Conference*, 1:1–4, Oct. 2005.

[Pal12]   Palomar Technologies. *http://www.palomartechnologies.com*, 2012.

[PC05]   U.R. Pfeiffer and A. Chandrasekhar. Characterization of flip-chip interconnects up to millimeter-wave frequencies based on a nondestructive in situ approach. *IEEE Transactions on Advanced Packaging*, 28(2):160–167, May 2005.

[PD98]   G.E. Ponchak and A.N. Downey. Characterization of thin film microstrip lines on polyimide. *IEEE Transactions on Components, Packaging, and Manufacturing Technology*, 21(2):171–176, May 1998.

[PFDK98]   I. Papapolymerou, R. Franklin Drayton, and L.P.B. Katehi. Micromachined patch antennas. *IEEE Transactions on Antennas and Propagation*, 46(2):275 –283, Feb. 1998.

[PGL⁺06a]   U. Pfeiffer, J. Grzyb, D. Liu, B. Gaucher, T. Beukema, B. Floyd, and S. Reynolds. A 60 GHz radio chipset fully-integrated in a low-cost packaging technology. *Electronic Components and Technology Conference*, pages 1343–1346, May 2006.

[PGL⁺06b]   U.R. Pfeiffer, J. Grzyb, D. Liu, B. Gaucher, T. Beukema, B.A. Floyd, and S.K. Reynolds. A chip-scale packaging technology for 60-GHz wireless chipsets. *IEEE Transactions on Microwave Theory and Techniques*, 54(8):3387–3397, Aug. 2006.

[Pha11]   A.-V. Pham. Packaging with liquid crystal polymer. *IEEE Microwave Magazine*, 12(5):83 –91, Aug. 2011.

[Poz82]   D. Pozar. Input impedance and mutual coupling of rectangular microstrip antennas. *IEEE Transactions on Antennas and Propagation*, 30(6):1191 – 1196, Nov. 1982.

[Poz83]   D. Pozar. Considerations for millimeter wave printed antennas. *IEEE Transactions on Antennas and Propagation*, 31(5):740 – 747, Sept. 1983.

[Poz92]   D. Pozar. Microstrip antennas. *Proceedings of the IEEE*, 80(1):79 –91, Jan. 1992.

[Poz05]   D. Pozar. *Microwave engineering*. Wiley, Hoboken, NJ, 3. ed. edition, 2005.

[PW05]   U. Pfeiffer and B. Welch. Equivalent circuit model extraction of flip-chip ball interconnects based on direct probing techniques. *IEEE Microwave and Wireless Components Letters*, 15(9):594 – 596, Sept. 2005.

[QSE00]   M. Qiu, M. Simcoe, and G.V. Eleftheriades. Radiation efficiency of printed slot antennas backed by a ground reflector. In *IEEE Antennas and Propagation Society International Symposium*, volume 3, pages 1612 –1615, 2000.

[Qui12]   Quik-Pak. *http://www.icproto.com*, 2012.

[Rad12]   Radiometer Physics GmbH. *http://www.radiometer-physics.de*, 2012.

[RCK+08] N. Rahman, Shu Chen, K.A. Korolev, M.N. Afsar, R. Cheung, and M. Aghion. Millimeter wave complex permittivity measurements of high dielectric strength thermoplastics. In *IEEE Instrumentation and Measurement Technology Conference*, pages 2146–2149, May 2008.

[RDK+08] S. Ranvier, S. Dudorov, M. Kyro, C. Luxey, C. Icheln, R. Staraj, and P. Vainikainen. Low-Cost Planar Omnidirectional Antenna for mm-Wave Applications. *IEEE Antennas and Wireless Propagation Letters*, 7:521–523, 2008.

[RIQTIS09] E. Rajo-Iglesias, O. Quevedo-Teruel, and L. Inclan-Sanchez. Planar soft surfaces and their application to mutual coupling reduction. *IEEE Transactions on Antennas and Propagation*, 57(12):3852–3859, Dec. 2009.

[RKI+09] S. Ranvier, M. Kyro, C. Icheln, C. Luxey, R. Staraj, and P. Vainikainen. Compact 3-D on-wafer radiation pattern measurement system for 60 GHz antennas. *Microwave and Optical Technology Letters*, 51:319–324, 2009.

[RWK02] A.B. Rashid, S. Watanabe, and T. Kikkawa. High transmission gain integrated antenna on extremely high resistivity Si for ULSI wireless interconnect. *IEEE Electron Device Letters*, 23(12):731–733, Dec 2002.

[SC09] E.A. Sanjuan and S.S. Cahill. QFN-based millimeter wave packaging to 80 GHz. In *IEEE MTT-S International Microwave Workshop Series on Signal Integrity and High-Speed Interconnects*, pages 9–12, Feb. 2009.

[SCLT01] A. Sutono, N.G. Cafaro, J. Laskar, and M.M. Tentzeris. Experimental modeling, repeatability investigation and optimization of microwave bond wire interconnects. *IEEE Transactions on Advanced Packaging*, 24(4):595–603, Nov. 2001.

[SD05] S.L. Smith and V. Dyadyuk. Measurement of the dielectric properties of Rogers R/flex 3850 liquid crystalline polymer substrate in V and W band. In *IEEE Antennas and Propagation Society International Symposium*, pages 435–438, July 2005.

[SGH+12] I. Sarkas, M. G. Girma, J. Hasch, T. Zwick, and S. P. Voinigescu. A fundamental frequency 143-152 GHz radar transceiver with built-in calibration and self-test. In *IEEE Compound Semiconductor Integrated Circuit Symposium*, pages 1 –4, Oct. 2012.

[SHNT05] T. Seki, N. Honma, K. Nishikawa, and K. Tsunekawa. A 60-GHz multilayer parasitic microstrip array antenna on LTCC substrate for system-on-package. *IEEE Microwave and Wireless Components Letters*, 15(5):339–341, May 2005.

[Sim01] R. Simons. *Coplanar waveguide circuits, components, and systems*. Wiley series in microwave and optical engineering. Wiley-Interscience, New York, NY, 2001.

[Sim02] R. Simons. Novel on-wafer radiation pattern measurement technique for MEMS actuator based reconfigurable patch antennas. *Antenna Measurement Techniques Association Meeting and Symposium*, 2002.

[SJG+03] F.J. Schmuckle, A. Jentzsch, C. Gassler, P. Marschall, D. Geiger, and W. Heinrich. 40 GHz hot-via flip-chip interconnects. *IEEE MTT-S International Microwave Symposium Digest*, 2:1167 – 1170, June 2003.

[SJO+02] F.J. Schmuckle, A. Jentzsch, H. Oppermann, K. Riepe, and W. Heinrich. W-band flip-chip interconnects on thin-film substrate. *IEEE MTT-S International Microwave Symposium Digest*, 3:1393 –1396, 2002.

[Sko90] M.I. Skolnik. *Radar handbook*. McGraw-Hill, New York, 1990.

[SKW+00] W. Simon, R. Kulke, A. Wien, M. Rittweger, I. Wolff, A. Girard, and J.-P. Bertinet. Interconnects and transitions in multilayer LTCC multichip modules for 24 GHz ISM-band applications. In *IEEE MTT-S International Microwave Symposium Digest*, volume 2, pages 1047 –1050, 2000.

[SL99] R. Simons and R.Q. Lee. On-wafer characterization of millimeter-wave antennas for wireless applications. *IEEE Transactions on Microwave Theory and Techniques*, 47(1):92–96, Jan. 1999.

[SLT00] D. Staiculescu, J. Laskar, and E.M. Tentzeris. Design rule development for microwave flip-chip applications. *IEEE Transactions on Microwave Theory and Techniques*, 48(9):1476–1481, Sept. 2000.

[SNH⁺10] R. Suga, H. Nakano, Y. Hirachi, J. Hirokawa, and M. Ando. Cost-effective 60-GHz antenna package with end-fire radiation for wireless file-transfer system. *IEEE Transactions on Microwave Theory and Techniques*, 58(12):3989–3995, Dec. 2010.

[SNH⁺12] R. Suga, H. Nakano, Y. Hirachi, J. Hirokawa, and M. Ando. A small package with 46-dB isolation between Tx and Rx antennas suitable for 60-GHz WPAN module. *IEEE Transactions on Microwave Theory and Techniques*, 60(3):640–646, March 2012.

[SRFT08] A. Shamim, L. Roy, N. Fong, and N.G. Tarr. 24 GHz on-chip antennas and balun on bulk Si for air transmission. *IEEE Transactions on Antennas and Propagation*, 56(2):303–311, Feb. 2008.

[SUC12] SUCCESS project website. *http://www.success-project.eu*, 2012.

[SVVdC95] X.H. Shen, G.A.E. Vandenbosch, and A. Van de Capelle. Study of gain enhancement method for microstrip antennas using moment method. *IEEE Transactions on Antennas and Propagation*, 43(3):227–231, March 1995.

[SW10] J.W. Seah and S.W. Wang. Molding technology development of large QFN packages. In *IEEE/CPMT International Electronic Manufacturing Technology Symposium*, pages 1–7, Dec. 2010.

[SZG⁺09] M. Sun, Y.P. Zhang, Y.X. Guo, K.M. Chua, and L.L. Wai. Integration of grid array antenna in chip package for highly integrated 60-GHz radios. *IEEE Antennas and Wireless Propagation Letters*, 8:1364–1366, 2009.

[TFLJ11] D. Titz, F. Ferrero, C. Luxey, and G. Jacquemod. A novel fully-automatic 3D radiation pattern measurement setup for 60 GHz probe-fed antennas. In *IEEE Antennas and Propagation Society International Symposium*, pages 3121–3124, July 2011.

[Thu09] M. Thumm. *Skriptum zur Vorlesung Hoch- und Höchstfrequenz-Halbleiterschaltungen*. Universität Karlsruhe, WS 2008/2009.

[TIO⁺11] Y. Tsutsumi, T. Ito, S. Obayashi, H. Shoki, and T. Morooka. Bonding wire loop antenna built into standard BGA package for 60 GHz short-range wireless communication. In *IEEE MTT-S International Microwave Symposium Digest*, pages 1–4, June 2011.

[TP03]   F. Touati and M. Pons. On-chip integration of dipole antenna and VCO using standard BiCMOS technology for 10 GHz applications. *European Solid-State Circuits Conference*, pages 493–496, Sept. 2003.

[TPT12]   TPT Wire Bonder. *http://www.tpt.de*, 2012.

[TRK99]   R. Tummala, E. Rymaszewski, and A. Klopfenstein. *Microelectronics packaging handbook*, volume 2: Semiconductor packaging. Chapman & Hall, New York, 1999.

[TSS08]   W. Tan, Z. Shen, and Z. Shao. Radiation of high-gain cavity-backed slot antennas through a two-layer superstrate. *IEEE Antennas and Propagation Magazine*, 50(3):78 –87, June 2008.

[TTJ$^+$04]   D.C. Thompson, O. Tantot, H. Jallageas, G.E. Ponchak, M.M. Tentzeris, and J. Papapolymerou. Characterization of liquid crystal polymer (LCP) material and transmission lines on LCP substrates from 30 to 110 GHz. *IEEE Transactions on Microwave Theory and Techniques*, 52(4):1343 – 1352, April 2004.

[Tum01]   R. Tummala. *Fundamentals of microsystems packaging.* McGraw-Hill, New York, 2001.

[TWK98]   M. Thumm, W. Wiesbeck, and S. Kern. *Hochfrequenzmeßtechnik*. Teubner, 1998.

[VCBH$^+$08] K. Van Caekenberghe, K.M. Brakora, W. Hong, K. Jumani, DaHan Liao, M. Rangwala, Y.-Z. Wee, X. Zhu, and K. Sarabandi. A 2 to 40 GHz probe station based setup for on-wafer antenna measurements. *IEEE Transactions on Antennas and Propagation*, 56(10):3241–3247, Oct. 2008.

[VHC94]   M.J. Vaughan, K.Y. Hur, and R.C. Compton. Improvement of microstrip patch antenna radiation patterns. *IEEE Transactions on Antennas and Propagation*, 42(6):882 –885, June 1994.

[VLH09]   H. Vettikalladi, O. Lafond, and M. Himdi. High-efficient and high-gain superstrate antenna for 60-GHz indoor communication. *IEEE Antennas and Wireless Propagation Letters*, 8:1422 –1425, 2009.

[VSC$^+$11]   P. Voll, L. Samoska, S. Church, J.M. Lau, M. Sieth, T. Gaier, P. Kangaslahti, M. Soria, S. Tantawi, and D. Van Winkle. A G-band cryogenic MMIC heterodyne receiver module for astronomical applications. In *European Microwave Conference*, pages 523 –526, Oct. 2011.

[WCL+07]   L.L. Wai, K.M. Chua, A.C.W. Lu, Y.P. Zhang, and M. Sun. Ultra compact LTCC based AiP for 60 GHz applications. *Electronics Packaging Technology Conference*, pages 595–599, Dec. 2007.

[WED+08]   M. Wojnowski, M. Engl, B. Dehlink, G. Sommer, M. Brunnbauer, K. Pressel, and R. Weigel. A 77 GHz SiGe mixer in an embedded wafer level BGA package. In *Electronic Components and Technology Conference*, pages 290 –296, May 2008.

[WLB+11]   M. Wojnowski, R. Lachner, J. Bock, C. Wagner, F. Starzer, G. Sommer, K. Pressel, and R. Weigel. Embedded wafer level ball grid array (eWLB) technology for millimeter-wave applications. In *Electronics Packaging Technology Conference*, pages 423 –429, Dec. 2011.

[WTZ+11]   R. Weber, A. Tessmann, M. Zink, M. Kuri, H.-P. Stulz, M. Riessle, H. Massler, T. Maier, A. Leuther, M. Schlechtweg, and I. Kallfass. A W-Band x12 frequency multiplier MMIC in waveguide package using quartz and ceramic transitions. In *IEEE Compound Semiconductor Integrated Circuit Symposium*, pages 1 –4, Oct. 2011.

[WWL+12]   M. Wojnowski, C. Wagner, R. Lachner, J. Bock, G. Sommer, and K. Pressel. A 77-GHz SiGe single-chip four-channel transceiver module with integrated antennas in embedded wafer-level BGA package. In *Electronic Components and Technology Conference*, pages 1027 –1032, June 2012.

[ZBP+04]   T. Zwick, C. Baks, U.R. Pfeiffer, D. Liu, and B.P. Gaucher. Probe based mmW antenna measurement setup. In *IEEE Antennas and Propagation Society International Symposium*, pages 747–750, June 2004.

[ZCB+06]   T. Zwick, A. Chandrasekhar, C.W. Baks, U.R. Pfeiffer, S. Brebels, and B.P. Gaucher. Determination of the complex permittivity of packaging materials at millimeter-wave frequencies. *IEEE Transactions on Microwave Theory and Techniques*, 54(3):1001 – 1010, March 2006.

[ZFLN05]   M. Zimmerman, L. Felton, E. Lacsamana, and R. Navarro. Next generation low stress plastic cavity package for sensor applications. In *Electronic Packaging Technology Conference*, Dec. 2005.

[ZGSL02] G. Zou, H. Gronqvist, J.P. Starski, and J. Liu. Characterization of liquid crystal polymer for high frequency system-in-a-package applications. *IEEE Transactions on Advanced Packaging*, 25(4):503 – 508, Nov. 2002.

[ZLG06] T. Zwick, D. Liu, and B.P. Gaucher. Broadband planar superstrate antenna for integrated millimeterwave transceivers. *IEEE Transactions on Antennas and Propagation*, 54(10):2790–2796, Oct. 2006.

[ZSC+09] Y.P. Zhang, M. Sun, K.M. Chua, L.L. Wai, and D. Liu. Antenna-in-package design for wirebond interconnection to highly integrated 60-GHz radios. *IEEE Transactions on Antennas and Propagation*, 57(10):2842–2852, Oct. 2009.

[ZSF+98] W. Zhang, B. Su, Z. Feng, K.C. Gupta, and Y.C. Lee. Study of RF flip-chip assembly with underfill epoxy. *International Conference on Multichip Modules and High Density Packaging*, pages 53 –57, Apr. 1998.

[ZSG05] Y.P. Zhang, M. Sun, and L.H. Guo. On-chip antennas for 60-GHz radios in silicon technology. *IEEE Transactions on Electron Devices*, 52(7):1664–1668, July 2005.

[ZSL08] Y.P. Zhang, M. Sun, and W. Lin. Novel antenna-in-package design in LTCC for single-chip RF transceivers. *IEEE Transactions on Antennas and Propagation*, 56(7):2079–2088, July 2008.

[Zwi10] T. Zwick. *Antennen und Antennensysteme, Skriptum zur Vorlesung*. Institut für Hochfrequenztechnik und Elektronik, Universität Karlsruhe, 2010.